J. Krishnamurti
克里希那穆提集

THE ART

OF

LISTENING

THE COLLECTED WORKS OF
J.KRISHNAMURTI

倾听
内心的声音

克里希那穆提 著
Sue 译

九州出版社

图书在版编目（CIP）数据

倾听内心的声音 /（印）克里希那穆提著；王晓霞译. -- 北京：九州出版社，2013.8（2020.6重印）
（克里希那穆提集）
书名原文：The art of listening
ISBN 978-7-5108-2311-4

Ⅰ. ①倾… Ⅱ. ①克… ②王… Ⅲ. ①人生哲学－通俗读物 Ⅳ. ①B821-49

中国版本图书馆CIP数据核字（2013）第210580号

Copyright© 1991-1992 Krishnamurti Foundation of America
Krishnamurti Foundation of America,
P.O.Box 1560, Ojia, California 93024 USA
E-mail: kfa@ kfa.org. Website: www.kfa.org
For more information about J.Krishnamurti, please visit: www.jkrishnamurti.org

著作权合同登记号：图字 01-2013-6114

倾听内心的声音

作　　者	（印）克里希那穆提 著　王晓霞（Sue）译
出版发行	九州出版社
地　　址	北京市西城区阜外大街甲35号（100037）
发行电话	(010)68992190/3/5/6
网　　址	www.jiuzhoupress.com
电子信箱	jiuzhou@jiuzhoupress.com
印　　刷	三河市东方印刷有限公司
开　　本	880毫米×1230毫米　32开
印　　张	10.75
字　　数	277千字
版　　次	2013年11月第1版
印　　次	2020年6月第5次印刷
书　　号	ISBN 978-7-5108-2311-4
定　　价	48.00元

★版权所有　侵权必究★

出版前言

《克里希那穆提集》英文版由美国克里希那穆提基金会编辑出版，收录了克里希那穆提1933年至1967年间（38岁至72岁）在世界各地的重要演说和现场答问等内容，按时间顺序结集为17册，并根据相关内容为每一册拟定了书名。

1933年至1967年这35年间，是克里希那穆提思想丰富展现的重要阶段，因此，可以说这套作品集是克氏最具代表性的系列著作，已经包括了他的全部思想，对于了解和研究他的思想历程和内涵，具有十分重要的价值。为此，九州出版社将之引进翻译出版。

英文版编者只是拟了书名，中文版编者又根据讲话内容，为每一篇原文拟定了标题。同时，对于英文版编者所拟的书名，有的也作出了适当的调整，以便读者更好地把握讲话的主旨。

克里希那穆提系列作品得到台湾著名作家胡因梦女士倾情推荐，在此谨表谢忱。

需要了解更多克氏相关信息的读者可登录www.jkrishnamurti.

org，或"克里希那穆提冥思坊"的微博：http://weibo.com/jkmeditationstudio，以及微信公众账号"克里希那穆提冥思坊"，微信号：Krishnamurti_KMS。

九州出版社

英文版序言

　　克里希那穆提1895年出生于印度南部的一个婆罗门家庭。十四岁时，他被时为"通神学会"主席的安妮·贝赞特宣称为即将到来的"世界导师"。通神学会是强调全世界宗教统一的一个国际组织。贝赞特夫人收养了这个男孩，并把他带到英国，他在那里接受教育，并为他即将承担的角色做准备。1911年，一个新的世界性组织成立了，克里希那穆提成为其首脑，这个组织的唯一目的是为了让其会员做好准备，以迎接世界导师的到来。在对他自己以及加诸其身的使命质疑了多年之后，1929 年，克里希那穆提解散了这个组织，并且说：

　　真理是无路之国，无论通过任何道路，借助任何宗教、任何派别，你都不可能接近真理。真理是无限的、无条件的，通过任何一条道路都无法趋近，它不能被组织；我们也不应该建立任何组织，来带领或强迫人们走哪一条特定的道路。我只关心使人类绝对地、无条件地自由。

　　克里希那穆提走遍世界，以私人身份进行演讲，一直持续到他九十岁高龄，走到生命的尽头为止。他摒弃所有的精神和心理权威，包括他自己，这是他演讲的基调。他主要关注的内容之一，是社会结构及其对个体的制约作用。他的讲话和著作，重点关注阻挡清晰洞察的心理障碍。在关系的镜子中，我们每个人都可以了解自身意识的内容，这个意识为全人类所共有。我们可以做到这一点，不是通过分析，而是以一种直接的方式，在这一点上克里希那穆提有详尽的阐述。在观察这个内容的过程中，我们发现自己内心存在着观察者和被观察之物的划分。他指出，这种划分阻碍了直接的洞察，而这正是人类冲突的根源所在。

克里希那穆提的核心观点，自1929年之后从未动摇，但是他毕生都在努力使自己的语言更加简洁和清晰。他的阐述中有一种变化。每年他都会为他的主题使用新的词语和新的方法，并引入有着细微变化的不同含义。

由于他讲话的主题无所不包，这套《克里希那穆提集》具有引人入胜的吸引力。任何一年的讲话，都无法涵盖他视野的整个范围，但是从作品集中，你可以发现若干特定主题都有相当详尽的阐述。他在这些讲话中，为日后若干年内使用的许多概念打下了基础。

《克里希那穆提集》收录了克里希那穆提早年出版的讲话、讨论、对某些问题的回答和著作，涵盖的时间范围从1933年直到1967年。它们是他教诲的真实记录，取自逐字逐句的速记报告和录音资料。

美国克里希那穆提基金会，作为加利福尼亚的一个慈善基金会，其使命包括出版和发布克里希那穆提的著作、影片、录像带和录音资料。《克里希那穆提集》的出版即是其中的活动之一。

目录

出版前言 / 1
英文版序言 / 3

意大利 1933 年

追求真理的人正错过真理 / 3
任何描述都无法传达真相 / 8
越是选择，就越是空虚 / 15
追寻真理不过是一种逃避 / 24
认识到欲求的无益，欲求就止息了 / 33
在完整的行动中了解永恒的真相 / 44

荷兰 1933 年

弄清你真实的想法 / 57
欲求阻碍了洞察力 / 63
完满的行动并非来自选择 / 69
没有通向真理的道路 / 80
行动本身比行动的结果更重要 / 91

行动就是觉察你此刻的所作所为 / 102
永恒就在短暂中 / 113
因为选择，所以我们害怕死亡 / 124
你无法通过局部到达整体 / 136
行动是思想、感受和行动达到完整 / 146
记忆妨碍充分地面对经验 / 158
有一种全无选择的决定 / 170
诞生于理解的行动会带来改变 / 184

挪威 1933 年

寻找舒适就不可能发现真实 / 187
追寻和努力破坏了理解 / 198
有一种自然自发的生活方式 / 208
祈祷意味着逃避 / 219
生活不是一个学习和积累的过程 / 227
觉察与时间无关 / 238

印度 1933—1934 年

唤醒探索的真正愿望 / 253
信仰束缚了思想 / 269
领悟安全才能终结恐惧 / 283
什么是真正的满足 / 295
真理是一种不断的完满 / 309
人无法通过任何组织找到真理 / 322

PART 01

意大利1933年

PART 01

追求真理的人正错过真理

朋友们：

我希望你们进行一种鲜活生动的探索，而不是一种在别人的描述的引导下所做的探索。假如说有人向你讲述了这里的景色，你来到这里的时候头脑里带着那些描述，那么你很可能会对事实感到失望。没有人能描述真相。你必须经历它，看到它，感受它的整个氛围。当你看到它的美和可爱，你会体验到一种不停更新的、生机盎然的喜悦。

大多数认为自己在追寻真理的人，已然借助某种方式来塑造自己的头脑，即研习那些他们所追寻之物的描述，以期接收真理。当你审视各个宗教和哲学流派，你会发现他们都试图描述真相，他们试图通过描述真理来指引你。现在我不是要向你描述在我看来真理是什么，因为那将是一项不可能实现的企图。一个人无法向另一个人描述或传达某次体验的全部内涵，每个人都必须自己去亲身经历。

你像大多数人那样阅读、聆听和效仿；你曾试图去发现别人关于真理和神、关于生命和不朽所说的一切。所以你脑中有着一幅画面，现在你想把那幅画面与我要说的进行比较。也就是说，你的头脑只是在寻求描述，你并不想重新去发现，而只是想要比较。但是因为真理无法描述，因此我不会试图描述真理，于是在你的头脑中自然就发生了困惑。

当你怀着一幅你想要模仿的画面、一个你想要追随的理想时，你就永远无法充分面对每一次体验；你从未坦率、真诚地面对你自己和你的行为；你始终在用一个理想来保护自己。如果你真的深入探查自己的头脑和内心，你会发现你来到这里是为了获取某种新的东西——关于生命的一种新观念、新感受、新解释，以便据此来塑造自己的生命。所以你实际上是在寻找一种令人满意的解释。你并未带着一种崭新的态度而来，在这种崭新的态度下，通过你自己的觉察、你自己的热情，你也许就能发现自然、自发的行动中的喜悦。你们大多数人只是在寻找对真理的解释，自以为如果能发现真理是什么，然后就可以根据那永恒的光明来塑造自己的生命。

如果那是你探索的动机，那么你就不是在探索真理，而是在寻求安慰、寻求舒适；那只不过是一种想要逃避的企图，逃避你每天必须面对的无尽的冲突和挣扎。

寻找真理的渴望从痛苦中产生，痛苦中存在着对真理进行不懈探索和寻找的起因。而当你受苦时——确实每个人都在受苦——你想寻找一种立即见效的疗法和慰藉。当你感觉到身体上有阵阵疼痛时，你会到最近的药店去买止疼药来缓解你的痛苦。同样的，当你经历心理上或情感上的阵阵剧痛时，你寻求慰藉，并猜想追求真理就是在试图找到摆脱痛苦的解药。那样，你就在不断地为自己的痛苦寻求补偿，以补偿你因此被迫做出的努力。你逃避导致痛苦的主要原因，并因此生活在幻觉之中。

所以那些总是声称自己在追求真理的人实际上正错过了真理。他们发现自己生命的不足、不完整以及爱的匮乏，以为通过追求真理他们就能找到满足和舒适。如果你坦率地对自己说你不过是在为生活的艰辛寻找慰藉和补偿，你将能够智慧地应对问题。但是只要你假装自己追求的不仅仅是补偿，那么你就无法看清问题。所以，要弄清楚的第一件事，就是你是不是从根本上真正地在探索真理。

追寻真理的人并不是真理的门徒。假如你对我说:"我生命中没有爱,这是一种不幸的、痛苦连连的生活;于是,为了获得安慰,我寻找真理。"那么我必须指出你对安慰的追寻是彻头彻尾的妄想。生命中根本没有舒适和安全这种东西。要明白的第一件事就是你必须绝对坦诚。

但是你自己并不确定你真正想要什么:你想要舒适、慰藉、补偿,而同时,你还想要某种远远大过补偿和舒适的东西。你自己的头脑是如此困惑,以至于这一刻你指望某个权威提供给你补偿和舒适,下一刻你又转向另一个拒绝给你慰藉的权威。所以你的生活变成了一种精心修饰过的虚伪存在,一种困惑的生活。试着去弄清楚你究竟在想什么,不要假装去想那些你认为该想的事情;于是,如果你头脑清楚,完全明白你所做的一切,那么不需要自我分析你就会知道自己真正渴望的是什么。如果你对自己的行为完全负责,那么不通过自我分析你就能知道自己真正的追求是什么。这个发现的过程不需要强大的意志力、巨大的力量,而只需要你有兴趣去发现你在想什么,以及你是真正诚实的还是活在幻觉里。

在与世界各地的听众进行交谈的过程中,我发现似乎有越来越多的人不理解我所说的话,因为他们带着根深蒂固的观念而来,他们带着有倾向性的态度来听,不去努力弄清楚我要说什么,而是只想从中找到他们私下里渴望的东西。说"这里有个新的理想,我必须照此来塑造自己"这样的话是徒劳无益的。与其如此,还不如去弄清楚你真正的感受和想法。

你要如何发现自己真正的感受和想法呢?依我看来,你只能通过洞察自己的整个生命才能做到这一点。然后你会发现自己在多大程度上是你那些理想的奴隶,而通过发现这一点,你会看到你树立理想不过是为了获得慰藉。

哪里有二元性,哪里有对立面,哪里就必然会有不完整的意识。头脑受困于对立面中，比如惩罚与奖励、好与坏、过去与未来、得与失。思想受困于这二元性，因此行动就不完整。

这种不完整制造出痛苦、抉择的冲突、努力和权威，以及从不重要逃向重要。

当你感觉到自己不完整、空虚时，痛苦便从那空虚感中产生；你从那不完整中制造出标准、理想，以便在空虚中支撑自己，你建立起这些标准和理想作为你外在的权威。你为自己制造外在权威的内在根源是什么？首先，你感觉到不完整，你因那不完整而痛苦。只要你不理解权威的起因，你就只不过是一部模仿的机器，而哪里有模仿，哪里就不可能有丰足完满的生命。

要了解权威的起因，你必须追踪制造权威的心理和情感过程。首先，你感觉空虚，为了除去那种感觉你做出了努力；通过努力你只能制造出空虚的对立面，你制造出了只会加剧不完整和空虚的二元性。你对诸如宗教、政治、道德、经济和社会准则这样的外部权威负有责任。出于空虚、出于不完整，你制造了这些你现在想要摆脱的外在准则。通过进化、通过发展、通过渐渐远离它们，你想为自己创造出一种内在的法则。当你开始了解外在准则，你想把自己从中解放出来，并发展出你自己内在的准则。这些内在准则，你称之为"精神真相"，你将其等同于宇宙法则，而这意味着你不过是制造了另一种分别、另一种二元性。

所以你先是制造了一种外在的法则，然后你想要通过发展出你认为与宇宙、整体相等同的内在法则来超越它。这就是正在发生的事情。你还意识到自己那有限的自我中心，于是你将其与一个巨大的幻象视为一体，你称之为宇宙。所以当你说"我服从自己内在的法则"时，你不过是在用一个说法来掩盖自己想要逃避的渴望。对我来说，被外在或者内在的法则所束缚的人就是受困于牢笼，他被幻象所困。因此这样的人无法了解自发、自然和健全的行动。

那么你为什么要为自己制造内在的法则？难道不是因为生活中每天的挣扎是如此繁重、如此不和谐，所以你想要从中逃脱，想要制造出可以成为慰藉的内在法则？而且你成为了那内在权威、内在标准的奴隶，因为你拒绝的只是外在图景，并制造出一幅内在的图景来代替，你是那幅内在图景的奴隶。

用这种方法，你不会获得真正的洞察力，而洞察力完全不是选择。有二元性存在的地方，选择必然存在。当头脑不完整并意识到那不完整时，它试图从中逃避，因而制造出那不完整的对立面。那对立面是或外在或内在的一个准则，而当人建立起这样一个准则时，他按照那准则来评判每一个行为、每一个经验，因此生活在一种不停选择的状态中。选择只能诞生于抗拒。如果有洞察，就没有努力。

所以在我看来，朝着真理、朝着真相做出努力的这整个观念，做出不懈努力的这种想法，是彻底谬误的。只要你不完整，你就会经历痛苦，因而会忙于选择、努力，并为你所谓的"精神成就"进行不断的奋斗。所以我说，当头脑受困于权威中，它就不可能有真正的了解、真正的思考。而因为你们大多数人的头脑都困在权威中——那不过是对了解和洞察的一种逃避——你就无法全然面对生命中的经历。因此你过着双重生活，过着一种做作的、虚伪的生活，一种没有一刻完整的生活。

（在阿尔皮诺第一次演说，1933年7月1日）

任何描述都无法传达真相

朋友们：

我不会在我的讲话中编织一套智力上的理论。我会谈到我自己的体验，这体验并非诞生于智力上的观念，而是真实的。请不要把我当做一个论述一套新观念的哲学家，好让你的智力可以拿这些观念来把玩。这不是我想提供给你的东西，而是我想说明真理、生命的完满和丰足无法通过任何人、通过仿效或者借助任何形式的权威得以实现。

我们大多数人都偶尔会觉得存在着一种真正的生活、一种永恒的东西，但是我们有如此感受的时刻太少了，以至于这永恒之物逐渐远离，越来越退回到背景中去，对我们来说似乎变得越来越不真实。而对我来说确实存在着真相，存在着一种永恒的活生生的真相——无论称之为神、不朽、永恒或者你愿意的任何称谓。有某种活生生的创造性的东西，它无法被描述，因为所有描述都无法传达真相。没有哪种对真相的描述可以恒久，因为那只能是一种语言的幻象。你无法通过别人的描述来了解爱；要了解爱，你自己必须经历它。你无法知道盐的滋味，除非你自己品尝过盐。然而我们花去大量的时间寻找对真理的描述，而不是试图找出领悟它的方式。我说我无法描述，我无法诉诸语言，那鲜活的真相超越了关于进步和成长的所有概念。当心那些试图描述鲜活真相的人，因为它无法描述，它必须被经历、被活出来。

对真理、对永恒的这种领悟，不是时间中的运动，时间运动只是头脑的习惯。当你说你会在时间中也就是在未来某处领悟到它，那么你就只是在拖延那只能存在于现在的领悟。但是如果头脑理解了生命的完整，并从过去、现在、未来这种对时间的划分中解脱出来的话，那么对那鲜活永恒真相的领悟就会到来。

但是因为所有的头脑都被困在时间的划分中，因为他们把时间看做过去、现在和未来，所以冲突就产生了。同样，因为我们把行动也划分为过去、现在和未来，因为对我们来说行动本身并不完整，而是受动机、恐惧、向导及奖惩的驱使，所以我们的头脑不能理解那连续的整体。只有当头脑摆脱了时间的划分，真正的行动才能产生。当行动诞生于完整，而不是诞生于时间的划分中，那行动就是和谐的，并从社会、阶级、种族、宗教和贪欲的束缚中解放出来。

换句话说，行动必须真正成为个体的行为。现在我用"个体"这个词，并不是把"个体"放在与"众多"相对立的位置上。我用"个体行为"指的是诞生于个人完整理解、完整领悟中的行动，这了解并非由他人所施加。当存在那种了解时，就有真正的个体性，真正的独立——不是逃到荒郊野外的孤独，而是诞生于对生命经验充分理解的独立。为使行动完整，头脑必须摆脱昨天、今天和明天这样的时间观念。如果头脑没有从那划分中解放出来，那么冲突就会产生，并导致痛苦以及寻求对痛苦的逃避。

我说存在着一种无法描述的鲜活真相，一种不朽，一种永恒；你只有在自己完满的个体行动中才能理解它，而不是把它作为某种结构的一部分，作为社会、政治或宗教机器的一部分。因此在你能够了解真相之前，你必须亲历真正的个体性。而只要你的行动不是诞生于那永恒的源头，冲突就必然会存在，必然有划分和不停的斗争。

而我们每个人都知道冲突、挣扎、悲伤以及缺乏和谐。这些因素构成了我们生活的大部分内容，我们有意识或无意识地试图逃避它们。但是极少有人能明了自身冲突的根源。从理智上他们也许知道原因，但那知识仅仅是表面的。想知道根源，就要用头脑和内心一起去觉察。

因为极少有人觉察到他们痛苦的深层根源，他们感觉到想要逃离那痛苦，这种想要逃避的愿望制造了我们的道德、社会和宗教体系并赋予其生命力。在这里我没有时间详细深入这些内容，但是如果你能好好想清楚这件事的话，你会发现，我们全世界的宗教体系都基于这种拖延和逃避的想法，基于这种对调和者和安慰者的寻找。因为我们不对我们自己的行为负责，因为我们想要逃避痛苦，我们就制造了能带给我们舒适和庇护的体系和权威。

那么，冲突的根源是什么？人为什么受苦？人为什么必须不停地争斗？在我看来，冲突是自发的行动、和谐的思想和感情之流受到了阻挡。当思想和感情不和谐，行动中就会有冲突；也就是说，当头脑和内心处于不和谐的状态，它们就会制造障碍阻止和谐行动的表达，进而带来冲突。妨碍和谐行动的这种障碍缘于想要逃避的愿望，缘于对完整地面对生命的不停回避，缘于始终背着传统的重负来面对生活——无论是宗教、政治还是社会方面的传统。没有能力完整地面对经验，就产生了冲突和想要逃避的愿望。

如果你认为自己的思想和行为正是从上述中产生的，那么你会发现只要有想逃避的愿望，就必然存在对安全的追求；因为你发现生活以及生活中所有的行动、感情和思想中都存在冲突，你想要远离那冲突，逃到一种令人满意的安全、一种永恒中去。所以你的整个行动都基于这种对安全的需求。而实际上，生命中根本没有安全可言——无论是身体上的还是智力上的，情感上的还是精神上的。如果你感觉自己很安全，你就永远无法发现那鲜活的真相；而你们大部分人却都在追求安全。

你们中的一些人通过获取财富和舒适，以及财富带来的凌驾于他人之上的权力，来寻找物质上的安全；你对能够确保你的地位的社会差异和社会特权感兴趣，你从那地位中得到满足感。物质安全是安全的原始形式，但是因为对于大多数人来说获取那种安全是不可能的，人于是就转向更加微妙的安全形式，他称之为精神或宗教。因为想要逃离冲突，于是你寻求并建立安全——物质上的或者精神上的安全。对物质安全的渴望，表现为想要有个殷实的银行账户、有个好职位，想要在城市中被当做一个人物来看待，努力获得学位和头衔，以及进行所有诸如此类的毫无意义的愚蠢行为。

然后你们中的一些人对物质安全开始不满，进而将目光转向一种形式更加微妙的安全。而那依然是安全，只是稍稍不那么明显而已，你称之为精神。但是我发现这两者并没有真正的不同。当你对物质安全感到满足或者当你无法获得它时，你就转向所谓的精神安全。而当你转过去时，你就建立起你所谓的宗教和组织化的精神信仰，并赋予其生命力。因此，在我看来，宗教及其所有媒介、仪式和牧师，都破坏了创造性的了解，并将判断力引入歧途。

宗教安全的形式之一是相信转世，相信来生以及那信念中所隐含的一切。我说当一个人困在任何信仰中时，他就无法了解完满的生命。一个圆满地活着的人从那源头中行动，其中没有反应，只有行动；但是寻求安全、逃避的人，必然会抱持某种信念，因为他可以从中得到持续的支撑和鼓励，来应对他理解力的匮乏。

还有人类制造出的栖身于"神"这个概念中的安全。很多人问我是不是相信神，神是否存在。你无法讨论它。我们对于神、对于真相和真理的大多数概念，不过是揣测性的赝品。所以它们是彻底谬误的，而我们的所有宗教都建立在这种谬误之上。一个终生囚禁于牢笼中的人，只能揣测自由的模样，一个从未体验过自由的狂喜的人无法知道自由是什么。所以讨论神和真理意义甚微；但是如果你具有摧毁你周围藩篱的智慧和热情，那么你自己就会懂得生命的完满，你将不会再是社会或宗教体系的奴隶。

另外，还有服务带来的安全。也就是说，你喜欢忘我于各种活动的泥塘中、工作中。通过这些活动、这种安全，你寻找逃避面对自己无尽挣扎的途径。

所以安全不过是逃避。因为大多数人都试图逃避，他们把自己变成了惯性的机器，以避免冲突。他们制造出宗教信仰和观念；他们膜拜他们所谓神的赝品形象；他们试图通过忘我工作来忘记自己面对挣扎的无能为力。所有这些都是逃避的途径。

于是为了确保安全，你制造出权威。难道不是这样吗？若要得到安慰，你必须让某个人或者某个体系带给你安慰。若要获得安全，就必须有一个人、一个观念、信仰或传统保证给你安全。于是在我们试图找到安全的过程中，我们建立起权威并成为那权威的奴隶。在追求安全的过程中，我们树立起宗教理想，而这些理想是我们在恐惧中制造出来的；我们通过牧师或者心灵导师来寻找安全，我们称之为老师或者大师。又或者，我们在传统——社会、经济或政治传统的权力中寻找自己的权威。

是我们每个人自己建立了这些权威，它们并不是自发形成的。数个世纪以来，我们一直在建立权威，我们的头脑在它们的影响下变得残废、堕落。

或者，假设我们抛弃了外在的权威，然后我们发展出内在的权威——我们称之为直觉的、精神的权威，但是在我看来，内外的差异甚微。也就是说，当头脑受困于权威中——无论是外在的还是内在的——它就无法自由，因而无法了解真正的洞察力。因此，只要存在从追求安全中诞生的权威，在那权威中就有着自我中心的根源。

而我们做了什么？出于脆弱、出于对权力的渴望和对安全的追求，我们建立起精神权威。栖身于我们称为不朽的这种权威中，我们想要永存不朽。如果你平静地敏锐地观察那渴望，你会发现它不过是一种形式经过精心粉饰的自我中心。哪里有思想的划分，哪里有"我"这个概念，哪里有"我的"和"你的"这种想法，哪里就不可能有完整的行动，因而不可能有对鲜活真相的了解。

但是——我希望你们能理解这一点——那鲜活的真相、那整体是在个体性中表达自己的。我已经解释过我说的个体性的含义：是行动产生于了解，并从所有的准则——社会、经济或精神的准则中解放出来的状态。这就是我所说的真正的个体性，因为它是在充分的了解中诞生的行动，而自我中心根植于安全、传统和信仰。所以自我中心引发的行动永远都是不完整的，永远受缚于无尽的挣扎、不幸和痛苦中。

这是妨碍人们认识到终极真相的一些藩篱和障碍。只有当你已将自己从这些障碍中解脱出来时，你才能了解那鲜活的真相。全然的自由不在对束缚的逃避中，而是在对行动的理解中，这正是头脑与内心的和谐。

让我来更清楚地解释一下这一点。大多数有思考能力的人，从理智上都能意识到存在着很多障碍。例如，如果你考虑财富之类的安全，你将财富作为某种保障来积累，或者你试图从灵性观念中寻求庇护，你会看到它们是彻底无益的。

现在如果你审视这些安全，从理智上你可以看到它们的谬误；但是在我看来，这种从理智上对障碍的认识，根本不是充分的觉察。那仅仅是一种智力观念，而不是全然的觉知。只有当你从感情上和心理上都觉察到这些障碍时，全然的觉知才能存在。如果你现在正考虑这些障碍，你也许仅仅是从理智上思考它们，然后说："告诉我一个可以去除这些障碍的方法。"也就是说，你只是试图克服障碍，因此你在制造另一套阻力。我希望我把这一点说清楚了。我可以告诉你安全是无益的，它没有任何意义，从理智上你也许承认这一点；但是因为你已经习惯于为安全而斗争，当你从这里出发时，你只会继续那斗争，只是现在，是为了反对安全而斗争；因此你只是想寻找一个新途径、新方法、新技巧，而这不过是另一种形式的对安全的渴望，只是改头换面了而已。

对我来说，并不存在诸如生活的技巧、领悟真理的技巧之类的东西。如果有这种你可以学习的技巧，你只会被另一个体系所奴役。只有当存在毫不费力的完整的行动时，对真理的领悟才能到来。努力的止息经由对障碍的觉察而来——而不是你试图战胜它们的时候。也就是说，当你的内心和头脑全然觉知、全然觉察，当你以自己的整个存在来觉察，那么通过那觉察你就能从障碍中解脱。去试验，你会看到的。你战胜的一切都奴役了你。只有当你以自己的整个存在了解了障碍，只有当你真的了解了安全的虚幻，你才会不再为抵抗它而斗争。但是如果你仅仅从理智上意识到障碍的存在，那么你就会继续抵抗它们的斗争。

你对生命的观念正是基于这个原则。你对精神成就、心灵成长的孜孜以求，是想实现未来的安全、未来的强大、未来的荣耀这些渴望的结果，因而就会有这种无止境的持续挣扎。所以我说，不要寻找途径、方法。没有到达真理的方法和途径。不要寻找途径，但是要对障碍变得觉察。觉察不只是理智上的，它既是心理上的也是情感上的，它是完整的行动。此时，在觉察的火焰中，所有这些障碍都会消散，因为你穿透了它们。此时你就可以直接洞察到真实，而无需任何选择。此时你的行动诞生于完整，而不是不完整的安全；在那完整中，在那头脑和内心的和谐中，就有对永恒的领悟。

（在斯特雷萨第一次演说，1933年7月2日）

越是选择，就越是空虚

朋友们：

今天我想讲一讲所谓的革命是什么。这是个很难探讨的话题，你也许会误解我要说的话。如果你不太明白我的意思，请在讲话结束后向我提问。

对我们大多数人来说，革命的概念意味着一系列的成就，也就是说，在我们认为重要和不重要的事情之间不断进行选择的过程中产生的成就。它意味着离开不重要向着重要进发。我们把这一系列产生于选择的连续成就称为革命。我们的整个思维结构，正是基于这种进步和精神成就的概念，基于要不断融入重要事物中去这种观念，这些都是不断选择的结果。所以，我们认为行动只是一系列的成就，不是吗？

那么，当我们认为成长或者革命是一系列的成就时，我们的行动必然始终是不完整的；它们始终在从低处向高处成长，总是在攀爬、前进。因此，如果我们生活在那样的观念中，我们的行动就奴役了我们；我们的行动就是一场持续不断的无止境的努力，总是朝向某种安全努力。而哪里有对安全的追求，哪里就必然会有恐惧，而这恐惧会制造我们所谓的"我"这个连续的意识。难道不是这样吗？我们大多数人的头脑都困在这种获得、取得成就、越爬越高的观念中，即在重要和不重要之间进行选择的观念中。而由于存在这种选择,所以我们称为行动的这种进步不过是一场无止境的挣扎,一种持续不断的努力,我们的生活也是一场无止境的努力,而不是自由地、自发地流淌出的行动。

我想把行动与功绩或成就区分开来。成就是一个定局,而行动对我来说是无限的。我继续讲下去,你就会明白其中的不同。但是首先,我们来弄清我们所说的革命是什么意思:通过选择不断进行的运动,通往我们认为重要的事物,并始终在追求更伟大的成就。

至高的极乐——对我来说这不仅仅是一个理论——是无需努力的生活。现在我来解释一下我说的努力是什么意思。对你们大多数人来说,努力不过是选择而已。你靠选择活着,你不得不选择。但是你为什么要选择?为什么有种必要性催促你、驱使你、强迫你去选择?我说只要人意识到自己内心的空虚或寂寞,就会感觉到有必要进行选择,那种不完整迫使你去选择、去努力。

现在的问题不是如何填补那空虚,而是空虚的根源是什么。在我看来,空虚是选择产生的行动,是追求成就的行动。当行动诞生于选择,恐惧就会产生。而当存在着空虚,问题就产生了:"我如何才能填补那空虚?我如何才能除掉那孤独、那不完整的感觉?"对我来说,这不是一个填补空虚的问题,因为你永远无法填满它。而那正是大多数人都试图去做的。通过感官享受、刺激或者娱乐,借助温情或者忘怀,他们试图填补那空虚,减轻空虚的感觉。但是他们永远不会填满那空虚,因为他们试图用产生于选择的行动去填补。

只要行动基于选择、基于好恶、基于吸引和排斥,空虚就会存在。你选择,是因为你不喜欢这个而喜欢那个;你对这个不满,想用那个来满足自己。或者你害怕某种东西,想要从中逃离。对大多数人来说,行动是基于好恶的,因而是基于恐惧的。

那么,当你抛弃这个选择那个,会发生什么?你将自己的行动仅仅建立在好恶之上，因而你是在制造对立面。所以就不停地选择，而选择意味着努力。只要你做出选择，只要选择存在，就必然会有二元性。你也许认为你选的是重要的；但是因为你的选择诞生于好恶、欲求和恐惧，它就只会制造出另一件无关紧要的事物。

那就是你的生活。某一天你想要这个——你选了它因为你喜欢它，你想得到它，因为它能带给你快乐和满足。第二天你对它厌烦了，它对你来说变得毫无意义，于是你抛弃它去选择另一种东西。所以你不停地根据感受来选择；你通过二元的观念来选择，而这选择只会使得对立面永远存在下去。只要你在对立面中选择，就不会有洞察力，因此必然会有努力，无止境的努力，不断的对立和二元性。你的选择因此也是无休止的，你不断地进行努力。你的行动始终是有限的，始终依照成就来实施，因此你感受到的那空虚会始终存在。但是如果头脑摆脱了选择，如果它有辨别能力，那么行动就是无限的。

我要再解释一下这一点。正如我所说，如果你说："我想要这个东西"，在那个选择中，你就已经制造了一个对立面。在进行了那个选择之后，你又制造了另一个对立面，所以你通过一个不断努力的过程，不停地从一个对立面走向另一个。那个过程就是你的生活，其中有无尽的挣扎和痛苦、冲突和不幸。如果你认识到这一点，如果你以自己的整个存在——也就是从情感上以及心理上——真正地感受到选择的徒劳无益，那么你就再也不会选择；于是就有了洞察力，就有了摆脱了选择的直觉反应，而那就是觉察。

如果你觉察到你从对立面中产生的选择只会制造另一个对立面，那么你就洞察了真实。但是你们大多数人都没有那么强烈的愿望，也没有觉察，因为你想要相反的那个，你想要感官享受。所以你永远无法获得洞察力，你永远无法达到那丰足的全然的觉察，将头脑从对立面中解放出来的觉察。在那从对立面解脱的自由中，行动不再是一项成就，而是一种完满，它诞生于无限的洞察力。行动从你自己的完满中产生，在那样的行动中没有选择，因而没有努力。

若要了解这样的完满、这样的真相，你必须处于一种强烈的觉察状态中，而只有当你面对危机时你才会获得那份觉察。你们大多数人都面临着某种危机，关于金钱、人际关系、爱或者死亡的危机，当你困在这样的危机中时，你不得不选择、决定。你如何决定？你的决定产生于恐惧、欲望和感受。所以你不过是在拖延，你选择方便的那个、快乐的那个，因此你不过是在制造另一个你必须穿过的阴影。只有当你感受到自己现在的生存状态的荒谬，不仅仅是从理智上感受到，而是你的整个头脑和内心都感受到——当你真的体会到这种不断选择的荒谬时——从那觉察中就诞生出洞察力。于是你就不再选择：你行动。给出例子很容易，但是我不举例，因为例子常常令人迷惑。

所以在我看来，努力想要觉察并不能带来觉察；当你自己的整个存在都是清醒的，当你认识到选择的无益，觉察就会自发地产生。现在你在两件事情、两种做法之间选择，你在此或彼之间选择；你了解其中一个，不了解另一个。你希望用这种选择的结果来填满你的生活。你依据自己的欲求和向往而行动。当你的愿望得到满足，行动自然就结束了。接下来，由于你依然孤独，你就会寻找另一个行动、另一个满足。你们每个人在行动中都面临着二元性，面临着此或彼的选择；但是当你觉察到选择的无益，当你以自己的整个存在毫不费力地觉察，那么你就能真正地洞察一切。

只有真正处于危机中时，你才能验证这一点；你无法从智力上来检验这一点，比如当你悠闲地坐着想象一种心理冲突时。只有当你与迫切需要做出的选择面对面，当你不得不做出选择，当你的整个存在强烈要求行动时，你才能了解它的真实性。如果在那一刻，你以自己的整个存在认识到选择的徒劳无益，如果在那一刻你觉察到这一点，那么从中就能绽放出天性的花朵、洞察力的花朵。从中诞生的行动是无限的，所以行动就是生活本身。于是行动和行动者之间的分别消失；一切都是连续的，其中没有很快就会结束的短暂满足。

问：你说自我修炼毫无意义，请解释一下这句话的含义。你说的自我修炼是什么意思？

克：如果你明白了我之前所说的话，你就会看到自我修炼的无益。但是我会再解释一遍，试着把它说明白。

你为什么认为必须训练自己？你想把自己训练成什么？当你说："我必须训练自己"，你就在自己面前设置了一个你认为必须遵守的准则。只要你想填补自己内心的空虚，自我修炼就会存在；只要你心中怀有神是何种模样、真理是什么的某种描述，只要你抱有某些道德准则体系，强迫自己把它们当做指引来接受，自我修炼就会存在。也就是说，你的行动是被遵从的渴望约束和控制的。但是如果行动诞生于洞察，那么就不需要训练。

请理解我说的洞察是什么意思。不要说："我学过弹钢琴。这难道不涉及训练吗？"或者"我学过数学。那不是种训练吗？"我不是在探讨技巧的学习，那不能被称为训练。我谈的是生活中的行为。这一点我说清楚了吗？恐怕你们大多数人并没有明白这一点，因为要摆脱自我修炼的观念是极其困难的，因为我们从儿时起就是训练、控制的奴隶。要除去训练的想法并不意味着你必须走向相反的一面，也不意味着你必须混乱。我说的是，哪里有洞察，哪里就不需要自我修炼，于是也就不存在自我修炼。

你们大多数人都困在训练的习惯中。首先，你心里怀有一幅什么是正确的、什么是对的、好性格应该是怎样的画面。你试图调整自己的行为以符合这幅画面。你仅仅根据自己抱持的心理画面来行动。只要你心怀什么是对的这样一种先入为主的想法——而你们大多数人确实怀有此类想法——你就必然照此行动。你们大多数人并不知道自己在根据某种模式行动，但是当你觉察到自己是这样行动时，你就不再抄袭或模仿，那么你自己的行动就会揭示出什么是真实的。

你知道，我们的身体训练、我们的宗教和道德训练，都倾向于按照某种模式塑造我们。从儿时起，我们大多数人都被训练符合某个模式——社会的、宗教的、经济的模式，而我们大多数人并未意识到这一点。训练变成了一种习惯，而你没有意识到那个习惯。只有当你觉察到自己是根据某个模式在训练自己，你的行动才会从洞察中诞生。

所以，首先你必须认识到你为什么训练自己，而不是你应不应该进行训练。经过了数个世纪的自我修炼，人的身上发生了什么？他变得越来越像机器，越来越不像人，他只是获得了越来越多模仿和成为机器的技巧。自我修炼，即遵循你自己或别人建立起来的心理画面，无法带来和谐，它只会制造混乱。

当你试图训练自己的时候，发生了什么？你的行动始终在制造内心的空虚，因为你努力将自己的行为纳入某个模式。但是如果你觉察到你正按照模式行动——你自己或者别人制造的模式——那么你就会看到模仿的谬误，此时你的行动将诞生于洞察，也就是诞生于你头脑与内心的和谐。

现在，理智上你想以某种方式行动，但是情感上你不想用同样的方式，于是冲突产生了。为了克服那冲突，你从权威中寻找安全，那权威就变成了你的模式。因此，你并不是在做你真正所思所感的事情，你的行动受恐惧和对安全的渴望的驱使，从这样的行动中就产生了自我修炼。你们明白了吗？

你知道，以你整个生命的全部热情去理解，与仅仅从智力上理解是截然不同的事情。当人们说："我明白了"，他们通常只是智力上理解了。

但是智力分析无法将你从自我修炼这个习惯中解放出来。当你行动时，不要说："我必须看清这个行动是否产生于自我修炼，是否基于某种模式。"这样的企图只会妨碍真正的行动。但是，如果你在行动中觉察到模仿，那么你的行动就将是自发的。

正如我所说的，如果你检验每个行为，以确定它是不是产生于自我修炼、产生于模仿，那么你的行动就会变得越来越局限，于是就会产生障碍和抗拒。你根本没有真的在行动。但是，如果你以自己的整个存在觉察到模仿的无益、遵从的无益，那么你的行动就不再是模仿，不再是受缚和局限的。你越是分析你的行动，你的行动就越少。难道不是这样吗？在我看来，分析行动不会把头脑从模仿即遵从和自我修炼中解放出来；把头脑从模仿中解放出来的，是在行动中以你的整个存在来觉察。

对我来说，自我分析使行动受挫，它会破坏完整的生活。也许你不同意这一点，但是请在决定你同意与否之前，听听我要说的话。我说，这个不断自我分析的过程，即自我修炼，不停地在自由的生命之流上即行动上施加局限。因为自我修炼基于获取成就的想法，而不是基于完满的行动。你看到其中的区别了吗？其一是一系列的成就，因而总是有个结局；而另一个是诞生于洞察的行动，而这样的行动是和谐的，因此是无限的。这一点我说清楚了吗？

下次你说："我一定不能如何"的时候，观察你自己。自我修炼，"我必须"，"我一定不能"，是建立在获取成就的观念之上的。当你认识到成就的无益——当你从情感上和理智上以自己的整个存在认识到这一点——那么就再也不会有"我必须"和"我一定不能"。

你想要遵循自己头脑中的某个画面，现在你困在这种尝试中，你有着"我必须"或"我一定不能"这种思维习惯。那么，你下一次这么说的时候，觉察你自己，在那觉察中你会洞察到什么是真实的，并把自己从"我必须"和"我一定不能"这种障碍中解放出来。

问：你说没人能帮助别人，那你为什么还要走遍世界给人们讲话？

克：这需要回答吗？如果你能懂得这一点，就能体会到其中的意味深长。你知道，我们大多数人想要通过别人、借助某种外在的媒介，来获得智慧或真理。别人无法把你变成一个艺术家，只有你自己能够做到这一点。这就是我想说的话：我可以给你颜料、画笔和画布，但是你得自己成为艺术家、画家。我无法把你变成这样一个人。现在你们想在精神上有所追求，于是你们大多数人寻找导师、救主，但是我说这个世界上没人能够把你从悲伤的冲突中解脱出来。有人可以给你材料、工具，但是没人能给你那富有创造力的生活的火焰。

你知道，我们从技巧的角度来思考，但是技巧并不是首要的事情。你必须首先具有渴望的火焰，然后技巧会随之而来。"但是，"你说，"让我学习一下。如果有人教我绘画的技巧，那么我就能够画画了。"有很多本书描述了绘画的技巧，但是单单学习技巧永远无法将你变成一个有创造性的艺术家。只有当你完全独立，不借助技巧，不通过导师，你才能发现真理。

首先让我们弄清楚这一点。现在你把自己的观念建立在遵从之上。你认为存在着某个准则、某个途径，借助它们你可以找到真理；但是如果你审视一下，就会发现没有通向真理的道路。若要被引向真理，你必须知道真理是什么，你的向导必须知道真理是什么。难道不是这样吗？我说一个教授真理的人也许拥有真理，但是如果他提出可以带领你找到真理，而你又接受了指引，那么你们两个人就都处于幻觉之中。如果你还被幻觉所困，你怎么可能知道真理呢？如果真理在那里，它会表达自己的。一个伟大的诗人拥有创作的强烈愿望和热情，他就会写出来。如果你有这样的愿望，你会学到技巧的。

我觉得没人能把另一个人带到真理面前，因为真理是无限的。真理是无路之国，没有人能告诉你如何找到它。没有人能教你如何变成艺术家，别人只能给你画笔和画布，指给你看要用的颜色。没人教过我，我向你保证这一点，我所说的话也不是从书本上学到的。但是我观察了，我努力了，我试着去弄清楚。只有当你完全一无所有，彻底摆脱了所有技巧、所有导师，你才能够去探索去发现。

(在阿尔皮诺第二次演说，1933年7月4日)

追寻真理不过是一种逃避

朋友们：

在这些讲话中，我试图说明，行动只要关涉到努力和自我控制——我也解释了我用这些词语表达怎样的含义——生命就必然会变得狭隘和局限，但是只要行动是不费力的、自发的，那么就会有完整的生命。然而我所说的，关系到生命本身的完满，而不是被误解为自由解放的混乱。我会再解释一下我说的不费力的行动意味着什么。

当你意识到不完整，你就会有实现某个目标或者结果的愿望，而这目标会成为你的权威，你希望因此能够填满那空虚、那不完整。我们大多数人都在不停地寻找目标、结果、形象和理想作为我们的慰藉。我们向着目标不停地努力，因为我们意识到了产生于不完整的诸多挣扎。但是如果我们了解了不完整本身，那么我们就不再需要寻找目标，目标不过是个替代品而已。

要了解不完整及其根源，你必须弄清楚你为什么要追求某个目标。你为什么要向着目标努力？你为什么想根据某个模式来训练自己？因为你或多或少地意识到存在着不完整，这就催生了不停的努力、不停的奋斗，头脑为了逃避这不完整，建立起理想这种权威，理想能带来慰藉，希望它能作为向导。因此行动本身就变得毫无意义，它仅仅变成了向着目标和结果前进的垫脚石。在追寻真理的过程中，你把行动仅仅当做是奔向目标的工具，行动的意义就丧失了。你为了达到目标而做出巨大的努力，你把行动的重要性放在它所达到的目标上——而不是行动本身。

大多数人都困在对奖赏的追求中，以及逃避惩罚的努力中。他们为了结果而努力，他们受动机驱使，因此他们的行动不可能完整。你们大多数人都困在这不完整的牢笼中，因此你们必须意识到那牢笼。如果你们不明白我的意思，请打断我，我会再解释一次。

我说你必须意识到你是个囚徒，你必须觉察到你不断试图逃避不完整，而你对真理的追寻不过是一种逃避。通过自我修炼和获取成就，你对真理、对神进行的所谓追寻，不过是对不完整的一种逃避。

不完整的根源正是对成就的追求，但是你不停地逃避面对这个根源。产生于自我修炼的行动，产生于恐惧或者想要成就的渴望的行动，是不完整的根源。当你觉察到这样的行动本身就是不完整的根源时，你就从那不完整中解放了出来。你觉察到牢笼的那一刻，牢笼对你来说就不再是问题了。只有当你对生活中的行动毫无觉察时，它才会是个问题。但是大多数人不知道他们不完整的根源，从这种无知中产生了无止境的努力。当他们觉察到根源——也就是对成就的追求——那么在那觉察中就有了完整，那完整完全不需要任何努力。你的行动中就不会有任何努力、任何自我分析和训练。

从不完整中产生出对舒适和权威的追寻，而想要达到这个目标的企图，剥夺了行动本身内在的意义。但是当你以你的头脑和内心充分觉察到不完整的根源时，不完整就结束了。从这觉察中就产生了无限的行动，因为行动本身就具有意义。

换句话说，只要头脑和内心困在欲求和愿望中，就必然会有空虚。你想要得到某些东西、想法或者人，只有此时你才意识到自己的空虚，而那欲求导致了选择。有愿望时必然会有选择，而选择促使你进入互相冲突的经验中。你有选择的能力，因此你用选择局限了自己。只有当头脑摆脱了选择时，才会有解放。

所有的欲求、所有的愿望都使人盲目，你的选择产生于恐惧，产生于想要得到慰藉、舒适和奖赏的渴望，或是狡猾算计的结果。因为你内心空虚，所以有渴望。因为你的选择始终基于获得的想法，所以不可能有真正的辨别力、真正的洞察力，而只有欲求。当你选择时，而你确实进行选择，你的选择只会进一步制造一系列的境况，导致更多的冲突和选择。你的选择，产生于局限，建立起更进一步的一系列局限，这些局限制造出"我"、自我这个意识。你将成倍增加的选择称为经验。你寄望于这些经验将你从束缚中解救出来，但是它们永远无法带你脱离束缚，因为你把经验当做一个不停获取的过程。

让我来举例说明这一点，这个例子或许能传达我的想法。假设你失去了你深爱的人，因为他去世了。死亡是个事实。现在你立即体验到一种失去感，一种想要再次靠近那个人的渴望。你想让你的朋友回来，但是因为你无法让他回来，你的头脑制造出或者接受了一个能满足你情感渴望的想法。你爱的人从你身边被带走了。然后，因为你痛苦，因为你感觉到一种强烈的空虚、孤独，你想要你的朋友回来。也就是说，你想要结束自己的痛苦，把它搁置一旁，或者忘掉它；你想要减轻你意识到的那种空虚，而那空虚早已隐藏在你与你爱的朋友相处之时。你的欲求产生于想要得到安慰的渴望；但是由于你无法获得他依然健在的那种安慰，你就想出某种能够带给你满足的观念——转世、死后重生、所有生命的合一。在这样的观念中——我不说它们是对还是错，我们改天再讨论这些——我说，你从这样的观念中获得安慰。也就是说，没有真正的洞察，你可以接受任何观念和任何原则，只要它们此刻能满足你、能驱除导致痛苦的空虚感。

所以你的行动建立在想要得到舒适的想法之上，建立在累积经验的观念之上,你的行动取决于根植于愿望的选择。但是一旦当你以你的头脑和内心、以你的整个存在觉察到愿望的无益,空虚就止息了。现在你仅仅局部地意识到这空虚,所以你试图通过阅读小说、通过忘我于人类以文明之名制造出的各种消遣中来获得满足,而这种对感官享受的追求你称之为经验。

你必须以你的头脑以及心灵认识到空虚的根源就是渴望,渴望导致选择并妨碍真正的洞察。当你觉察到这一点,欲求就止息了。

正如我所说的,当一个人感觉到某种空虚、某种需要时,他会不加辨别地接受。而构成我们生活的大多数行动,都基于这种需要感。我们也许认为我们的选择以理性、以辨别力为基础;我们也许以为,我们在做出选择之前会权衡可能性并计算概率。但是因为我们内心有着渴望、需要和欲求,我们不可能知道真正的洞察力或者辨别力。当你认识到这一点,当你以你的整个存在从情感上以及智力上觉察到这一点,当你认识到欲求的无益,欲求就止息了,于是你就从空虚感中解脱出来。在那觉察的火焰中没有训练,没有努力。

但是我们没有充分觉察到这一点;我们没有觉察,因为我们在欲望中体验到快乐,因为我们不断希望欲望中的快乐能压倒痛苦。我们为了得到快乐而孜孜以求,即使我们知道快乐与痛苦形影不离。如果你彻底明白了这其中的全部意义,你就为自己创造了一个奇迹;于是你就会经历到从欲望中的解脱,进而是从选择中的解放,于是你就再也不是那个有限的意识,那个"我"。

哪里有依赖或者指望别人给予支持和鼓励,哪里有对别人的依靠,哪里就会有孤独。当你为了得到满足、幸福或者康乐,为了得到安慰而向他人求助时,当你在宗教上依赖任何人或者任何观念作为权威时,这一切中就有着极度的孤独。因为你如此依赖,所以孤独,于是你寻求安慰或者逃避的方式,你从别人那里寻找权威和支持,期望得到安慰。但是当你觉察到这一切的谬误,当你以你的整个内心和头脑来觉察,孤独就会止息,因为此时你再也不依赖别人给你幸福。

所以哪里有选择,哪里就不可能有洞察,因为洞察是毫无选择的。哪里有选择和选择的能力,哪里就只有局限。只有当选择止息,才会有解放、完满、丰足的行动,也就是生命本身。创造是没有选择的,就像生命没有选择、了解没有选择一样。真理也同样,它是一种持续不断的行动,是一种永恒的发生,其中没有选择。它是纯然的洞察。

问:我们要怎样才能除掉不完整,而不形成某种关于完整的理想?在实现了完整之后,也许就不需要理想了,但是在实现完整之前,有某种理想似乎是不可避免的,尽管理想是暂时的,并且会根据领悟的增长而变化。

你说你需要一个理想来克服不完整,这个说法本身,就表明了你不过是在试图将那个理想强加于不完整之上。这就是你们大多数人试图做的。只有当你发现了不完整的根源,并觉察到那根源,你才能变得完整。但是你不去发现那根源。你不去理解我说的话,而只是用你的头脑仅仅从智力上来理解。任何人都可以这么做,但实际上若要真正去理解,是需要行动的。

现在你感觉到不完整,因此你寻找一个理想,关于完整的理想。也就是说,你在追求不完整的反面,在追求那反面时,你不过是制造了另一个对立面。这也许听起来令人费解,但实际上并非如此。你不停地追求对你来说重要的东西。某一天你认为这个重要,你选择它,为之奋斗,并拥有了它,但是与此同时它已经变得不重要了。现在,如果头脑从所有的二元对立感、从重要不重要的观念中解脱出来,那么你就不必再面对选择的问题;于是你从完满的洞察中行动,而不再追求关于完整的形象。

当你身处牢笼中时，你为什么紧抓着自由的理想不放？你制造出或者发明出自由的理想，因为你无法逃离你的牢笼。你的理想、你的神祇、你的宗教也是一样的：它们是想要逃进舒适的渴望的产物。你自己把这个世界变成了一个牢笼，一个充满痛苦和冲突的牢笼；因为世界是这样一个牢笼，于是你制造出一个想象中的神、一种想象中的自由、想象中的真理。而这些理想、这些对立面不过是从感情上和心理上逃避的企图。你的理想是逃离囚禁你的牢笼的工具。但是如果你意识到那牢笼，如果你觉察到你正试图逃避这个事实，那么那觉察就摧毁了牢笼；于是你就会知道自由，而不是去追求自由。

自由不会来到追求自由的人面前。真理不会被寻找真理的人发现。只有当你以你的整个头脑和内心认识到你所处的牢笼的境况，当你认识到那牢笼的意义，只有那时你才会自由，自然而然而又毫不费力。只有当你身处巨大的危机中时，这种领悟才能到来，但是你们大多数人都试图回避危机。或者，当你面临危机时，你立刻就到宗教观念、神的概念、革命的概念中寻找舒适；你转而求助于牧师、心灵导师以期得到安慰；你从娱乐中寻找消遣。所有这些不过是对冲突的逃避。但是如果你真的直面眼前的危机，如果你认识到逃避不过是拖延行动的方式，认识到逃避的无益和谬误，那么在那觉察中就会绽放出洞察力的花朵。

所以你必须在行动中觉察，这会揭示出潜藏的对渴望的追求。但是这觉察并非从分析中产生。分析只会限制行动。我回答了你的问题吗？

问：你列举了一步步制造权威的过程。你能否列举相反的过程的步骤，即一个人将自己从所有权威中解放出来的过程？

克：恐怕这个问题的提法不对。你不问是什么制造了权威，而是问如何将你自己从权威中解放出来。请让我再说一次：一旦你觉察到权威的根源，你就从那权威中解脱出来了。制造权威的根源才是重要的事情——而不是导致权威或者导致推翻权威的步骤。

你为什么制造权威？你制造权威的根源是什么？正如我所说的，根源是对安全的追求，这样的话我说过太多次了，以至于对你来说几乎变成了一种套话。你在追求安全，你认为在这种安全中你不需要做出任何努力，你不需要与你的邻居进行斗争。但是通过追求安全，你无法实现这种安全的状态。存在着完满的状态，那是极乐的保证，是你从生命中行动的状态；但是只有当你不再追求安全时，你才能到达那个状态。只有当你以你的整个存在，认识到生命中根本没有安全这种东西时，只有当你从这种不断的追求中解脱出来时，才能有完满。

所以你以理想的形式，以宗教、社会、经济体系的形式制造权威，这一切都基于对个人安全的追求。因此你自己要对权威的制造负责，你已成为这权威的奴隶。权威并非自己产生的。离开了制造它的人，权威就不存在。你制造了它，你是它的奴隶，除非你以你的整个存在觉察到它产生的根源。只有当你不是通过自我分析或者智力探讨来行动时，你才能觉察到那根源。

问：我不想要保持"觉察"的一套规则，但是我非常想了解觉察。在达到毫不费力的状态之前，在每个想法产生的时候就觉察到它，这难道不需要付出巨大的努力吗？

克：你为什么想要觉察？为什么需要觉察？如果你对自己的现状完全满意，就那样继续下去好了。当你说"我必须觉察"，你不过是把觉察变成了另一个想要达到的目标，这样的话你就永远无法觉察。你抛弃了一套规则，现在却又在制造另一套，而不是当你身处巨大的危机中时，当你痛苦时试着去觉察。

只要你追求舒适和安全，只要你安逸自在，你就只是从智力上考虑问题，并且说："我必须觉察。"但是当你身处痛苦中时，试着去发现痛苦的意义,当你不试图从中逃避,当你在危机中做出了一个决定——这决定并非产生于选择,而是产生于行动本身——那么你就真的在觉察。但是当你设法逃避,你想要觉察的企图就是徒劳的。你并不真的想觉察,你不想发现痛苦的根源,你只关心逃避。

你来这里,听我告诉你逃避冲突是徒劳的。但是你依然想要逃避。所以你真正的意思是:"我们怎样才能两者兼得?"在你头脑的深处,你偷偷摸摸地狡猾地想要宗教、神祇这些逃避方式,这是你们通过数个世纪机巧地发明和建立起来的。然而你又听到我说:通过别人的指导、通过逃避、通过寻找安全你永远无法找到真理,那些东西只会导致无尽的孤独。于是你问:"我们要怎样两者兼得?我们要怎样在逃避和觉察之间达成妥协?"你把两者混为一谈,你想要一个折中的办法,所以你问:"我要怎样觉察?"但是,如果你不这样,如果你坦率地对自己说"我想要逃避,我想得到舒适",那么你就会发现有剥削者会给你你想要的东西。你自己制造了剥削者,因为你想要逃避。弄清楚你想要什么,觉察到你渴望什么,这样的话觉察的问题就不会产生。因为你孤独,所以你想得到安慰。但是如果你寻求安慰,那就请诚实、坦率,觉察到你想要什么,也知道自己在追求它。这样我们就能理解问题所在。

我可以告诉你,对他人的依赖、对舒适的追求会导致无尽的孤独。我可以向你说明这一点,而你也许同意,也许不同意。我可以指给你看欲求中有无尽的空虚和虚无。但是你从感官享受中、从娱乐中获得满足,从填补你的需求和欲望的转瞬即逝的喜悦中获得满足。然后,当我将欲求的谬误展示给你看,你不知道该如何行动。于是,作为妥协,你开始训练自己,这种训练的尝试破坏了你创造性的生活。当你真正看到欲求的荒谬和空虚,那欲求就能毫不费力地脱离你。但是只要你被选择的想法所奴役,你就不得不做出努力,从中就产生出一个对立面——想要觉察的渴望以及毫不费力地生活的问题。

问：你与成人交谈，但是成人曾经是孩子。我们要如何不加训练地教育孩子？

克：你同意训练是徒劳的吗？你感觉到训练是毫无意义的了吗？

听众：但是你把已经长大成人的阶段作为讲话的起点。我想从还是孩子的时候开始。

克：我们都是孩子；我们所有人都必须从自己这里而不是从别人那里开始。如果我们这么做，那么我们就会发现正确对待孩子的方式。

你不能因为你是孩子的父母就从孩子开始，你必须从自己开始。假如说你有个孩子，你相信权威，并根据那个信念来训练他；但是如果你理解了权威的无益，你就会把孩子从中解放出来。所以首先，你自己需要去弄清楚你生活中权威的意义。

我所说的很简单。我说当头脑从安全中寻求舒适时，就制造了权威。因此，从我们自己开始。从你自己的花园开始，而不是别人的。你想要创立一套新的思想体系、观念体系、行为体系，但是通过改革旧有的东西，你无法创造出新事物；只有当你了解了旧事物的根源，你才能从陈旧中脱离。

（在阿尔皮诺第三次演说，1933年7月6日）

认识到欲求的无益，欲求就止息了

问：有人说你实际上是在束缚个体，而不是解放他。这是真的吗？

克：我回答了这个问题之后，你自己就会发现我是在解放个体还是在束缚他。

我们来看个体的实际情况是怎样的。我们说的个体指的是什么？指的是，一个受控于他的恐惧、他的失望和他的渴望的人，这些东西制造出一系列奴役他的境遇，并迫使他适应社会结构。这就是我们用个体这个词所指的意思。我们用自己的恐惧、迷信、虚荣和渴望，制造出一套环境因素并成为其奴隶。我们几乎丧失了我们的个体性、我们的独特性。当你审视自己在日常生活中的行为，你会发现自己的所作所为都不过是对一套准则、一系列观念的反应。

请跟上我说的话，不要说我在敦促人们解放自己，这样就能为所欲为了——这样只会带来破坏和灾难。首先我想说明一点，我们不过是对一套准则和观念的反应，我们通过我们的痛苦和恐惧、我们的愚昧、我们想要占有的欲望制造了这些准则和观念。我们称这种反应为个体行动，但是在我看来，那根本不是行动。那只是不停的反应，其中没有积极的行动。

我来换个说法。现在的人，不过是空虚的反应，别的什么也不是。

他没有从自己充实的本性、他的完满、他的智慧中行动,他只是从反应中行动。我坚持认为这混乱、这彻底的破坏正在世界上发生着,因为我们没有从完满中行动,而是出于恐惧、出于缺乏了解而行动。一旦我们觉察到这个事实,即我们所谓的个体性不过是一系列的反应,其中没有完满的行动;一旦我们明白了这一点,即个体性不过是一系列的反应,其中只有持续的空虚、空洞,那么我们就会和谐地行动。

你要怎样弄清你抱有的某种准则有何价值?你若要弄清楚,就不能针对那准则反其道而行之,而是要权衡和平衡你与那准则的要求相悖的真实想法和感受。你会发现那准则要求某些行动,而你自己直觉下的行动倾向于另一个方向。那么你会怎么办?如果你根据天性的要求去做,你的行动会导致混乱,因为我们的天性历经数个世纪已经被我们所谓的教育破坏掉了——那种教育是彻底谬误的。你自己的天性需要一种行动,但是社会要求另一种行动,而这社会是我们每个人通过若干个世纪建立起来的,我们成了它的奴隶。当你遵照社会要求的那套标准去行动,你就没有通过完满的领悟来行动。

通过真正地去思考你天性的需要和社会的需要,你会发现如何在智慧中行动。那行动解放了个体,而不是束缚他。但是个体的解放需要极其认真的态度,需要极其深入地探索行动,它不是一时冲动的行为产生的结果。

所以你需要意识到你现在的实际状况。不管你受过多么良好的教育,你实际上只在局部上算是个体;你更大的一部分取决于对社会的反应,而这社会是你制造的。你不过是一台巨大机器上的一个无足轻重的零件——那机器就是你所谓的社会、宗教、政治,而只要你是这样一个零件,你的行动就从局限中产生,它只会导致不和谐与冲突。正是你的行动导致了我们今天的混乱。但是如果你从自己的完满中行动的话,你就会发现社会的真正价值以及促使你去行动的天性;此时你的行动就是和谐的,而不是一种妥协。

那么,首先,你必须意识到数个世纪以来建立起的错误的价值观,你已经成为了它的奴隶;你必须意识到这些价值观,弄清楚它们是错误的还是正确的,而这件事你必须亲自去做。没有人能替你代劳——这就是人的伟大和光辉所在。进而,通过发现准则的真实价值,你就把头脑从世代传袭下来的错误准则中解放了出来。但是这种解放,并不意味着会导致混乱的冲动的、本能的行动,它意味着诞生于头脑与内心的完美和谐中的行动。

问:你从未过过穷人的生活,你始终享有看不见的安全,那是你的富人朋友们带给你的。你谈到彻底放弃生活中每一种形式的安全,但是还有千百万人的生活中没有这样的安全。你说没有经历过的人就无法领悟,因此,你不可能知道贫穷和物质上的不安全究竟意味着什么。

克:这是一个我经常被问到的问题;我以前也常常回答这个问题,但是我会再回答一次。

首先,我说的安全指的是头脑为了让自己舒适而建立起来的安全。为了生存,人必须要有物质上的安全,身体要有一定程度上的舒适。所以不要混淆两者。现在你们每个人都不仅仅在追求物质安全,而且也在追求心理安全,你在那追求中建立起权威。当你了解了你所追求的安全的谬误,那安全就不再具有任何价值;于是你认识到,尽管必须有最低程度的物质安全,即使那种安全的价值也微乎其微,那么你就不会将你的整个头脑和内心专注于不停地获取物质安全。

我会换个方式来说,我希望这样能说清楚;但是无论我说什么都很容易被误解。你得穿越语言的幻象去发现另一个人想要传达的意思。我希望在这次讲话中你能试着这样做。

我说你对美德的追求,不过是你称为不道德的东西的反面,它不过是对安全的一种追求。因为你脑子里有一套标准,你为了获得满足感去追求美德;因为对你来说,美德只不过是获取安全的手段。你并不是因为美德本身的内在价值而努力去获取美德,而是因为它能给你某种回报。因而你的行动只关注对美德的追求,这些行动本身毫无价值。你的头脑不停地追求美德,以获取其他一些东西,因此你的行动始终是进一步求取的垫脚石。

也许你们这里的大多数人是在追寻一种精神上的安全,而不是物质安全。你追求精神安全,要么是因为你已经拥有了物质安全——一个殷实的银行账户,一个安全的职位,一个高高在上的社会地位——要么是因为你无法获得物质安全,所以转而把精神安全作为替代品来追求。但是对我来说,你的头脑和感情可以从中得到慰藉的安全和庇护,这种东西根本不存在。当你意识到这一点,当你的头脑摆脱了舒适这个念头,你就不会再像现在这样紧抓着安全不放。

你问我,我没有经历过贫穷怎么能知道贫穷是什么。答案很简单。因为我既不追求物质安全也不追求心理安全,所以对我来说,是我的朋友给我食物还是我通过工作养活自己,这些完全不重要。我是不是四处旅行,也不重要。如果有人请我来,我就来;如果没有,对我来说并没有什么不同。因为我自己的内心充实丰足(而我这么说并非出于自负),因为我不寻求安全,我的物质需要非常少。但是如果我追求物质上的舒适,我就会强调物质需求,我就会强调贫穷。

让我们换个角度来看这个问题。我们在这个世界上的大多数争斗都是关于占有和不占有的,关注的是获取这个、保护那个。而我们为什么如此看重占有?我们这么做是因为占有带给我们权力、快乐和满足,它带给我们对于个体性的某种确认感,为我们的行动和野心提供了一个范围。我们看重占有,是因为我们能从中得到某些东西。

但是如果我们自己内心丰足,那么生命之河就会和谐地流过我们心中,对我们来说,占有或是贫穷就不再重要。因为我们看重占有,我们失去了生命的丰足;但是,如果我们自己本身是完整的,我们就会发现所有事物的内在价值,并生活在头脑与内心的和谐之中。

问:有人说你是基督在我们这个时代的化身。对此你有什么看法?如果这是真的,你为什么不谈爱和慈悲?

克:我的朋友们,你们为什么会问这样一个问题?你们为什么会问我是不是基督的化身?你们这么问,是因为你们想让我确认我是或者我不是基督,这样你们就能根据自己的标准来判断我说的话。你们问这个问题有两个原因:你认为你知道基督是什么,因此你说:"我会采取相应的行动";或者如果我说我是基督,那么你认为我所说的话必定都是正确的。我不是在回避这个问题,而是我不会告诉你们我是谁。那根本不重要,而且,即使我告诉了你们,你们怎么能知道我是谁或者我是什么?这样的揣测毫无意义。所以我们不要关注我是谁,而是来看看你们问这个问题的原因。

你们想知道我是谁,因为你们对于自己并不确定。我不说我是或者我不是基督。我不会给你们一个明确的回答,因为对我来说这个问题并不重要。重要的是我说的话是不是真实,而这并不取决于我是谁。只有你们把自己从偏见和标准之中解放出来,你们才能弄清楚这件事。通过求助于权威、朝向某个目标去努力,你们无法获得从偏见中解脱的真正自由,而那正是你们的做法。偷偷摸摸地辛辛苦苦地,你们在寻找一个权威,通过寻找,你们只不过是在把自己变成模仿的机器。

你问我为什么不谈爱和慈悲。花朵会谈论自己的芬芳吗?它本身就是芬芳的。我谈到过爱,但是对我来说,重要的不是讨论爱是什么或者慈悲是什么,而是把头脑从所有局限中解脱出来,是这些局限阻碍了我们所说的爱和慈悲的自然流淌。当你的头脑和内心从我们所说的自我中心、自我意识的局限中解放出来,你自己就会懂得爱是什么,慈悲是什么;此时你就会知道,而无需询问、无需讨论。现在你来问我,是因为你认为这样你就能根据从我身上发现的东西来行动,这样你就会有一个行动可依据的权威。

所以我再说一次,真正的问题不是我为什么不谈爱和慈悲,而是,是什么阻碍了人类自然而和谐的生活,阻碍了完满的行动——也就是爱。我谈到过很多妨碍我们自然生活的障碍,我解释过这样的生活并不意味着混乱的本能行动,而是丰足充实的生活。丰足、自然的生活被数个世纪以来的遵从、数个世纪以来我们所谓的教育所阻碍,而那不过是一个造就了如此之多人形机器的过程。但是当你理解了这些障碍和藩篱的根源,是你在追求安全的过程中,用恐惧为自己制造了这些障碍,那么你就能把自己从中解放出来,此时就有了爱。但这是一个无法讨论的领悟。我们不会讨论阳光。它就在那里,我们感觉到它的温暖,看到它具有穿透力的美。只有当太阳被遮挡起来的时候,我们才会谈论阳光。对于爱和慈悲也是如此。

问: 你从未向我们清楚地描述死亡,以及死后重生这些神秘的事情,但是你不断提到不朽。那么你肯定相信死后重生这样的事情了?

克: 你想明确地知道死后是不是完全寂灭的状态:这种着手问题的方式是错误的。我希望你能跟上我说的话,否则你就无法理解我的回答,你就会以为我没有回答你的问题。如果你不理解,请打断我。

你说起死亡的时候,想表达什么意思?你为另一个人的死去而悲伤,并害怕自己死去。另一个人的去世唤起了悲伤。当你的朋友去世,你意识到孤独,因为你依赖他,因为你和他互为补充,因为你们互相理解、互相支持、互相鼓励。所以当你的朋友离去时,你感到空虚,你想要那个人回来填补他过去在你生命中的位置。你想再次拥有你的朋友,但是因为你无法拥有他，你转向各种智力上的观念、各种感情上的概念，你认为那些东西能带给你满足。你转向慰藉、舒适这样的想法，而不是去弄清你痛苦的根源并把自己从死亡这个概念中永远解脱出来。你指望一系列的慰藉和满足能逐渐缓解你强烈的痛苦；但是，当死亡再次到来时，你还会再次经历同样的痛苦。

死亡到来并带给你强烈的悲伤。你深爱的人去世了，他的离开加剧了你的孤独。但是你试图通过寻求心理上和情感上的满足来逃避，而不是弄清那孤独的根源。那孤独的根源是什么呢？是依赖别人，你自己的生活不完整，你不断试图回避生活。你不想去发现事实的真正价值，而是把价值赋予了只不过是一个智力概念的东西。因此，失去朋友让你痛苦，因为那失去使你充分意识到自己的孤独。

这也产生了对自己的死的恐惧。我想知道我死后是不是会重生，我是不是会转世，我是不是会以某种形式继续存在。我关心这些希望和恐惧，因为我的生命中没有丰足的时刻，我完全没有一天不生活在冲突中，没有一天感觉到完整，就像一朵花那样。因此我有一种想要实现圆满的强烈愿望，而那愿望引入了时间的概念。

当我们说到"我"的时候，指的是什么？只有当你困在选择的矛盾中、二元的冲突中时，你才会意识到"我"。在这种冲突中，你意识到自己，你把自己与这个或者那个相认同，在这不断的认同中，产生了"我"的概念。请用你的内心和头脑考虑一下这个问题，因为这不是一个可以被简单地接受或者否认的哲学观点。

我说到从矛盾的选择中，头脑建立起记忆，很多层次的记忆，它将自己等同于这些层次的记忆，把自己称为"我"、自我。因而产生了这个问题："我死的时候会发生什么？我有机会重生吗？未来有没有什么可以达成？"在我看来，这些问题产生于渴望和困惑。重要的是把头脑从这种矛盾的选择中解放出来，因为只有当你这样解放了自己，才能有不朽。

对于大多数人来说，不朽的概念就是"我"的延续，穿越时间，没有终点。但是我认为这种观念是错误的。"那么，"你回答道，"彻底的寂灭就是必然存在的。"我认为那也不正确。你相信完全的寂灭只能随着我们所说的"我"这个有限意识的终结而到来，这是错误的。你不能那样理解不朽，因为你的头脑困在对立的观念中。不朽摆脱了所有的对立面，它是和谐的行动，在和谐的行动中，头脑彻底从"我"的冲突中解脱出来。

我说存在着不朽，超越我们所有概念、理论和信仰的不朽。只有当你独立地充分理解了对立面，你才能摆脱对立面。只要头脑通过选择制造冲突，就必然会存在作为记忆的意识，也就是"我"，正是"我"害怕死亡并渴望自己能够延续，因此没有能力去理解存在于现在的完满行动，也就是不朽。

一个古老的印度传说中讲到，有个婆罗门决定以自己的部分财产做为宗教献祭。而这个婆罗门有个小儿子，看到他的所作所为，不停地问一大堆问题，直到他父亲变得恼怒不堪。最后儿子问："你要把我献给谁？"而他父亲生气地回答道："我要把你献给死神。"古时候人们认为无论说过什么话，都必须付诸实行；于是那个婆罗门不得不把儿子献给死神，以遵守他鲁莽中说出的诺言。在男孩向死神的住处走去的过程中，他听到很多上师关于死亡和死后重生的说法。当他到达死神的房子，他发现死神不在；于是他等了三天，没有吃任何东西，因为按照古代的习俗，主人不在的时候是不可以吃东西的。当死神终于回来时，他因为让一个婆罗门等候而谦卑地道歉，为了表示歉意，他许给男孩三个他想要实现的任何愿望。

男孩的第一个愿望是想要回到父亲身边；第二个愿望是请求以某种仪式典礼接受启迪。但是男孩的第三个愿望不是一个请求，而是一个问题:"死神,"他问道,"请告诉我关于寂灭的真相。我来到这里的路上听到很多上师说的话,有些人说存在着寂灭,另一些人说存在着延续性。请告诉我,尊敬的死神,哪个是正确的。""不要问我这个问题",死神回答道。但是男孩很坚持。所以在回答这个问题时,死神告诉男孩关于不朽的含义。死神没有告诉他延续性是否存在,死后是否可以重生,或者是否存在着寂灭;而是教给他关于不朽的含义。

你想知道延续性是否存在。现在有些科学家在证明延续性是存在的。宗教确认了这一点,很多人相信这一点,如果让你选择的话,你或许也会相信。但是在我看来,这并不重要。生与死之间始终会有冲突。只有当你懂得了不朽,就既不存在开始也没有结束;只有那时行动才意味着完满,只有那时行动才是无限的。所以我再说一次,转世这个观念意义甚微。"我"之中没有什么东西是持久的;"我"由一系列包含着冲突的记忆构成。你无法使"我"变得不朽。你的整个思想基础是一系列的成就,因此是一系列不停的努力,是局限的意识的延续。然而你希望用这种方法来实现不朽,感受无限的狂喜。

我认为不朽是真相。你无法讨论它,你可以从自己的行动中,从诞生于完满、丰足和智慧的行动中了解它,但是那完满、那丰足,你无法通过听从某个心灵导师或者阅读一本指南来获得。只有当存在完满的行动时,当你在行动中对自己的整个存在彻底觉察,那时你会发现,所有假装指导你的书籍和上师都无法教给你任何东西。只有当你的头脑摆脱了局限的意识,也就是"我"制造的所有个体感,你才能知道不朽和永恒是什么。

问:有某种误解促使我们向你提问而不是去行动和生活,这种误解产生的根源是什么?

克:能提问,这很好,但你是如何接收到答案的?你提出一个问题,并得到一个回答。但是你要如何对待那个回答？你们问过我人死后有什么，我给了你们我的回答。现在你会如何对待那个回答？你会不会把它贮藏在头脑的某个角落里，然后让它待在那儿？你有多座智力仓库，你收集来一堆概念放在其中，你并不理解这些概念，但是你希望当你遇到麻烦和悲伤的时候它们能帮你。但是如果你理解了，如果你把自己的头脑和内心完全投入我说的话中，那么你就会行动，那时的行动就诞生于你自己的完满。

现在存在着两种提问的方式：当你身处强烈的痛苦中时，你也许会提出问题，或者当你无聊而自在闲适的时候，你也许会从智力上提出问题。某一天你想从智力上了解，而另一天你提问是因为你痛苦并想要知道痛苦的根源。只有当你从强烈的痛苦中提出问题时，当你不想从痛苦中逃避时，当你与痛苦面对面时，你才能真正地理解；只有这时，你才能知道我的回答的意义，以及它对人类的价值。

问：你说的没有目的的行动，究竟是什么意思？如果它是我们整个存在的即时反应，其中的目标与行动是一体的，那么我们日常生活中的所有行动怎样才能没有目标？

克：你自己已经回答了这个问题，但是你并没有理解这个回答。若是没有目标，你在日常生活中会做什么？在日常生活中你也许会有个计划。但是当你经受强烈的痛苦，当你困在需要立即做出决定的重大危机中时，你就会没有目标地行动，此时你的行动没有动机，因为你在尝试用你的整个存在找出痛苦的根源。但是你们大多数人不倾向于完整地行动。你不断地想从痛苦中逃离，你设法回避痛苦，你不想面对它。

我会用另一种方式来说明我的意思。如果你是个基督教徒，你会从某个特定的视角来看待生活；如果你是个印度教徒，你会从另一个角度来看。换句话说，你头脑所处的背景给你对生活的看法染了色，你感知到的一切都是透过那带色的观念看到的。所以你从未如实地看到生活实际的样子；你只不过是透过一块充满偏见的幕布在看，因此你的行动必然始终是不完整的，必然永远都有个动机。但是如果你的头脑摆脱了所有偏见，那么你就能如实面对生活，那么你就能完满地面对生活，而不会去寻找奖赏或者试图逃避惩罚。

问： 技巧和生活有什么关系，我们大多数人为什么会把其中一个误认为是另一个？

克： 生命、真理需要活出来，但是表达需要技巧。如果要画画，你需要学习技巧；但是要成为伟大的艺术家，如果他能感受到创作冲动的火焰，就不会成为技巧的奴隶。如果你自己内心丰足，你的生活就非常简单。但是你想通过衣着简单、起居朴素、苦行和自我修炼这些外在的手段来实现那完满的丰足。换句话说，你想通过技巧这种手段来获得产生于内在丰足的简朴。可以将你引向简朴的技巧根本不存在，也没有道路可以带领你到达真理之国。当你用你的全部存在理解了这一点，这时技巧就会在你的生活中发挥其恰当的作用。

（在斯特雷萨第二次演说，1933年7月8日）

在完整的行动中了解永恒的真相

朋友们：

在回答我被问到的某些问题之前，我想简要说一说记忆和时间。

当你毫无偏颇和成见，彻底地、充分地面对一次经验时，它就不会留下记忆的疤痕。你们每个人都经历过各种经验，如果你以自己的整个存在彻底地面对它们，那么头脑就不会淹没在记忆的潮水中。当你的行动是不完整的，当你没有充分地面对经验，而是通过传统、偏见或者恐惧的藩篱来面对，那么痛苦的记忆就会紧随那行动之后。

只要有记忆这种疤痕，就必然会把时间划分为过去、现在和未来。只要头脑被绑缚在这个观念上，即认为行动必须按照过去、现在和未来进行划分，就会有根据时间进行的认定，因而就产生了一种延续性，从中催生出对死亡的恐惧、对失去所爱的恐惧。要了解永恒的真相、永恒的生命，行动必须是完整的。但是你无法通过追求来觉察这永恒的真相，你无法通过询问"我如何才能获得这认识？"来得到真相。

那么是什么导致了记忆？是什么妨碍你在生命的每次经历中完整地、和谐地、丰足地行动？当头脑和内心被障碍、被藩篱所局限时，不完整的行动就会产生。如果头脑和内心是自由的，那么你就会充分地面对每一个经验。但是我们大多数人都被障碍包围着——安全、权威、恐惧、拖延的障碍。因为你有这些藩篱，你自然会在其中活动，因此你不能完整地行动。但是当你觉察到这些障碍，当你用处于危机中的内心和头脑来觉察，那觉察就毫不费力地把你的头脑从妨碍你完整行动的障碍中解放了出来。

因此，只要有冲突，就会有记忆。也就是说，当你的行动产生于不完整时，对那行动的记忆就限制了现在。这样的记忆产生了现在的冲突，并制造出一贯性的概念。你崇敬坚持一贯的人，建立起某个原则并依照那个原则行动的人。你把崇高和美德这样的概念附加在坚持一贯的人身上。而一贯性来自于记忆。也就是说，因为你没有完整地行动，因为你没有理解现在的经验的全部意义，所以你人为地建立起一个原则，并决心明天根据那个原则来行动。因此你的头脑被贫乏的理解所指导、所训练、所控制，而你称之为一贯性。

但是请不要走向另一个极端、走向反面，以为你必须极度反复无常。我并不是在促使你反复无常，我说的是，把你自己从你建立起来的对一贯性的迷恋中解放出来，把你自己从你必须契合某个模式这种想法中解放出来。你建立起一贯的原则，因为你没有了解；由于你缺乏了解，你发展出你必须保持一贯的想法，你根据已经建立起来的想法、根据由于缺乏了解才产生的观念或者原则来衡量你遇到的任何经验。所以，只要你的生活不够丰足，只要你的行动不完整，根据某个模式生活的一贯性就会存在。如果你观察自己行动中的头脑，你就会发现你不停地想要保持一贯。你说："我必须"，或者"我一定不能"。

我希望你们明白了我在之前的讲话中所说的内容；否则我今天所说的话对你们来说就没什么意义。

我再说一次，当你没有充分地、完整地面对生活，当你通过记忆来面对生活时，这种保持一贯的想法就形成了；而当你不停地遵守某种模式时，你只不过是在增强那记忆的延续性。你拒绝自由地、开放地、不带偏见地面对生活中的每一次经验,因而产生了保持一贯的想法。也就是说,你总是在局部地面对各种经历,而从中就产生了冲突。

为了克服那冲突,你说你必须有个原则;你建立起一个原则、理想,努力据此调整自己的行为。也就是说,你不断试图去仿效,你试图用一贯性这种想法,来控制你的日常经验、你日常生活中的行为。但是当你真正了解了这些,当你用你的内心和头脑、用你的整个存在了解了这一点,那么你就会发现仿效和保持一贯的谬误。当你觉察到这一点,你就开始毫不费力地把自己的头脑从这根深蒂固的一贯性习惯中解放出来,尽管这并不意味着你必须变得反复无常。

那么,在我看来,一贯性是记忆的标志,记忆产生于对经历缺乏真正的了解。而那记忆制造出时间的概念,它制造出现在、过去和未来的概念,我们的所有行为都以此为基础。我们考虑我们昨天如何,我们明天应当如何。只要头脑和内心是分离的,这样的时间观念就会存在。只要行动并非诞生于完满,就必然会有时间的划分。时间只不过是一个幻觉,只不过是行动的不完整性。

试图根据某个理想来塑造自己、与某个原则保持一贯的头脑,自然会制造冲突,因为它在行动中不停地局限自己。其中没有自由,没有对经验的理解。以那样的方式去面对生活,你只不过是在部分地面对;你在选择,你在那选择中错失了经历的完整意义。你活得不完整,因此你在转世的想法中寻找安慰,所以你才会问:"我死时会发生什么?"由于你在日常生活中活得不完满,所以你说:"我必须有个未来、有更多的时间来完满地活着。"

不要试图去修补那不完整,而是觉察到妨碍你完整地活着的根源。你会发现根源就是催生权威的仿效、遵从、一贯性以及对安全的追求。这一切都在使你远离完整的行动,因为在它们的限制下,行动仅仅变成了向着某个目标前进的一系列成就,因而导致了不断的冲突和痛苦。

只有当你毫无障碍地面对经验，你才会发现持续的喜悦，于是你就不再背负着妨碍行动的记忆重担，于是你就会生活在完整的时间中。对我来说那就是不朽。

问：冥想和对头脑的训练在生活中对我有巨大的帮助。现在听了你的教诲，我极其困惑，因为你抛弃了所有自我修炼。冥想对你来说是不是同样毫无意义？还是你可以提供给我们一种新的冥想方法？

克：正如我解释过的，哪里有选择，哪里就有冲突，因为选择以欲求为基础。哪里有欲求，哪里就没有洞察力，因而你的选择只会制造进一步的障碍。当你痛苦时，你想要快乐、舒适，你想要逃离痛苦，但是因为欲求阻碍了洞察力，于是你盲目地接受你认为可以解除冲突的任何想法、任何信念。你也许以为自己在做出选择时是有理性的，但是你没有。

你用这种方式建立起你认为高尚、有价值和值得称赞的观念，你强迫自己的头脑遵从这些观念；或者你将注意力集中于一幅特定的画面或形象，因而你在行动中制造出分别。你试图通过冥想、通过选择来控制自己的行为。如果你不明白我说的话，请打断我，这样我们就可以讨论一下。

如我所说，当经历悲伤时，你立即开始寻找悲伤的反面。你想要得到安慰，在寻找安慰的过程中，你接受能带给你片刻满足的任何舒适、任何慰藉。你也许以为自己在接受这样的安慰、这样的信念之前可以进行理性的思考，但实际上你是盲目地毫无理性地接受，因为哪里有欲求，哪里就不可能有洞察力。

而对于大多数人来说，冥想以选择这个想法为基础。在印度，这个想法被推向了极致。在那里，能够长时间静坐并一直专注于某个想法的人，被认为是灵性人士。但实际上，他做了什么？他抛弃了所有想法，除了他刻意选择的那一个，而他的选择给了他满足感。他训练自己的头脑专注于这一个想法、这一幅画面；他控制因而局限了自己的头脑，希望就此能克服冲突。

而在我看来，关于冥想的这个想法——当然我还没有详细地讲解冥想——是极端荒谬的。那不是真正的冥想，那是对冲突的一种狡猾逃避，是与真正的生活毫不相干的一种智力技巧。你训练自己的头脑遵从某个规则，你希望依此能面对生活。但是只要你拘泥于模式，你永远都不会面对生活。你会错失生活，因为你已经用选择局限了自己的头脑。

你为什么觉得自己必须冥想？你说的冥想是不是专注？如果你真的感兴趣，那么你就不会奋力地强迫自己去专注。只有当你不感兴趣时，你才会残酷地、暴力地强迫自己。但是当你强迫自己时，你就是在破坏自己的头脑，因而你的头脑就不再是自由的，你的情感也一样，两者都残废了。我认为在毫不费力的冥想中有一种喜悦、一种平静，而只有当你的头脑从所有选择中解放出来，当你的头脑在行动中不再制造分别时，那种状态才能到来。

我们试图通过训练头脑和内心，使之遵循某种传统、某种生活方式，但是通过那样的训练，我们没有得到了解，我们只不过制造了诸多对立面。我的意思不是说行动必须是冲动的、混乱的。我说的是，当头脑陷在分别中时，即使你努力通过与某个原则保持一致来压制分别，即使你试图通过建立某个理想来控制和克服分别，那分别还会继续存在。你所谓的精神生活是一场持续不断的努力，一场无止境的挣扎，而头脑试图从中紧抓住某个观念、某个形象不放，因此，这样的生活是不充实、不完整的。

听过这次讲话后，你也许会说："有人告诉我应该丰足地、完整地生活；我不可以局限于某个理想、某个原则；我不可以保持一贯——因此我可以为所欲为。"而这并不是我想通过这最后一次讲话留给你们的想法。我谈的并非仅仅是鲁莽的、冲动的、轻率的行动；我说的是完整的行动,也就是至乐。而且我认为通过强制你的头脑、费力地塑造你的头脑,通过遵循某个观念、原则或者目标活着,你无法完满地行动。

你们是否考虑过冥想的人?那是去选择的人。他选择他喜欢的,会给他带来所谓帮助的那些东西。所以他实际上是在寻找能带给他舒适和满足的东西——一种僵死的安宁、一种停滞。然而,能够冥想的人我们称之为伟人、灵性人士。

我们将自己认为正确的观念强加于我们认为错误的观念之上,我们所有的努力都着眼于此,通过这种努力,我们在行动中不停地制造分别。我们没有把头脑从分别中解放出来;我们不明白欲求、空虚和渴望导致的不停选择是这种分别的根源。当我们体验到空虚的感觉,我们想要填补那空虚、那空白;当我们体会到不完整,我们想要逃离那导致痛苦的不完整。为此,我们发明了一种智力上的满足方式,我们称之为冥想。

现在你会说我没有给你建设性的或积极的建议。当心那些给你积极的方法的人,因为他给你的只是他的模式、他的模子。如果你真的去生活,如果你想要把头脑和内心从所有局限中解放出来——不是通过自我分析和内省,而是通过行动中的觉察——那么现在妨碍你完满生活的障碍就会解除。这觉察是冥想的喜悦——冥想不是一个小时的努力,而是行动,是生活本身。

你问我:"你可以提供给我们一种新的冥想方法吗?"那么你就是在为了实现某个结果而冥想。你带着求取的想法冥想,就像你带着达到某个灵性高度、某个精神高点的想法生活一样。你也许奋力以求那种精神高度,但是我向你确认一点,尽管你也许看起来达到了那高度,但你还是会体会到空虚。你的冥想本身毫无意义,就像你的行动本身毫无意义一样,因为你不停地寻找某个顶点、某个奖赏。只有当头脑和内心摆脱了获得成就这种想法,这种产生于努力、选择和求取的想法——只有当你摆脱了那想法,我认为,才会有永恒的生命,这生命并非一个结局,而是一种永远不停发生着的变化和更新。

问：我认识到自己内心有个冲突，但是那冲突并没有在我内心形成一种危机、一股强烈的火焰，促使我解决那冲突并领悟真理。如果你处在我的境地，你会怎样行动？

克：提问者说他认识到自己内心有冲突，但是那冲突并没有带来危机，进而也没有带来行动。我觉得这也是大多数人的情况。你问你应该怎么办。无论你做什么，你都是从智力上行动，因而是谬误的。只有当你真的愿意面对你的冲突并充分理解它，你才会体会到危机。但是因为这样的危机需要行动，所以你们大多数人不愿意面对它。

我无法把你生生推进危机中。冲突就存在于你自身，但是你想要逃离那冲突；你想要找到一种方式，你可以借以回避冲突、拖延冲突。所以当你说："我无法把我的冲突化为危机"，你的言语只说明你的头脑在试图回避冲突，以及全然面对冲突就可以带来的自由。只要你的头脑在小心翼翼地、偷偷摸摸地回避冲突，只要它还在借助逃避来寻求舒适，那么没人能帮你完善行动，没人能把你推入可以化解冲突的危机中去。当你一旦意识到这一点——不是仅仅从智力上看到这一点，而且同时真切地感受到它——那么你的冲突就会产生出火焰来消除那冲突。

问：我听了你的话后得出这些：一个人只能在危机中觉察，危机中包含着痛苦。所以如果一个人始终在觉察，他就必须不断地生活在危机中，也就是一种痛苦煎熬的心理状态中。这是悲观主义的教条，并非你所说的喜悦和至乐。

克：恐怕你没有听到我说了些什么。你知道，听有两种方式：一种是只听词句，当你并非真的感兴趣，当你没有尝试去弄清问题的深度时，你就会这样听；还有一种听能够抓住所说的话的真实含义，那种听需要一个热切的、警觉的头脑。我想你没有真的听我说了些什么。

首先,如果没有冲突,如果你的生活中没有危机,你极其快乐,那么为什么还要想什么冲突和危机呢?如果你没有痛苦,那么我非常高兴!我们整个生活体系的安排都是为了可以逃离痛苦。但是面对痛苦的根源并因而从那痛苦中解脱的人,你称之为悲观主义者。

我会再简要解释一下我刚刚说过的话,好让你能理解。你们每个人都意识到内心某种巨大的空白、空虚,意识到那空虚,你要么想要填满它,要么想要逃离它,这两种行为都会导致同样的结果。你选择能填补那空虚的东西,这种选择你称之为进步或者经验。但是你的选择以感受和欲求为基础,因而既没有洞察力,也没有智慧,也不明智。你今天选择的东西,比你昨天的选择带给你更大的满足、更强烈的感受。所以你所谓的选择只不过是你逃避内心空虚的途径,因而你只是在拖延对痛苦根源的理解。

因此,从悲伤到悲伤、从感受到感受的运动,我们称之为进化、成长。某一天你选了一顶给你带来满足的帽子;第二天你厌倦了那满足,想要另一种东西——一辆车、一栋房子,或者你想要你称之为爱的东西。再后来,当你对这些都厌倦了,你就想要某个神的概念或者形象。所以你从想要一顶帽子发展到想要一个神,你因此认为自己取得了值得称赞的精神上的进步。然而所有这些选择都只不过以感受为基础,你所做的一切只是改变了选择的对象而已。

哪里有选择哪里就必然有冲突,因为选择基于渴望、基于想要填补你内心的空虚或者逃离那空虚。你不去试着了解痛苦的根源,而是不停地想要战胜痛苦或者从中逃避,而战胜和逃避是一回事。但是我说,去弄清楚你痛苦的根源。你会发现,那根源是无尽的欲求、不停的渴望,它们遮蔽了洞察力。如果你理解了这一点——如果你不仅仅从智力上,而且以你的整个存在理解了这一点——那么你的行动就会从选择的局限中解脱出来，那么你就是在真正地活着，自然地、和谐地活着，而不是像现在这样活在个人主义和极端的混乱之中。如果你完满地活着，你的生活就不会导致冲突，因为你的行动诞生于丰足而不是贫乏。

问：如果我不探索并检验行动，我如何能弄清行动以及产生行动的幻象？如果不去探究我们的障碍，我们怎么能希望了解并认出那些障碍？那么为什么不能分析行动呢？

克：请注意，由于我的时间有限，这是我能够回答的最后一个问题。

你试图分析过你的行动吗？那么，当你分析它的时候，那行动就已经结束了。如果你在跳舞的时候试图分析你的动作，你就得停下那动作；但是如果你的动作诞生于完满的觉察、完满的意识，那么你就会知道在那动作本身发生之时，你的动作是怎样的，无需分析你就知道。这一点我说清楚了吗？

我认为如果你分析行动，你就永远不会行动，你的行动会慢慢变得局限，并最终导致行动的消亡。同样的情况也适用于你的头脑、你的思想、你的感情。当你开始分析，你就结束了运动；当你试图剖析一种强烈的感受，那感受就死去了。但是如果你用自己的内心和头脑觉察到，如果你完全意识到自己的行动，那么你就会了解产生行动的源泉。当我们行动时，我们只是局部地行动，我们没有用我们的整个存在来行动。因此，当我们试图平衡头脑和内心，试图让其中一个控制另一个，我们就以为必须分析我们的行动。

现在我想说明的事情需要一种理解，这理解别人无法通过语言传递给你。只有在真正觉察的时刻，你才能意识到这种争取控制权的努力，此时，如果你对和谐的、完整的行动感兴趣，你就会觉察到你的行动被你对公众舆论的恐惧、被社会体制内的标准、被文明中的诸多观念所影响。之后无需分析你就会觉察到你的恐惧和偏见；而一旦你在行动中能够觉察，这些恐惧和偏见就消失了。

当你用自己的头脑和内心觉察到完整行动的紧迫性，你就会和谐地行动。那么你所有的恐惧和障碍，你对权力和成就的渴求，这一切都会自己显现，而不和谐的阴影就会褪去。

（在阿尔皮诺第四次演说，1933年7月9日）

PART 02

荷兰1933年

弄清你真实的想法

如果可能的话,我希望这次为期三周的露营,与迄今为止我们举办过的其他露营都不同。在这三周的时间里,我会试着把我的想法表达清楚,也请你们试着充分理解这些话的含义;在这次露营结束后,请不要仅仅带着一套新的错误观念离开,去掩盖那些旧有的错觉。如果我讲得不清楚,请提问,我会反复解释——无论提问如何频繁都没关系。

如果我们所有人的想法都相似,你们就不会来参加这次聚会。但是,在这些讲话中,我会解释有哪些不同,这样我们就能互相理解。让我们坦诚一些,不要试图赞同我们不理解的东西。现在,我觉得你们并不确定我有什么想法。但是若要弄清我有什么想法,你们首先必须清楚自己的想法,这要比弄清我怎么想容易多了。从过去的多次露营中,迄今为止,我发现我们从未试着弄清每个人真实的想法是什么。你们从不确定我的想法是什么,也不清楚你们自己怎么想。

关键不在于你是否受制于旧有的传统或者旧有的思想体系,而是你真正知道自己在想什么,你对自己的想法非常清楚。那么,如果我说的话与你的想法相反,你就不会妥协;因为所有的妥协都会破坏行动的完整性。这并不意味着你必须采纳我的观点,并强迫自己像我那样看待生活。请不要以为把你的观点和我的观点结合在一起,就可以实现统一的整体。只有在正确想法的实现之中,才能有完整。恐怕你们大多数人都试图妥协。在这三周的时间里,在探讨其他话题的同时,我会试着解释这一点。

如果你对生活感到满足和快乐,你就不会到这里来。你们大多数人来到这里,是因为你发现世界上有着太多的残酷和痛苦,而你是其中的一部分,你想发现对于这种骇人的混乱,是否存在着一种真实而持久的了解。因为如果没有这种了解,就会不停地害怕头脑和内心会陷入极度空虚之中。只有当你知道自己究竟有什么想法时,我们才能简明地、坦诚地探讨这个问题;但是,如果你不知道自己是怎么想的,那么恐怕你就无法理解我要说的话。

你们中的很多人来参加这些集会,是希望找到一套新的信仰和体系,想从中寻求舒适的庇护。但是我不能给你这些东西,因为你不能逃避生活,你无处可躲。那些信仰是圈套,是错觉,它们彻底破坏了领悟。你始终都在无意识地追求这些令人舒适的幻象,因而我说的话自然会带来困惑和失望。你听了我说的话,但是我的话让你非常困惑。

那么,在我继续讲下去之前,请允许我先说明一两点。我讲话的对象,不是有着同一个头脑、同一个心灵和同一个信仰的听众;我讲话面对的人群,不是来寻找娱乐的,不是出于习惯,也不是一小撮有着派系之心的听众。我并非仅仅对着一群改革者讲话。我不是对着某个团体讲话,而是对每个个体讲话。因为只有当你完全独立,你才能认清什么是真实的。

请允许我重申一下:我不是个改革者。我来这里不是要改造你,强迫你追随一套新的信仰。请理解这点的意义。你们大多数人想要按照某种模式塑造自己,想要遵从某套观念或信仰。而这种迫使头脑和内心遵从某个信仰和模式的想法,必然会制造冲突和痛苦。所以,我不是要制造一套新体系让你去追随,也不是要提供给你一套新的信仰作为你的向导。

人们想要嵌入某个模式，是因为他们以为按某个模式生活，相对于没有模式来说，会更容易、更安全，并且没有痛苦。他们努力迫使自己的精神和情感生活嵌入某个既成体系的窠臼之中。自己墨守成规之后，他们就想迫使别人照此重塑生活。而他们称之为帮助和改革世界、服务人类，以及其他诸如此类的动听说辞。

而我，并不想改造你，而是，我想帮你洞察到包围着你的藩篱，而当你认清了它们，你自己就可以除掉它们，并且不会为了嵌入另一种模式而去重塑自己。当你自己打破了这些模式和体系，你的行动就会变得自然，它不再仅仅受制于传统，不再仅仅诞生于习惯。当你将自己的头脑和内心，从锁闭它们的众多藩篱中解放出来，真相就会汩汩流淌。

也许你现在的生活相当平静，相当满足，也许你以为是生活在领悟中，但实际上你可能只是在借助信仰、理想和解释，来保护自己免受问题和冲突的困扰。而只有出现冲突、痛苦、不幸的时候，你才对生活有所意识，而从冲突、痛苦和不幸本身之中，就可以诞生对生命真正的领悟。就好像一只扭伤的脚踝，只要精心包扎好，不去使用它，你也许就不会感觉到疼痛；但是只要一用到它，血液就会涌到伤处，导致疼痛。所以，你同样也有很多纠结的想法和扭曲的判断，你完全没有意识到它们。只有通过冲突和痛苦，它们才会展现自己，前提是如果你不逃避它们的话。当你从心理上和感情上觉察到这些障碍，而不去根据另一种模式重塑自己，那么从这些局限中的解脱，就是一个自然而智慧的过程，其中没有自我强加的戒律和控制。

大多数人都从改革的角度，而不是彻底转变和革命的角度来思考。例如，人们坚持认为修炼有价值。他们相信，只有通过严格的自我控制，才能改变自己。他们要么相信从外在，比如社会、宗教或经济环境强加的人为约束，要么相信自己内心的戒律，并依照它们来掌控自己。人要么采纳某个外在的准则,作为指引自己思想的灯塔,要么制造出内心的准则来指导自己的行动。大多数人都是如此。我不相信对律条的改革。对我来说,戒律只会是破坏性的,是对头脑和内心的围限。稍后我们会回来讲这一点。我在这里谈到这一点,只是想指出,依我看来,就律条来说,没有什么改革可言。由于你相信戒律,由于你的思想基于戒律、控制和权威,所以在我说的话和你的信念之间,自然会产生冲突。

当你发现以前的信仰、传统和理想不再具有深刻的意义,你就会寻找新的理想、信念和新的观念来取代旧的。所以你从一个导师走向另一个导师,从一个派别或宗教走向另一个派别或宗教,希望通过把许多个有限之物糅合在一起,就能拥有无限,就像蜜蜂采集花蜜一样。要么寻找某种改变,期望它会带来进一步的新感受;要么想仅仅借助一套新的信仰、理想体系及其代言人,得到内心深深的安全感。你所追求的,是这些东西中的哪一些?如果其中的任何一个你都不追求,既不追求享受,也不追求安全,那么你内心就有一种深切的向往,渴望了解生命本身,认识到从这种领悟本身,就会产生一种崭新的对于道德和行动的看法。但是若要完全领会其中的意义,头脑就必须摆脱想要安全和享受的欲望。这是最困难的任务之一,即让头脑和内心摆脱遵从和积累的知识,知识只会变成一种防范措施,防范着不停变化的现在或者未来。这些防范措施的"准备金",制造出"我"这个局限的意识。在这些防范措施和生命的运动之间,不可避免地会产生冲突。为了逃避这些冲突,头脑制造出进一步的安全感和幻象,进而变得越来越纠缠,越来越局限。拿一个富人来举例:他害怕如果失去他的财产,他的生命会出现巨大的空虚。由于心存这样的恐惧,他就通过不停地积累财富,努力使自己感觉越来越安全。

为了让自己摆脱对安全和权力的追求,你内心制造出它的对立面。但是这么做,你只不过是制造了另一套安全感,只是换了不同的名字而已。这对立面只不过是另一种形式的安全感，即使它被称为爱、谦卑、服务他人或追随真理。

你努力忠于这个新的对立面，将其美化为和平、谦卑、服务，它们与安全和权力相对立。你抛弃了某套想法、某组概念，却制造出了新的想法和概念，来充当你的安全感。你就像那个富人守护着自己的财宝一样，小心翼翼地守护着这些东西；无论是个人还是团体，都在这样守护着。所以，你的改变——如果那算得上改变的话——只不过是从一套想法换成了名称不同的另一套，而在新的包装之下，依然有着对安全同样的渴望和希望。

在我看来，根本不存在安全这种东西，而那却是几乎所有人都在不停追求的东西，即使每个人可能都会用一个不同的名字来伪装。你有意识或者无意识地想要得到某种安全感、确定感，所以来听我讲话；你听取了我的言辞，从中构建出你渴望的大厦。从这种矛盾中，产生了某种困惑，我说的话表面上看起来有一种消极的特点。

因此，弄清楚你追求的究竟是什么。如果你发现自己真正想要的是安全，那么就深入地探究这一点，用你的整个存在去彻底地探究。那么你就会明白根本没有安全这种东西。当你发现了这一点，你也许会转向其对立面，你也许会刻意地变得不安全，而那只是另一种形式的安全。你越是深入地探究你的安全感，它就会变得越来越不稳固。它没有实质性的内容，它会失去对你的控制，但是你害怕这一点，因为你害怕自己的头脑和内心随后可能会遭遇那种空虚。

若要发现自己真正在追求什么，你就必须诚实，而不是忠实。你或许忠实于某个想法，而那个想法可能是个错觉，是彻底谬误的。愚蠢的人才会忠实于某个想法或者某种东西。毕竟，忠实于一个想法的蠢人，和努力忠于很多个想法的那些人，两者没有太大的区别。忠实意味着二元性，意味着有个行动者，以及他努力忠于的东西、人或者想法。从这种二元性中，就产生了一种虚伪的矛盾。而诚实不允许任何二元性存在，因而不会总是努力成为什么，那种努力还会滋生虚伪。忠实通常掩盖着肤浅，而诚实，坦然承认现实，会揭示出极大的丰饶。

现在，你想发现你真实的愿望是什么，那么请不要试图控制你的思想和感情。而是，让头脑如此热切地意识到，重压着你的思想的所有障碍、限制，将会自己展现出来。在发现这些障碍的过程中，你会了解自己隐藏着的愿望和追求。受制于束缚的人，只有当他的束缚被摧毁，他才能获得自由。所以，只有当头脑从障碍中彻底解脱出来——这些障碍是它自己拥有的、为自己制造出来的——只有此时，对真实的领悟才能到来。

你若诚实，就能发现自己的局限，自己纷繁复杂的错误观念。但是如果你仅仅是忠实，那么你就永远无法发现这些，因为你不停地想要忠于某个想法，而正是它妨碍了你对真实的领悟。只有当头脑摆脱了幻象的纠缠，才会有不朽生命的狂喜。

（在奥门第一次演说，1933年7月27日）

欲求阻碍了洞察力

朋友们：

若要理解生命的永恒运动，头脑就必须摆脱解释类知识的重负，就必须摆脱持有自我保护的经验和教训的想法。头脑必须每天崭新地去面对生活，在那种面对中就有领悟。

我认为，我们大多数人，都有意识或者无意识地认识到我们的生活中存在着某种空虚和不足，我们试图通过感官享受、通过忘怀或者通过工作，来逃离那种不足。在追求享受的过程中，我们从一种体验走向另一种体验，我们想要更加丰富的感官感受，而我们将这种感受的变化称为经验。可是那种空洞的空虚，那种孤独，并没有消失。我们只不过试图通过经验从中逃离，而这种逃避的企图，这种想用经验、仅仅用知识去填满的努力，只会制造出更严重的不足。哪里有空虚，哪里就始终会有欲求和抓取。

哪里有欲求，哪里就不可能有洞察力。选择，以欲求为基础，永远无法带来洞察力。选择是对立面之间的冲突。在对立面之间进行选择时，你只会进一步制造出更多的对立面。被视为重要的东西变得不重要，这种运动不是进步。选择制造了对立面。只要头脑困在这个对立面的体系中，就永远不可能有洞察力。欲求妨碍了洞察力。哪里有欲求，哪里就有空虚。你无法摧毁它、除掉它，但是你需要发现制造欲求的根源。而因为你内心不足，你试图通过各种感官享受——从形式最粗俗的到最精微的享受——填满那虚空。只有对价值没有正确理解时，欲求才会存在。当你用你的整个存在意识到这一点时，你就会开始分辨所有事情的内在价值，你就不会再把价值观仅仅看做是对立面产生的结果。

只要有欲求，行动就必然是不完整的。而那不完整会进一步加剧头脑和内心的空洞。

觉察中有分辨力，其中没有选择。选择是不停的挣扎，不停的冲突。

问：你所说的区别于忠实的诚实是什么意思，请明确地解释一下。你的意思是不是，我们在自己的所做、所感和所想中，首先必须对自己彻底诚实，这样才能理解生命这个整体？

克：我所说的忠实是指：你脑子里有一个理想、一个先入之见或者一个模式，你据此塑造自己的思想和行为。你努力忠于那个理想或者原则。所以一个恪守某个想法或者原则，并依此塑造自己生命的人，你称之为"忠实"。他在生活中越是紧密地遵守那个原则（而原则、理想必定是局限的），他就越是忠实。但是对我来说，这样一个人永远无法领悟流动的真相。

而诚实是开放，它会毫无偏颇地展现事实和真相。只有保持智慧的诚实，你才能发现自己的局限。仅仅忠于某个理想和希望，你是无法做到这一点的。只有通过极度的坦诚，你才能发现自己那些琐碎的虚荣、障碍和自负。

首先你必须发现自己真实的样子，这样你才会知道对于你的发现，你要如何行动。大多数人要么根据某个模式或者原则来思考，要么他们的思想受制于环境或受环境影响，而这必然会妨碍真相的流淌。若要发现这些障碍，头脑就必须觉察到自己的思想。当你智慧地给它们以自由时，你就能够开始明辨那些隐秘的恐惧和希望，是它们在不停地投射障碍，阻碍着生命的充分表达，而这导致了痛苦。这需要极大的坦诚和想要了解的清醒意愿，但是如果有欲求，对现在的智慧领悟就会被破坏。这种洞察力的缺乏会在行动中制造出二元性，而这种不完整就是痛苦的根源。

问：我发现，在去除个人障碍的过程中，人迫切需要自我修炼。而你说你不相信自我修炼。你说的自我修炼是什么意思？

克：我想知道，你问这个问题是不是真的想弄清楚我的想法，还是你强烈赞同自我修炼，所以你感觉必须反对我就此所说的话？如果你坚定地反对我说的话，那么讨论就此结束。不要因为我谈到了自我修炼毫无意义，就以为你必定不能进行自我修炼。你们到场的大多数人已经坚信自我修炼是必要的。你们已经练习多年。你们的体系和信仰要求你这么做，你们的宗教坚持这一点，你们的圣书为此大声疾呼，你们自己也对此视若珍宝。但是如果你想要弄清我对此有什么想法，你就必须试着去理解自我修炼的全部含义，而不只是其中的一小部分。

一个保持一贯的头脑，必然会致力于自我修炼。而为什么要保持一贯呢？难道不是因为它无法理解现在的快速运动吗？难道不是因为它无法理解快速的变化和经验的含义吗？因为头脑无法彻底地、全然地面对经验，于是它求助于某个准则或权威，从中寻求庇护，不敢面对未知。头脑试图背负着死去的昨天，来面对生机勃勃的充实的今天。因此，现在的行动被强行塞入过去的通道中。出于恐惧，从中就诞生了这些座右铭："我必须"或者"我不可以"。

因为缺乏了解，才需要进行自我修炼；来看看这缺乏，而不是去寻找最佳的修炼方法。你今天是这个样子，而明天会是另一副样子。你今天的样子，与你明天将要成为的样子不同。而头脑却强迫和扭曲自己遵循特定的规则，因此你是在制造冲突。所以，行动中永远不会有完整，那真正的圆满。

一贯性涉及记忆，涉及对某个特定的理想和模式的记忆，它们是基于自我保护和恐惧预先设定出来的。对已死之物的记忆约束着你。如果你不停地根据那记忆来行动，那么你如何才能活得自然，或者跟上迅捷流动的真理？在抛弃自我修炼这个结果之前，必须要了解想要保持一贯的愿望这个原因的含义。

因为人没有全然面对生活中的每件事情，冲突就会产生，这冲突产生了记忆。头脑将自己与这种痛苦相认同，从中建立起自我保护的原则，通过这种方式判断和控制所有的经验。只有在痛苦中，头脑才想要逃避到某种模式中去，不管那逃避是有意识还是无意识而为，从中就产生了那些防卫性的"我必须"和"我不可以"。如果你能认清恐惧的根源，是它带来了这些自我保护的理想，是这些理想要求保持一贯，要求严格遵守戒律，那么无需努力去克服恐惧，头脑就能让自己摆脱恐惧。

由于思想和行动之间存在着巨大的隔阂，冲突和痛苦必然会产生；而为了弥合这个鸿沟并实现完满，自我修炼被认为是必要的。借助自我修炼，永远不会有完满的行动。只有当头脑摆脱了自我保护的藩篱、偏见和恐惧，才能实现这一点。仅仅通过自我修炼和控制来适应某个模式，会破坏行动的意义及其深度的展现；因此，头脑和内心逐渐变得贫瘠和极其空洞。

"我发现，在去除个人障碍的过程中，人迫切需要自我修炼。"征服无法持久。只有通过了解局限的根源，局限才会消失，让路于智慧。哪里有征服，哪里就有束缚。征服中没有智慧，只有镇压和潜藏的腐朽。所有的征服都意味着被远处的某些东西所吸引，而局限的根源却依然如故。只有当智慧地了解了障碍的根源，才能从痛苦中解脱。

你试图克服局限，这个想法被获得奖赏的愿望所驱动。所以你根本没有克服你的障碍，你约束自己，只不过是为了得到别的东西。因为你想着你的行动会得到怎样的回报，所以你的自我修炼、你的行动和训练根本毫无价值。

问：为了获得解放，人是不是必须摆脱欲望？如果是这样，那么不通过践行自我控制和自我修炼怎么可能获得解放呢？

克：未经了解的欲望会制造冲突，为了逃避这种痛苦，人就去追求真理、幸福和解放。所以与其寻求解放、寻找真理，我们自己不如来关注一下我们更为熟悉的事物——冲突和痛苦，关注现实，而不是那些给我们方便的逃避之道和庇护的幻象。所以我们自己来关注一下痛苦的根源。不管我们有意还是无意，避免痛苦，找到替代品，并培养痛苦的对立面，这种愿望本身，就会导致对现在缺乏理解。头脑在追求自我保护之道时，在自己周围建立起众多的偏见和局限，当它们遭遇鲜活生动的经验时，就会产生悲伤。这种痛苦无法通过自我修炼和自我控制来克服，而是，当头脑自身摆脱了自我保护的局限和幻象时，就有了生命的狂喜。这种从谬误和愚蠢之中的解放，无法通过自我分析来实现，而是出现在对行动本身的觉察之中。自我修炼只不过是对某种既定的逃避方式、某种理想的遵从，其中没有智慧。觉察，没有任何遵从和强迫的洞察力，揭示出隐藏的幻象和障碍；这些幻象和障碍阻止头脑去完满地行动，而那行动本身就可以使生命成为永恒的发生。

问：在这次聚会的讨论中，提到了人可以通过了解自己的障碍来去除它们。那么我们就可以断定，如果我们觉得我们的障碍还没有消失，那是因为我们还没有彻底地了解它们。我们很多人都觉得，当我们努力去了解障碍时，障碍反而增加了。

克：它们自然会增加，因为你努力让自己去除众多的障碍，以期得到真理、幸福或者解放。你把重点放在了解放和真理上，因为它们提供了一种逃避之道；因而障碍会增加，会枝繁叶茂。你为什么要努力去理解你的障碍？如果你深切地希望弄清自己的障碍，你不会努力的，不是吗？但是因为你没有这种强烈的渴望，于是你强迫自己去做出努力。

欲求会破坏洞察力，导致不幸和痛苦。人为了克服它们而做出努力，却没有了解其根源。欲求是错误价值观的结果。当头脑被偏见和恐惧所阻碍，你就无法领会正确的价值观；你必须觉察到这些偏见和恐惧。但是这样的意识，这样的觉察，并非诞生于努力，而是诞生于一种强烈的、目的明确的渴望，渴望了解阻碍纯粹洞察力的根源所在。

对安全的渴望，是洞察力的障碍，但是如果你智慧地去探究它，你自己就会发现它真正的意义所在。但是或许你的头脑看到了安全的虚幻本质，但依然强烈地想得到安全。从这种矛盾中，产生了冲突和痛苦，以及不完整的行动。为了克服这种不完整，你开始控制自己，约束自己。但是这么做，无论如何也消除不了冲突。这种矛盾之所以存在，是因为你内心没有深切地渴望看清安全，及其令人舒适的理想和幻象的真实意义。你必然会继续痛苦下去，忍受不计其数的愚蠢和剥削，直到拥有了这种想要去了解的熊熊燃烧的渴望为止。

（在奥门第二次演说，1933年7月28日）

完满的行动并非来自选择

我昨天指出，哪里有选择，哪里就必然会有冲突，而诞生于选择的任何行动，必然都是局限的。人可以自由地选择，所以我们是局限的，因为我们有选择的能力。我们的能力限制了我们的洞察力，只有当你摆脱了选择，才会有真正的解放。所以诞生于选择的行动是局限的。

我们的大部分行动，基于社会、法律和道德等等带来的外部影响，那样的行动——只是反应——在本质上必然是局限的。然后我们逃离外在的反应，建立起自己个人化的、情绪化的反应，这会再次产生反应，制造出"我"和非"我"。

所以，当你诚实地检视自己的大部分行动，你就会发现它们要么产生于对惩罚的恐惧，要么产生于想要得到奖赏的愿望。我们的行动以此为基础，因此不可能有自发性。我用这个词指的是一个很不同的含义。我会试着解释清楚。一个有着肤浅的感情和肤浅的思想的人，是自发的；他恐怕太自发了。他没有恐惧，没有体谅。所以他是以某种冲动的方式在行动；所以从某个方面说，他的行动是自发的。有些人不害怕社会说什么、邻居说什么，他们不被这样的恐惧所累，因为他们凭着自己的冲动去行动，这里面有某种自发性，但是我不将其称之为真正的自发性。那种行动是轻率的行动。对我来说，只有当头脑和内心处于完美的和谐之中时，自发的行动才会出现。那需要极大的丰足，完全的正直，而不是肤浅的行动。

若要领悟，并让行动从那领悟中诞生，我们必须质疑社会建立起来的准则；否则，你永远无法发现你的行动是否出自外部的影响或者出于反应，那些你为自己建立起来的准则。依据外在的准则反应，与依据内心的准则反应，都是错误的，因为人建立起来的内心准则只不过是一种反应。那不是完满。若要领会我所说的自发、丰足、完满的行动，你就必须质疑社会在我们周围设立起来的价值观，进而发现那真正的意义所在。

而若要真切地提出这项质疑，就必须有一场巨大的危机。你无法从智力上发现这一点。它必须成为一个极其尖锐的问题。只有当你身处危机中时，你才能发现正确的价值观，而不是当你只是肤浅地探究的时候。我们大多数人都想避开对诸多准则——宗教准则，社会的要求，社会准则以及阶级划分——直接而坦率的质疑。所以，只有当你在危机中质疑时，你才能发现正确的价值观和真正的意义所在。而我们大多数人想要避开问题，或者对问题习以为常地接受，或者从中逃离。因此，我们从未发现问题真正的意义。

当你身处任何一种危机中时，当你不得不就某件真实而又至关重大的事情做出决断时，你会怎么做？你会用你的整个存在和谐地去解决它，而不是仅仅从理智上或者情感上去面对。从中做出的决定，并非诞生于选择。请认真思考一下这个问题，你会明白的。当你身处危机中，你不会寻找解决办法。寻找解决办法只不过是逃避。你很容易就可以找到一个解决办法、一种逃避方法，但是若要发现问题和危机真正的意义所在，你就必须用一种完满，用你彻底统一的头脑和内心来应对。当危机来临，当你不得不就某件非常重要的事情做出决定，你会开始思考，慢慢地从思考中产生了决定，而其中没有任何选择。你并不权衡其对立面——而是恰恰相反。只有当你不再计算，当只有一种直接的洞察，当问题既真实又重大时，你才会这么做。

人必须始终带着完整的意识热切地活着，诚实而不是忠实地面对发生的每件事情。这就是我昨天解释过的，这样就能从每件事情自身的角度，从本质上来看待它，而不是去比较你能从中得到什么。于是你自己就会发现，社会强加在每个人身上的所有准则，其真正的意义所在。

所以，在发现正确的意义这个过程中，你要么脱离社会以及整个社会结构，要么发现自己是赞同社会的。那取决于你面对问题的热情、活力和诚实度。

拿对财产的占有和不占有这个问题来说。数个世纪以来，法律允许你占有土地、财产、孩子、妻子和珠宝。这些都是允许的，于是若干个世纪以来我们产生了欲望、贪婪和对权力的渴望，我们变成了这种立法制度的奴隶。另一种立法制度忽然来临，说你不能占有。你也会变成那种立法制度的奴隶——然而，如果你理解了这个问题真正的意义所在，那么你就从占有和不占有中解脱了出来。我将会解释这点。如果我说的不清楚，请向我提问。

所以，在发现正确价值观的过程中，诞生于完满的行动，是和谐的、自发的，那行动来自生命本身，因而是无限的。对我来说，行动不是成就。行动若产生于想要成就的愿望，就不是真正的行动，而是局限；然而，行动若诞生于完满的自发性，它就是无限的。因为我们可以自由选择，我们的行动诞生于那选择，那么其中就没有洞察力，我们的行动是局限的，不是自发的。但是，如果行动诞生于对正确价值观的洞察——只有当你强烈质疑，就像在危机中那样，这种洞察才会到来——那么这样的行动就是无限的、自发的，因为它并非诞生于选择。

问：如果这次露营你不到场，人们来这里听取关于你的某种总体介绍——他们在你身上发现了什么，你身上还有哪些他们没有领会的东西，你会怎么想？

克：为什么不呢？如果你希望我不在场的时候在这里聚会，那又有什么害处呢？我不太明白为什么会问这个问题。先生，你是不是说，你们聚到一起是要弄清我说过什么话，我是个怎样的人，你们错过了什么或领会了什么，为了弄清楚这些，你们必须要聚在一起？你们不能现在就自己看清楚吗？我不认为这是你的问题的含义。露营能不能没有我？我不明白为什么不能。明年我就不会到这儿来了，如果福尔克斯玛先生和其他人决定不邀请我。我看不出你们为什么不能这么做。

问：你认为不能帮到任何人，这个观点难道不是不符合逻辑吗，甚至与你坚定的看法相矛盾？因为你来这里讲话，给人的印象是你能够帮助别人。毕竟你的著作已经很多。

克：我来解释一下我说的不能帮到别人是什么意思。大多数人都希望通过这种或者那种方式被影响，他们以为来到一位宗教导师面前，通过气场或者氛围等等，就会受到方向正确的影响。受到某个特定方向的影响，我说那是有害的。我不想影响任何人。大多数人希望我赋予他们力量、能力和意志力，沿着正确的线路推动他们，鼓励他们。我不想通过那种方式影响任何人，因为我认为那是彻底错误的。若要发现什么是永恒的真理，你必须彻底摆脱一切影响。你必须完完全全地独立，然后你就会发现；而我通过讲话和写作所能做的，是指出来。我无法从根本上帮助你。对我来说，认为别人能给你那鲜活的真理，是错误的想法。没人能给你，它只能诞生于你自己的领悟，你自己的体验。体验不是从一件事情走到另一件，而是在恰当的时刻，以正确的注意力，用正确的态度，领会那件事情全部的意义所在。

我可以把事情说清楚——至少，我可以试着去说清楚——并指出在我看来什么是完全谬误的；而行动需由你自己来，如果你出于自己的思考、自己的领悟愿意去行动，并且不被影响、毫无恐惧的话。大多数宗教导师和组织倾向于加强和突出细微的恐惧，并强调拒绝接受偶然性的机会因素，这会制造恐惧，产生微妙的控制，而你将它们按照特定的方式进行划分。在我看来，这些东西都是彻底错误的。所以我不认为我的观点不合逻辑。我的行动来自于那种独立，那永恒之物。我不想影响别人，也不希望你们追随我。我说，若要理解生命，你必须以毫无选择的头脑来面对生命，那头脑摆脱了时间，不再想保持一贯——那并不意味着它反复无常，或者必须反复无常。

问：你是不是理所当然地认为，生命、真理或者神，或者无论你给那至高无上者以怎样的名称，犯下了这样一个无可救药的错误，让我们完全错误地使用头脑和理性，就像你的观点让我们认为的那样？

克：我们有推理的能力，感受的能力，是谁创造了它们，这并不重要。重要的是，错误地使用这理性和感受，导致了世界上如此混乱的状况。

问：就在几年前，很多人想将你变成一个神智学者——那也许是个错误的名字——而现在，有种观点认为，你更像一个极端理想主义者和被美化的共产主义者。这种观点在很多已出版的著述中得到了广泛的认同，或许有必要澄清这一点。这种观点认为，你是理想的精神上的共产主义者，你向往的那种共产主义也许在物质世界永远都不会存在，而是在"更高层面"上存在，它始终是其真正领袖的渴望。你对此有什么看法？但是请讲得尽量平实、清晰些。

克：我不认为我是个共产主义者或者法西斯主义者；我用完全不同的方式来看整个问题。占有和不占有的问题，以及这个世界上纷繁复杂的一切，只有当人们正确地看待它们时，才有其正确的意义，而不是通过选择或者强调你必须占有还是不占有——那完全不重要。如果人自身完满，这些事情就毫无价值。

如果人自身完满、自足，那么所有那些问题就都不重要，因而会得到解决。我的全部立场，就是展示给个体，你们每个人，自身如何能够完满，然后这些问题就会得到解决，你们甚至都不用去讨论它们。我认为因为我们不完整，因为没有真正的精神存在、真正的完满，于是你指望所有那些东西带给你力量、幸福和安全，因而这些问题就不成比例地暴增。你越深入地去探究，就越是发现强调的是错误的事情。这是首先需要了解的。你说，为了完满、为了生存，面包是必需的。不要把面包放在首位，也不要把完满放在首位，而是正确地面对整件事情。你不能只靠面包生活，你也不能只靠精神生活，如果你领悟了生命真正的意义，它们两者就都有了正确的位置。但是请注意，我不是在安慰资产阶级，也不是鼓励那些放弃了自己财产的人们。如果你自身完满，占有、积累以及继承的问题，所有这类事情都会失去它们的滋味；而这要困难得多，比起争取容易获得的财产来说，它远远需要更强大的活力和洞察力。

正如我所说，我不属于共产党，也不属于法西斯主义者那一派。我是一个人，我认为这要比属于哪个党派重要多了。如果一个人是完整的人，那么他就是神圣的，那么任何党派和体系都毫无价值。他就像柔韧的风，与一切都相融相合，他自身是完满的。

问：你憎恶权力。这个词对你来说意味着什么？关于权力这个词的用法，我分成了三类：1. 为了自身的扩张，去伤害、剥削或者限制他人的成长。2. 在试图帮助别人时，自以为是地去干涉。3. 适时地与别人分享自己的知识或者能力。你使用的权力这个词，包括还是不包括第三个意思？

克：你的问题就像是一张考试卷子。这个问题在我第一次讲话中已经回答过了。当追求安全——经济上、情感上或者心理上的安全时，就会追求权力，因为你从安全和控制中得到舒适，这控制不仅仅是控制你自己，还包括对别人的控制。我们无意识地寻求舒适，而舒适意味着局限，意味着对昨天的原则保持一贯，这些原则又变成了今天的原则，我们依照对安全的渴求这些指令而生活。因此我们无法理解生活中发生的事情、画面和景象。所以，如果人了解了这种对安全的追求产生的根源，那么对权力的渴求就会止息。正如我说过的，对安全的追求，其原因是这种内在丰足的缺乏，是这种痛苦的孤独，而你希望通过拥有越来越多的安全保障来掩盖这孤独，进而制造出越来越多的恐惧。

问： 随着生活日复一日地继续，我并没有感觉到离解放更加接近；但是当我回首过去，比如与上次露营相比，我觉得自己消除了很多不重要的东西，并且更加接近对生命的领悟。解放是一个渐进的过程吗？

克： 看得出，你把解放当成了一个最终目标，一件要取得的东西。正如我那天所说的，取得的东西是不会恒久的。解放不是一件要得到的东西；它不是一个你可以通过行动越来越接近的入口。当行动自发、完整而圆满，诞生于那完满的独立之时，行动本身就是解放。自上次露营以来，你也许发生了某些变化。我也改变了。你的头发也许变得灰白，我的也一样。我们都变老了；我们也许除掉了某些思维模式，保留着另一些模式，但你肯定不是用这个尺度来判断解放的，对不对？当解放是和谐而毫无选择的，你就会知道解放是彻底的，而永恒生命的芬芳就会从中诞生。

解放必须借助行动和通过行动来实现；然而，你所认为的行动毫无意义，那行动只是为了得到奖赏的垫脚石。解放并非通过行动来实现，而是解放就在行动本身之中。我希望你能明白其中的含义。我们很友好，因为我们想达成一种道义上无可指摘的谅解。这种友好毫无价值。同样，我们说我们会正直,但是如果我们正直是为了获得解放,那就只不过是一桩买卖。

所以,你的行动始终基于恐惧或者奖惩,而行动就失去了意义。所以爱没有意义;温柔、挂念、慈爱,这些都没有意义。你关心的是解放,而那只不过是一个概念而已。它只是一个概念,因而是虚假的,如果你始终从时间的角度来看——今天、昨天、明天,我昨天做了什么,我明天会做什么——那么你就无法懂得解放。你问:"解放是一个渐进的过程吗?"不是,因为其中没有时间。我会换个方式来讲。保持一贯是时间,当你的头脑摆脱了时间,你才能懂得解放,而如果你还在比较你昨天做了什么、明天或者今天会做什么,你就无法理解。那依然困在时间的观念里。只要没有完整地理解行动,时间就会存在,是那种不完整制造了记忆。只要你的行动是不完整的,无论是受外部的影响,还是仿效会制造冲突的某个标准,时间就会存在。头脑从那记忆中得到认同,因此会问这个问题:"解放是一个渐进的过程吗?"

你知道,那就像一个踝关节错位的人一样。如果你将它复位,那么生命就会自由地流淌,没有痛苦,没有主观化的意识。同样,如果你的头脑和内心,摆脱了所有制造冲突、痛苦和挣扎的障碍,那么永恒的生命就会流淌。你对解放的追求本身,就是一种障碍,因为你追求时必然在寻找你已经知道的东西,而如果你身处牢笼,身处痛苦和冲突之中,你就无法了解。所以,你无法追求"真相",但是你可以将自己从束缚你的东西中解脱出来,这需要通过理解,而不是通过征服实现。

对我来说,完满、解放或者终极真相,并非在经验的范畴,即你所谓的进步中获得。它并非栖息于所有经验的至高处。但是如果你完全清醒,如果你全神贯注于这一刻,此时你极其敏感,那么你就会理解经验的意义以及生命的整个本质。

我们以为解放、神的概念、真理或者完满是一桩占有的事情。我昨天是那个样子，今天是这个样子，明天会变成别的什么。或者，昨天我改变了，今天我还会改变——全都是根据某个特定的模式和标准在变。你建立起那个标准，然后根据它来塑造自己。那当然不是解放；那是一种美化了的偏见。然而，当头脑摆脱了所有标准、所有比较，当头脑即刻洞察时，完满就会到来。如我所说，当你发现了正确的价值观，你才能够真实地、持久地洞察。没人能给你正确的价值观，只有当你身处危机，当你的整个生命处于危机之中，你才能发现它们。没必要去费力追求这种危机，也就是说一天中分分秒秒都有危机，直到头脑摆脱所有危机、所有问题为止。在那之前，你无法懂得永恒；只有当头脑摆脱了选择，你才能懂得。

问：没有冲突但懒惰而迟钝的人怎么样呢？为了有所领悟，他难道不需要约束自己，让自己去做点什么吗？

克：懒惰的人肯定有他自己的奖赏。他为什么会懒惰？当然，我认为懒惰很愚蠢，因为这样就无法领悟。如果你懒惰，而那可以给你像奶牛一样的惬意和满足，那又有什么坏处呢？如果你心满意足，你也许就会懒惰。但不幸的是，没有这样的人。他也许很懒惰，但同时还发生着什么，蚕食着他的心灵，渐渐地那懒惰掩盖了他的痛苦。所以他死了。他还活着，但是他已经死了。

你问我："他难道不需要约束自己吗？"那么做是极其错误的。如果他想懒惰，他就不想约束自己让自己变得有活力。你以为通过约束，你自然会变得活跃，但那是一种错误的活动；就像把一件东西从一个地方搬到另一个地方一样，而大多数人都以为那就是行动，是在做事情。请不要误解。人必须工作。我并不是维护那些有着稳定收入只需要坐享其成的人。人必须要生存，所以生活就是行动，而多少律条都无法唤醒人去真正地行动。唤醒他的，是与生活不停的冲突，那会将他从懒惰中震荡出来。你能做什么呢？你无法把他摇醒。如果你是个改革者，也许能把他改造成某个模式，而你就是这么做的。

问：你说过，在你的观点与我们自己的错误观念和已接受的思想体系之间，我们不可以折中，也不能妥协。你说的很多话听起来都极其正确。我也听过其他导师的说法，比如贝赞特博士，他们阐述的观点似乎也是正确的，我自己的经验也部分地证实了这点。我不想通过强行混在一起的方式，把这些不同的教诲调和在一起，但是，我不知道各种正确的观念为何没有一种自然的最终的综合方案。

克：你知道，我们以为真理有很多方面，就像有色玻璃那样，所有的图像中都有一种光，只是不同的阴影覆盖在了它上面。如果我可以这么说的话，在我看来，所有那些说法都是无稽之谈。请不要以为我教条。那些想法，由想要包容其他方面的头脑所发明。我说的是完满。在完整中，在圆满中，没有两两合并和妥协的想法，没有从其他导师或者我这里汲取领悟这种概念，因此根本不会有这个问题。

我用"妥协"这个词来指某些特定的事情，我解释过它们是什么，也举了自我修炼的例子。你听我说过自我修炼是没有意义的，你又听别人同样强烈地坚称自我修炼的正确性。而你想整合两者并制造出些新东西；但是我说，去弄清楚其内在的价值是什么，不要抱有任何偏见。只有当你在寻找那个成见，寻找你能从中得到什么时，你才会心存偏见。我用"妥协"这个词，指的是这些。

问：要保持觉察的态度，最好的方法是什么？

克：关于这个问题，明天或者后天，或者下周，我会更加详尽地讨论，但是现在我先简要解释一下。

首先，这不是一个保持的问题。你可曾在房间里与一条蛇共处？由于害怕被咬到,所以你自然保持全神贯注,保持高度的全然的专注。你不会说:"我要如何保持注意力?"觉察就是那样一种生活态度,你的整个头脑和内心处于完美的和谐之中。当危机出现,需要你即刻投入关注和全部注意力时,那觉察才会出现。

而现在,你对我说的话不感兴趣。大多数人不感兴趣;那就是这些问题会被提出的原因。从你们脸上的表情和这些问题,我得知了这一点。如果你感兴趣,想要弄清楚,不是从对立面中寻找,而是弄清事情的意义,只有此刻,才会有觉察。你会立即发现答案。我向你保证,这极其简单;不要把觉察弄得太复杂。我听说过太多的解释,来说明一些对我来说非常简单的事情,这些解释年复一年变得愈加复杂,因为你的头脑是如此被知识所负累,你讲话时只会从知识中提取内容,并应用那些知识去理解觉察。

请忘掉你学过的一切,你从书中读到的一切,非常简单地、清新地、坦诚地来看我说的话。然后你就会发现觉察极其简单。当你的整个存在——你的整个存在是头脑以及内心,不仅仅是头脑或者内心——都清醒,都在质询,觉察就会出现,当你用那样的方式面对一切时,就不会再有问题或者解决办法,也不会有战胜或者修炼的方式。此时你是从你的整个生命出发,自发地、自然地行动,没有任何冲突,也无需任何努力。

(在奥门第三次演说,1933年7月29日)

没有通向真理的道路

你知道,生命是一个巨大的奥秘,而我们大多数人制造了一个虚假的奥秘,一个错觉,并试图看穿那个错觉,希望能够弄假成真。我们更想要那个虚幻的奥秘,而不是真实的奥秘,而如果头脑和内心困在幻象中,就无法领悟生命这个奥秘。所以,在所有幻象止息之后,人才能洞察那叫做生命的最深处的圣地。我试着说明洞察它的方式,而不是方法,因为我不相信存在方法这种东西。没有通向真理的道路。真理是未知的国度,地图上没有标明的国度,你来到这片土地时,必须彻底赤裸、毫无准备;你无法沿着铺设好的道路按图索骥;你必须全然地、毫无准备地、自由地、赤裸地来到它面前。这样你才能领悟它。

而对我来说,存在着一种可被称为神或者真相的鲜活的至乐,那是一种永恒的发生。它不是一个需要取得、达成或者征服的目标。它是一种不停地运动着、变化着、活生生的东西,它无法被描述。若要发现它、了解它、洞察它,头脑就必须摆脱这种成就的想法。你不能从获取的角度,也不能从成功或者征服的角度,来思考真理。请注意,这不是一种口头上说说的修辞手法。请不要用一个修辞学的头脑来听我讲话。由于我们大多数人的头脑都被征服、成就、抓住并抱守等等的想法残害了,我们的整个思维体系都以此为基础。

若要领悟那鲜活的真相,头脑必须彻底摆脱这种获取成就的想法,因为成就涉及时间;你想要获取的东西,其中隐含着未来、现在和过去。困在时间中的头脑和内心,无法领会那永恒的发生。所以,成就、获取、征服和成功,把真理作为正直行动的奖赏,意味着努力,意味着你必须下巨大的决心,增强意志和品格,以期获取成功,以期你因为努力而获得奖赏。而只要有努力,就会存在二元性:你征服的对象和征服者。只要有二元性,就会有对立面、有对立,就像好与坏,痛苦与快乐,奖赏与惩罚。只要头脑中有二元性,就会努力从此逃向彼。这种努力催生了"我"这个意识,自我意识,因而产生了苦难和痛苦,以及划分成过去、现在和未来的时间观念。当头脑不停地追求进步、获取、成功,想要征服某个美德或者目标,就意味着存在二元性,二元性会制造出一种"我"的意识,痛苦因此而生。所以,为了克服痛苦,我们求助于忘却,因为大部分人都身陷于痛苦之中。由于遭受着痛苦,内心有着持续不断的不确定感,以及缺乏了解,这导致了一种空洞和空虚,所以我们总是努力去忘掉它们、逃避它们,或者试图通过自我修炼去战胜它们。这种忘却、这种逃避或者修炼自己,进一步增强了二元性,因而就想要努力去克服,斗争从中爆发。每个人都有意识或者无意识地经历着这个过程。其结果是,你建立起想要征服的一个目标,你认为这个目标是真实的,是完美的理想,是神、真理或者生命的理想;你不停地努力修炼自己来征服它,训练你的头脑不停地栖息在那个理想之上,在那个理想中运作。所以你在自己的头脑中制造了一种二元性,有一个观察者、控制者,还有被观察和被控制的对象。所以你建立起一个高级的头脑和一个低级的头脑,高级的情感和低级的情感,因为你的头脑被这二元性窒息了、钳住了。

因此,自然会产生制造冲突的无尽的不和谐,而你被困在这个循环中。这就是正在发生的事情,显然如此。这就是每个人身上发生的事情:建立起某个概念,我们称之为真理或者神——那不过是海市蜃楼,因为除非你彻底摆脱了那些概念,否则你无法将真理或者神作为一个整体来理解或者勾画。你也许会有不经意的一瞥,但是如果你执着于那一瞥,你就会破坏对现在的全然领悟。所以,我们先是确立起我们认为是真理的东西,而它从偏见中产生,因为我们总是根据好恶来选择我们认为正确的东西,选择那些能给你心理上、情感上或者其他方面带来满足的东西。所以你划分出正确的行动和错误的行动——正确的行动由高级的头脑主宰,那个头脑在不停地观察、征服和指导,因而在其自身中制造了二元性,"我"和非"我"。这不是另一套哲学。这是发生在我们每个人身上的事情。自我修炼的过程就是这么开始的。

而在我看来,这是彻底错误的。这整个处理方式是完全错误的,因为这意味着无尽的努力,正如我所说,只要存在努力,就无法领悟真理。真理无法经由努力得来。它必须自然而然地诞生,当你去除了所有障碍,当你摆脱了因努力产生的所有藩篱。是什么在我们身上制造了这种二元性?是行动。是产生于欲求和获取的愿望的行动,产生于恐惧和惩罚的行动——是它们制造了二元性。而且,正如我所说,只有行动本身才是生命,才是永恒。所以,当头脑困在奖赏、惩罚、动机或者追求真理的束缚之中时,行动就失去了其意义,取而代之的,是与行动相反的不断的成就感。对我来说,行动是无限的,永恒的,持久的;而成就是有终点的。所以,只有当头脑和内心摆脱了所有障碍,生命才能够不费力地、自发地、自然地、坦诚地流淌。就像错位了的踝关节,会带来疼痛,当它被恢复原位时,生命会再次自然地流淌而过。同样,当你让头脑摆脱了所有障碍、所有藩篱,那么生命就会轻松地流过。那就是永恒的行动,但这些障碍不是被战胜的。你不能说:我要去战胜我的障碍,我要去克服它、转化它、改变它。如果你从获取的角度来思考,那么你就会将目光投向个人感受,而以感受为基础的行动无法带来这真正的洞察力。

带来真正洞察力的,是毫无选择的行动。如果行动基于成就,那么它就毫无意义，它受限于时间，因而会带来冲突；但是，如果行动并非从奖赏、惩罚或者恐惧而来，那么行动本身就是正确的，因而是恒久的。破坏行动真正意义的，是欲求，是这种不停的渴望，它会导致孤独。如果有欲求，人就会意识到孤独、空虚和空洞，他会立刻想要某种东西去填补；所以他不停地积累，积累得越来越多，空虚却依然如故。欲求遮蔽并残害头脑和内心，使其无法获得真实的领悟。当头脑被错误的价值观所负累时，你只会渴望得到。一旦你全然地、彻底地领会了某件事情全部的意义所在，就不会再有欲求。你是那件事情的一部分——无论了解的是一次经验、一件东西、一个想法还是一种情感。所以，欲求破坏了判断和真正的洞察力，而那就是孤独的根源。

现在，我想讲些别的东西，希望能够帮助说明我的意思。大多数人都从理性上赞同我的话，从智力上你们明白了我的意思。如果你跟上了这三天来我讲的话，你就已经明白了，只要有欲求，就会缺乏洞察力。从理智上你赞同，但是从情感上你还有欲求，因此会有冲突。头脑从情感上予取予求，因而斗争不断，你努力达到你称为灵性的东西，试图把互相冲突的两种因素强行综合在一起。所以，头脑一方面确认了舒适或者欲求的无益，从理智上确认了它们的谬误；另一方面从情感上，却依然想要得到舒适，孜孜不倦地追求舒适，并且无意识地沉浸于其中。然后你会怎么办？就是那样，你内心有两种因素：一种说不要舒适、不要安全、不要欲求，从智力上、理智上看到了它们的谬误，而在情感上，却始终在抓取——就像涉及爱的情况那样，作为丈夫、妻子、情人，你所谓的爱，是一种占有——但是从理智上，你鄙视自己的所作所为。

你会怎么办？人会怎么办？他要么把它当做一件无望的事情放弃，要么努力去控制。你从理性上压抑另一面，不停地窒息对舒适、安全和渴望的追求，从中产生了戒律，产生了控制者和受控之物，以及想要积累美德以增强自身信心的渴望，因而这种控制不停地继续着。然而，如果你从情感上想要实现欲求,如果你从情感上认为,安全对你的幸福来说非常重要,那么就去追求它,不要试图去控制它。审视它,试着探索它的全部深度,在探索中,在对欲求的洞察中,你会发现欲求的无益。恐怕这非常简单,你反而理解不了。如果你想得到某个东西,那就心脑并用全心全意地去面对;既从理智上去看,也从情感上去看。如果你想要舒适,以及随之而来的纷繁复杂的权力和控制,那就用你的整个心灵和头脑去接近它,不要把头脑从欲望中分离开来。你的理性高度发展,所以你的头脑总是从智力上做出反应,这正是现代教育的诅咒。但是,如果你用头脑和内心整体地去面对,那么你就会发现欲求真正的意义所在,此时你就会全然觉察到这个障碍。在我看来,欲求是一种障碍,也许你并不这么看。但是若要理解你的欲求究竟是什么,就要作为一个和谐的存在全然地去面对,而不是作为一个内心冲突的存在,无论你想要的是珠宝、汽车、你的妻子、丈夫,抑或是神和真理。然后你就能够作为一个人去面对,而不是一个分裂的个体。所以,你不再试图去战胜任何障碍:你洞察它,理解它,领会它的意义,然后你就摆脱了那个特定的障碍,而无需任何努力。只有当你内心存在想要和不想要的矛盾,存在一个观察者在观察他想要的东西时,努力才会存在。

这就是为什么在我看来,你强加在自己身上的所有修炼、所有冥想——你所谓的冥想——看起来是那么具有破坏力。否则,你永远无法领悟永恒的喜悦和生命的至乐,以及其中所有的自发性、所有自然的感觉和表达。如果你心中有恨,面对时不要头脑说着"我不可以去恨",心里却同时怀着仇恨的感觉;用你的整个存在去面对,你就会发现它消失得有多快——就像被太阳驱散的晨雾一样。正是因为我们没有用我们的整个存在自然地去面对一切,所以我们才去追求美德,培养品格和意志,建立起戒律,并寻求奖赏。

请去试验这一点。恐怕你不会去试验,因为你心里已经认定修炼是必需的，控制是必要的，奖赏是值得的；否则，如果没有成就，生命是什么呢？所有这些陈词滥调已经深深灌输到你的头脑里，是如此的根深蒂固，所以你不去检验我说的话，要么你就变得多愁善感。就试一天，你就会发现你可以和谐地、完满地活着，其中的行动是无限，而不是以成就来衡量。

问：在觉察中，难道不需要努力吗？如果我发现我有一些无用的习惯，我就需要努力根除它们，不是吗？可是你说觉察是毫不费力的、自发的。

克：只要你试图战胜什么，只要你寻求最终实现某个成就，努力就会存在；然而，觉察并非诞生于成就或者成功，因为成就、成功意味着时间和选择。觉察是毫无选择的，不受时间的影响。在过去的几天里我非常仔细地解释了这一点。不要把我说的话神秘化，这很简单。当你用你的整个存在意识到某个习惯、想法或者情绪是毫无意义的，此时你无需做出任何努力。习惯也许会继续，但是决定已经做出，这习惯会渐渐消失。这很幼稚。你肯定检验过这一点，发现确实如此。比如你有个挠扰自己的习惯，如果你完全意识到这个习惯，如果你用你的整个存在觉察到它，就会做出决定。这个习惯也许会继续一段时间，但是它自己会消失。但是现在你没有完全意识到这个习惯，而你试图去掌控它，所以就不停地想要控制你的习惯。

觉察是毫无选择的直接洞察。只有当你用你的整个存在去面对问题，面对那个习惯或者某个危机时，你才能直接洞察。所以它需要高度的警觉和机敏。你对这些事情感兴趣的时候，你才会去做。现在你对这些事情不感兴趣；大多数人对我说的话都不感兴趣。他们为什么不感兴趣？因为他们喜欢享受，他们想要安全、舒适和快乐。我不是说你们不可以有这些东西；不要跳到相反的那一面去。当你自身完满时，那些东西是次要的。我不是说你们不能有衣服、食物和住处，而是说它们不是首要的东西；它们有它们正确的位置。所以首先要弄清楚的，不是什么是觉察，而是你是否想用你的整个存在去探究。如果你想要安全和舒适，如果你一直渴望成就、成功和美德，那就全身心地去争取——而不是带着一种疲惫的、倦怠的感觉，想要又不想要，从理智上看到了其荒谬性，同时情感上又在追求它们。所以，如果你没有足够的兴趣，用头脑和内心、用你的整个存在去完整地行动，那么你就无法懂得觉察，也无法保持它。如果你感兴趣，那么从中就诞生了觉察的火焰。于是那就不是一个始终保持觉察的问题，而是当你全然面对一切，当那个时刻来临，觉察就在那里；于是你就摆脱了那个特定的障碍。

问：我来参加明星社的露营，是因为这是我所知道的最愉快的夏日度假方式。人在暑假里变得越来越超脱，并反省自身。因为我不想用各种轻浮的方式消磨时间——全年都有影片上映。在反省自身的过程中，你的质问是假日很珍贵的一部分。因为这个原因来到这里，依你看来，是不是也没有意义？

克：首先，在我回答这个问题之前，请让我先说明，我笑的时候，不是在嘲笑提问者，因为幽默完全与个人无关：与你与我都无关。所以请注意，我不是在嘲笑提问者。当大家笑的时候，肯定也一样，他们不是在嘲笑提问者。这个问题意味着，只有在一年中的某段时间内，你才反省自身，其他的时间则不会。在明星社露营的这些假日里，你有时间、有余暇，而我的质问帮你反省自身。这就像每天抽出一小时来冥想一样，这一天其他的时候则没有时间。也就是说，你的环境不允许你在一年中的其他时间反省自身。你被家庭烦恼、被人们、被城市、被各种活动围得团团转，没有时间反躬自省。在这里你有时间；这是个美丽的地方，尽管偶尔会下雨，但是在这里你能反思自身。

这种看问题的方式，是何其错误。当你生活在这个世界上的时候，你为什么不能自省？因为世界太不堪忍受了？可你是这个世界的一部分。这个世界并没有如何不堪，你喜欢玩弄其中的玩具，所以你既没有时间、没有兴趣，也没有余暇。这段时间，这十天或者三周，并不是反思的时候。所以，你所做的是，将生活划分成了可能和不可能两部分：在明星社的露营中就是可能的，在日常生活中就不可能。为什么在你的日常生活中就不可能？因为是你造就了它，你个人造就了你的日常生活，你成了它的奴隶，所以你说：我不能反省。我说，你只能在那里反省，而不是这里。在这里，你被我激励。这自然是一种虚假的感觉。这种情况每年都在发生。请不要以为我很刻薄。相反，如果你在自己的环境中有足够的活力，你就会打破环境，并在其中反思。而你不想打破环境，所以你来到这里，想弄清楚能否一直保持那个环境，同时又试图到达真理。你做不到。就像一个人在夏日度过了一个快乐的假期。他看过了山脉和平静的湖泊，然后回到极端不愉快的办公室。他痛恨办公室，而他的思绪不停地回到那美丽的夏日中。为什么不打破办公室的成规，为什么不重新去创造、全新地去创造，而不是始终过着双重的生活？不要以虚假的责任为由来推脱，不要说：我不能那么做，因为我的母亲如何如何之类。那环境是你通过恐惧制造出来的。你只能自己重塑环境，别人无法代劳。这就是发生在那些有暑假的人身上的事。他回到日常的环境中，继而渐渐地破坏了他的敏感性。当他打破环境时，他就能发现正确的价值所在。不要说：我害怕伤害别人，害怕改变环境，害怕责任。若要发现真理，就不能牵绊于父亲和母亲，没有什么东西、没有关系、没有责任能挡住道路。但是请不要采取相反的立场，说："好，我要放弃我所有的责任"——那是一种容易但懦弱的做事方式。完满地行动，你就会发现没有关系、没有束缚能够阻挡你的道路。若要完满地行动，你自己必须完满。你的整个生命必须充分地活着，那么就没有什么东西、没有任何环境,无论是一个城镇还是一个营地,能够阻挡你的道路。

问:有时候我憎恨所有人和所有事物。你能否给我些建议,防止这可怕的感觉泛滥,因为在那样的时刻,我完全无法从中走出来。

克:就像我所说的,用你的整个存在去接近它,就像你接近爱那样。当你热烈地爱着某个人,你会用你的整个身心,用你的整个存在去爱;其中没有冲突,你不会说:我要如何走出来?用同样的方式来面对恨和转瞬即逝的快乐——所有这些事情都要全然地去面对。你不会就此除掉它们,但是你会洞察并发现它们的全部意义、它们真正的价值所在,从那里就会产生行动。所以不要认为这是些需要除掉、需要战胜的东西。那种态度会妨碍完整的行动,因而会产生冲突;你不能去克服它,战胜它。那只会导致进一步的二元性,进一步的对立。但是,如果你用你的心、你的头脑一起去面对它,那么它自己就会消融,这样你就能充分了解它,一种崭新的要素就会诞生。

问:仔细思考了你说的话之后,我知道自己执着于某些东西。例如,我喜爱珠宝。我知道如果我弄丢了我的戒指,我会乐于接受这不可避免的现实,但是我不愿意把它送给别人。所以我远远没有超脱。我知道——也许只是从理性上知道——如果没有这些物质上的东西,我会更快乐或者活得更轻松。然而,我还是有占有它们的欲望,而且我还有一大堆其他的欲望。我要如何根除它们?

克:如果你想要珠宝,那就去拥有它们。你为什么想要摆脱它们?你为什么想要把它们送给别人?恐怕你没有理解我在过去四天里所说的话。你看,对我来说没有抛弃这回事。当你理解了某件事情,它就放下了。局外人也许会称之为抛弃,但是对于那个和谐地行动的人来说,并没有抛弃,而是自然的行动。世界会颂扬那样的人,说:多么杰出的人啊,说他是高尚的人，从精神上将他奉为完人并膜拜他，因为他们自己做不到。所以，如果你还沉溺于珠宝和财物带来的享受中，那又有什么不对？世界上有千百万人是占有的奴隶。你只不过是另一种奴隶，被另一种形式的占有所奴役。但是你对它反感，因为你害怕失去，你害怕再次变得孤独。你想得到财产、房子和土地，等等，因为这些东西给你某种安全感，某种幸福感，你怕失去占有带给你的快乐和享受。

你为什么被占有带来的快乐所奴役？是不是因为你内心不丰足，你内心没有潜在的生命动力？因此，你依赖所有这些俗丽的东西，并说你必须拥有多少以及你不可以拥有多少。你的内心是如此贫穷，所以你依赖外在的财物；但是，如果你内心丰足，你就不会想要所有这些东西。你会拥有自己的房子、衣服，但它们是次要的；此时你是你自己的准则，你从一切法则中解脱了出来，因为你自身是完满的。和谐的事物是永恒的，因为它摆脱了一切无常。所以，用你的整个存在去面对一切，最高的行动就可以从中诞生。这样去面对一切——你的衣服，你的房子，你的财产，你的珠宝，你的妻子和孩子——然后你就会懂得那无限的行动。

问：你说过："自由的人是受限的。"解放了的人是受限的吗？如果是，就意味着他就像自由人一样局限。请解释一下这点。

克：解放了的人没有选择，而他的行动源于那独自性，而非源于他自身。我用"独自"这个词，意思不是指从世上退隐，而是指正确价值观的独一无二，那价值观是永恒的，不是你的也不是我的。对这样一个人来说，选择是不存在的，但是对于没有解放的人来说，存在选择，因而他是局限的。他可以根据自己的好恶自由选择，所以他去选择，因而是受限的。你的选择基于好恶，所以是局限的。但是如果你没有选择，那么你就被真正地解放了，那么你的行动就是神圣的，你就是纯然的行动——那美丽之物。

所以，当行动诞生于选择，就必然是局限的，因为产生于对立面的任何行动必然会导致另一系列的对立面，于是你被困在对立面这种无休止的二元性中，因而会有无尽的努力和无尽的局限。你也许可以打破一种局限，但是会树立另一种局限。

如果我害怕，我就寻找勇气。那么我的勇气就是恐惧的对立面，这并不能使人摆脱恐惧。我只不过逃到了我叫做勇气的东西那里。但是如果我摆脱了恐惧，摆脱了恐惧本身，那么勇气和恐惧这两者我就都摆脱了。所以，哪里有选择，哪里就始终有冲突，就有昨天、今天和明天；而当行动毫无选择，时间就是一个整体，就没有了昨天、今天和明天。那就是永恒，那就是不朽。

（在奥门第四次演说，1933年7月30日）

行动本身比行动的结果更重要

大多数人来听我讲话，去教堂或者寻找导师，是为了获得帮助、指导或者某种能带给他们满足的东西。换句话说，当我们谈到接受帮助，我们是想要达到某种心理状态，从中我们能够得到满足。所以，当我们说起得到帮助，我们始终在寻求一个结果。正如几天前我所说的那样，在我看来，以这种方式得到的帮助是转瞬即逝的、毫无价值的。

所以，当我们得到了所追求的东西时，无论是幸福、问题的解决办法，还是成就或者成功的满足感，我们就想宣传开去，想迫使别人进入我们达到的那个模式中。我们想强迫别人，唤醒别人认识到那个观点。我们把这样做称为帮助世界，也就是让别人接受某个特定的观点，我们在那个观点中找到了满足，那个观点给了我们某种满意、成功的感觉以及某种享受。所以，当你取得了某种东西，你就问自己："我要拿它怎么办？我该如何运用它？我要以何种方式使用它，才能让别人达到同样的心态？"

所以，你关心的是结果，而不是自己有什么。你关心的是如何运用你得到的东西，因而通过宣传、演讲和你坚定不移的信念，去督促别人接受你的观点。这么做根本毫无价值，因为你只是想让他们达成某个观点，你得出了这个观点，它让你觉得满足。这样的行动毫无意义。在我看来,让别人接受某个观点,让别人认识到某个结果,是在形成一个派别。你让别人意识到某个观点,并宣传那个观点,你关心的不是播种你拥有的东西,而是你播种的结果。

如果你的篮子里有东西,如果你的双手满满,你的头脑和内心自由,那么你关心的就是播种,而不是你能收获什么结果。大多数人想要提供帮助的时候,正是在追求这些。他们想要某个结果。所以,你关注的不是播种这件首要的事情,而是你能收获什么。请看到这一点,因为我听过人们的谈话,他们的问题告诉我,你们是从某个派别、某个团体的视角来看待一切的。你想让别人认识到你自己达成的某个观点、某个模式或者某个结果,或者你考虑如何去播种你拥有的东西。这一切,在我看来,都表明了一个非常局限的头脑,这样的头脑无法领悟迅捷的智慧。

我们关注的是播种的结果,因为我们不确定我们播种的是什么。我们想通过别人的确认来鼓励自己,来表明我们拥有的是什么。那给了我们某种快感。

今天上午我想告诉你们的是,如果你来这里是为了得到帮助,为了找到解决办法或者得到什么,恐怕你会失望,因为你得到的东西会失去。如果你寻求一个结果,它必然是短暂的。如果你寻求一个解决办法,你就是在试图逃避问题的原因。换句话说,取得结果、收获或者成就的想法,只不过是一种安慰,你从中得到庇护,它变成了你的安全感,而你称之为真理。所以你的行动——行动本身就可以揭示生命的全部意义——就被彻底否定了。当存在某种空虚和令人痛苦的不足时,你只想寻找一个结果。

我们为什么寻求结果?我们为什么想要成就?因为我们不能完整地、以崭新的态度面对生活、经验或者每天的所有事情。因为我们没有能力全新地、崭新地、自然地去面对一切。我们的头脑被记忆所负累,我们无法以崭新的态度面对任何事情。我们总是用现成的反应去面对事情，而那些反应产生于昨日的记忆。

当头脑和内心被不完全的记忆所负累，我们就会寻求一个结果，寻求成功和成就。但是，当你崭新地面对一切，用一种新鲜的、热切的态度，而不是用那现成的反应和陈腐的记忆，那么行动就会带给我们充实的意义。你不再寻求结果和成就；你不再逃避感受。在行动本身之中，就有完整的意义，而那就是智慧。

若要懂得那智慧，你的内心和头脑就必须从对结果的追寻中解脱出来。当你认识到这一点，当你在行动中觉察到自己不停地追求结果、成功、成就和收益——当你用自己的头脑连同心灵真正懂得了这一点——那么你日常的行动就揭示出你的头脑和内心是以何种方式受困的。但是现在你毫无意识地行动，完全没有弄清楚自己为什么会这么做。我们的大部分行动都基于某种动机、成就、成功或者恐惧。当你不仅仅从理性上，而且从情感上意识到这一点，那么你所意识到、觉察到的那行动，就从你所追求的结果中解脱了出来。我试着换个方式来说明。

不要说："我不可以追求结果。"不要说："我不可以取得成就，或者我不可能寻找庇护。"如果你那么说，你就在制造另一套庇护所。在"不可以"之中，就有庇护所，就有安全感。所以不要那么说。如果你的行动是那追求的结果，是想得到安全的结果，那就觉察它。当你在行动中觉察，那么行动本身就会向你展示出它全部的意义。毕竟，智慧不是一种可以从书本中得到的东西。

我无法将智慧传递给你。智慧诞生于完满的行动中，只有当你的头脑和内心摆脱了不停想要结果的渴望，你才能完满地行动，或者完整地理解行动。所以，如果你说你不可以寻求成就或者成功，你就没有理解行动。但是，如果你觉察到自己行动的根源，你就会懂得行动及其全部意义所在。

而觉察行动的根源，不能通过自我分析。在我看来，自我分析是破坏性的。但是，当你行动时有完全清醒的意识，从理智上和情感上全然觉察，那么你就会懂得，你对结果的追求其全部的意义所在，它自然就会揭示其本身转瞬即逝的特性。我想说明的是，我想解释的是，我们应该关注播种，而不是其结果。如果你正确地播种，结果就会是正确的。

而我们关心的是播种的结果，因而我们的行动毫无价值，我们这么做是因为我们空虚，因为我们每个人内心都不丰足。所以我们只关心我们行动的结果。这样的头脑无法领悟智慧或者迅捷的真理。能够崭新地、全新地面对一切的头脑，不背着记忆的重负，这样的头脑，在它的丰足和完满之中，只关心播种。

问：有些人称你为奥秘主义者（mystic），而不是神秘主义者（occultist），就像他们所说的那样，因为你不太强调各个"体"的改善。请你能不能改变你的这个坏名声，因为这让我大费周章地维护你，甚至与别人争吵。我厌倦了这些。

克：首先，不要维护别人，特别是涉及这类事情的时候。你知道，只要有完满，就不会有分裂，不会有对立面。只有当头脑本身不足时，才会制造对立面，比如奥秘主义和神秘主义。在我看来，一个沉湎于与神秘主义相对立的奥秘主义中的人，永远无法领悟真理是什么。你不能把生命划分为奥秘和神秘。它是一个完整的整体，是一种丰足和富饶。你不能把它分裂开来，说这是它的一个方面，那是它的另一个方面。只有当头脑和内心彻底摆脱了所有对立面，你才能懂得那恒久的行动是什么。我们制造对立面，是因为我们选择，而我们的选择始终基于"喜欢"和"不喜欢"，基于偏见。因而没有直接的洞察，并制造出对立面；我选择这个，因为我喜欢它。所以，在选择我喜欢的东西时，我制造出另一个我不喜欢的对立面，于是我不停地困在这个好恶的循环中，而我们选择，是因为我们被获得和成就的欲望所驱使。所以，这样的欲望使我们的选择盲目，因而我们制造出自己身陷其中的对立面。

问：你能否简要描述一下：1.你作为一个达到了生命至乐的人，这个世界在你看来是什么样子的？2.如果你的听众和读者中有很多人实现了解放并完满地活着，在你看来，那是一幅怎样的景象？如果这不可能，那么其原因必定非常有趣而且富有教益。

克：你知不知道，我从未想过这个问题。我从没想过，如果我们都获得了解放，这个世界会是什么样，结果会怎样，我们会有完美的共产主义还是彻底的法西斯主义。你看，首先我不知道，提问者为什么会问这个问题。

他为什么会提出这个问题，有一两种可能性。他想知道，在几个人达成之后，结果这个世界会变成什么样。也就是说，他想迫使别人遵照某个模式，而不是让人们自身获得自由。所以，我自己从未考虑过结果会怎样。我关心的是播种，而不是收获以及谁会受益。

如果你是个囚徒，我就不会对描述自由感兴趣。我主要关心的是，说明是什么制造了牢笼，这牢笼需要你去打破，如果你感兴趣的话。如果你不感兴趣，当然那是你自己的事。

如果你说真理必须有用，必须对别人有益，那么你就没有理解。它会有益，但如果那是你所关心的，它就不会有益。那就是为什么会有人问我这个问题的原因。你想知道结果会怎样，不可能告诉你结果如何，因为结果永远无法被发现，因为它始终在变，它不是一件设定好的事情，等着你去达到。人现在是如此之多律法的奴隶，是一部巨大机器上的螺丝钉，从精神上、经济上、社会上，从各个方面都是如此。当你有真正的自由，也就是说，当你发现了事物真正的价值，而不是逃避它或者脱离它；当你发现了自己囚禁于其中的这些社会准则真正的意义所在，你就从所有的律法中解脱了出来，你将不再遵从。不会再想去遵从真理，或者遵从对真理的描述，而这种描述正是提问者想要的。

问：对于一对恩爱的蜜月情侣来说，这个世界至少暂时变成了一个美好的地方，因为他们很幸福。这是否从任何侧面都说明了你的一个观点，即世界的问题就是个人的问题？

克：你知道，当我们沉溺于感受中，那感受给了我们如此之多的快乐，以至于世界呈现出不一样的色彩。我们用内心某种特定的感受将这个世界掩盖起来。在短暂的快乐中，我们透过那幸福的胶片来看这个世界。

我说世界的问题就是个人的问题，指的是：我们通过数个世纪，通过特定的欲求和渴望，建立起某套规则和标准，我们无意识地成为了它们的奴隶。数个世纪以来我们用各种方式追求安全——经济上、社会上和精神上的安全。那些安全，是我们每个人建立起来的，我们变成了它们的奴隶。我们对那奴役毫无意识。当你开始质疑并发现那些社会准则的真正价值，那些囚禁你的牢笼的真正价值，通过质疑并发现真正的价值，你作为一个个体，就将自己从中解脱了出来。那就是我说的世界问题和个人问题的含义。你也许通过恐惧建立了另一套规则和标准，规定人不能占据或者拥有任何安全。那么你做了什么？你只不过从占有换成了不占有，那也变成了你的牢笼。但是，如果你真的发现了占有的价值及其真正的意义所在，知道它们产生于恐惧，那么你就会摆脱作为对立面的占有和不占有。然后你就从社会建立的所有律法、所有谬误的准则中解脱了出来。而只有当你是一个完整的个体，而不是个人主义时，你才能做到那一点。

在我看来，真正的个体是发现所有事物的真实价值和永恒价值的人；我说存在永恒的价值，无论是我还是别人都无法将它给你。没人能给你正确的价值观。你必须自己去发现，而当你发现了所有事物真正的价值所在，那么你就会在你的独自性、你的丰足和完满中行动；其中就有狂喜。但是，如果你仅仅满足于做机器中的一个螺丝钉，那就没什么好说的了。我不想让你认识到某个标准；如果我想让你遵从的话，我才会这么希望。只有当你真正身处危机，当你完全无法满足时，你才能发现正确的价值观。大部分灵性人士，至少那些认为他们是灵性人士的人，都想要得到满足。他们一直在逃避这种需要，而这需要揭示了他们所有行动和思想的真正意义。只有存在巨大的不满时，那领悟才能到来，而不是头脑被某种心满意足或者平静的画面——你称之为真理——变得迟钝麻木而昏昏欲睡之时。

但是不要回过头来说："如果我认识到这个牢笼，会对世界有影响吗？这个世界会因为我作为一个个体发现了真正的价值，而发生任何改善吗？世界会因此受益吗？"那样的话，你就没有发现真正的价值所在，你只是发现了对世界有用的东西。如果你发现了真正的价值，那么它将会超越这些，它将是永恒的，因而适用于全人类。

问：为了实现"生命的释放"，我们是否应该承认存在着一种二元性，"生命"与我们的身体、情感和理智上的惰性之间存在着一种分离，这样才能将后者作为应被消除的东西来面对？

克：你为什么要承认某种你意识到的东西？如果你没有意识到分离，那么就不存在冲突。如果你没有觉察到二元性，那么就没有挣扎，就会有和谐的反应。但是由于大部分人都觉察到了那冲突，那为什么还需要承认分离？你看，你不承认导致冲突的分离，因为你在寻求冲突的解决办法。因为我们试图逃避冲突，我们没有觉察到我们行动中存在二元性。因为我们寻求舒适和安全，想逃离对孤独的恐惧，我们不得不从理智上承认存在二元性。

当存在冲突，会发生什么？你想找到逃避之道，找到出路。你从未弄清这冲突的根源是什么。当你有充分的意识或者觉知,而不是仅仅从理性上探询冲突的根源时,你才会发现冲突真正的原因。只有当你真的想用你的头脑以及你的内心去发现时,你才会发现冲突、痛苦和不幸的根源。

而大部分人都只想从理性上去发现原因,所以无论他们发现了什么,都只会是错误的,因为他们没有完整地去探究根源。只有当存在危机时,当它燃烧着你,当你所有的逃避之道都被堵死时,你才会完整地去探究根源。这就是为什么我说要有意识,要觉知;然后你就会发现你的头脑如何想方设法地逃避面对原因,或者试图找到解决办法、逃跑或者忘却。所以你渐渐开始堵住所有那些逃避和安全的通道,然后你就会用你的整个存在去面对。那就是真正的觉察。你会从中发现真正的根源。

问:有时候我完全漠不关心,没什么事情能让我感兴趣;我甚至不想要快乐。我如何才能走出这种惰性状态?

克:有两种可能:一种是身体上、心理上、情感上的疲惫;另一种可能性则更大,即你用一大堆垃圾塞满了你的头脑和内心,就像你塞满一个废纸篓一样。当头脑装满了无用的、转瞬即逝的东西,就会变得非常疲惫,而这也许就是最主要的原因——因为收集那些无用的东西而精疲力竭,就像富人所做的那样。既然你已经收集了来,那么下一步就要清空它;如果你感兴趣的话,情况就会是这样。如果你清空了头脑中无用的东西,你就会发现永恒。如果你的行动产生于那些垃圾,那么你的行动就始终是无益的、没有价值的、有限的;如果你的行动产生于那些短暂的、无用的垃圾——那都是你收集来的——和谬误的价值观,那么行动就毫无价值。

所以,你得弄清楚你的行动是否来自那些垃圾。那就是我为什么说:全然觉察你的行动、你的所作所为,然后你就会从那垃圾本身之中发现正确的价值。你不需要除掉它,也不必开始用另一个废纸篓,并用更多的垃圾再次将它填满。

我希望你们能明白这点,因为这就是发生在大多数人身上的事情。他们出发去寻找正确的价值观和真理,他们广为收集,并做出选择:这个重要,这个不重要。他们不停地积累,他们的智力仓库装满了他们认为有价值的东西,然而那些不过是灰烬。所以才会疲惫不堪、精疲力竭。

然而,不要摧毁那座仓库并建造另外一个。如果你摧毁它或者试图征服它,你就会这样。但是,如果你变得有意识,如果你能够觉察、能够看到,如果你既从情感上又从理智上去观察,看到你的行动诞生于那记忆、那仓库、那聚集、那积累,那么你就能立即看到你行动的根源,那么你自己就会立刻知道那根源的真正价值。

这不是一个你需要记住的诀窍,那样的话,它就会变成另一种安全、另一句格言,你会照着它冥想并迷失自己。这真的非常简单,如果你真的想弄清楚,你的行动是否来自垃圾,因而那行动没有价值,抑或你在完整地行动,因而行动是无限的。

你有记忆和观念,那是你世世代代储存起来的,你的行动从中产生;所以你无法以崭新的态度清新地去面对任何事情。然而,如果你觉察到你是这样行动的,你的行动本身就会揭示出根源。于是你可以从中发现你行动的真正意义,进而所有的行动都摆脱了动机。其中有一种完满,有一种丰足,其中就有至乐。

问: 请告诉我如何培养孩子。

克: 在我看来,孩子并非重要的事情;孩子根本不重要。重要的是父亲、母亲和老师,而不是孩子。这不仅仅是一个机巧的说法。孩子无论如何都会被塑造,就像你会做的那样,他们就像泥巴一样可塑性极强。所以问题不是你要如何培养孩子,而是你自己是什么,无论你是老师、母亲还是父亲。你明白吗？然后是你作为父母是否相信权威。如果你充分意识到权威的无益，那么你自己就会找到正确的方法。当你自己懂得了权威毫无价值，那么你就会发现如何正确地约束孩子。

来看看没有权威的意义是什么。只有当存在恐惧时，你才会有权威。当你摆脱了恐惧，你就会从完满中行动，那并不意味着对立的一面，即缺乏权威，那只是个否定。毕竟那就是我们养育孩子的方式，不是吗？——依靠权威，"必须和不可以"，"不要和要"，或者错误地解释我们自己害怕的东西。

有一天，当一个孩子问母亲关于死亡的事情，母亲告诉孩子存在转世，孩子满意了。当你给出这样一个解释，你做了什么？你用转世为自己建立起一种安全，你只不过将它传递给了孩子。于是你已经开始在孩子的头脑中构建安全的概念，所以你建立起了一种权威。当你理解了权威意味着什么，你就不会让孩子胡作非为或者为所欲为。那不是重点。你知道，这是一个如此庞大的课题，你必须一件事情一件事情地来。首先是权威。

权威意味着遵从某个规定、某个道德规范或者某个准则——而你作为父母或者老师，并没有亲自检验过其真正的意义。于是你说："这是对的，那是错的"，同时你基于权威，帮助孩子在头脑中建立起某些观点。所以，现在你所做的，只不过是将你自己积累的错误价值观，传输或者传递给孩子。

我认为，只要你没有检验，只要你没有作为一个个体发现真正的意义所在，就会有错误的价值观。所以，当你说你在培养孩子，你只不过是将你所有的错误观念传递下去。所以我说，你自己要去发现，你作为一个个体，作为一位母亲、父亲或者老师，是否真的相信权威。

你知道权威并不仅仅意味着"去做"或者"不要做"，你必须弄清它的全部意义——精神上的权威，法律的权威——权威及其所有的微妙之处。那么，当你自己弄清楚了，或者在你自己发现真正的意义这个过程之中，你就在为孩子创造一种新的环境。你无法不这么做。不是说你马上就会成功,马上彻底摆脱了权威,因为你自己还没有从中解脱。但是，如果你真的想把自己的头脑从错误的价值观中解放出来，就会有一种柔韧、一种敏捷、一种调整。然后你就能够去面对孩子。

（**在奥门第五次演说，1933 年 8 月 3 日**）

行动就是觉察你此刻的所作所为

世界上有如此之多的悲伤和苦难,人们如此强烈地意识到,对此无论做什么似乎都不够,于是就开始寻找真理是什么。因为痛苦,人们认为可以找到所有悲伤的终结之道,于是开始出去寻找圆满、真理或者神,或者无论你想称之为什么。在我看来,这种寻找本身本质上就是不正确的。对我来说,寻找真理的人,出发去追求真理的人,永远都不会找到,因为他对真理、对那完满的追求,将诞生于某个对立面。所以,当我们追求真理时,我们是在脱离我们现在的样子去追求那领悟或者圆满。如果我们身处冲突,如果我们身陷沉重的悲伤,或者如果我们发现有巨大的空虚,我们很自然会去寻找相反的一面,并称之为终点、目标、真理或者神。所以,我们对真理的追寻只能诞生于那对立面。所以,我们在追寻的过程中发现的东西,永远不可能是真实的,然而我们所有人却都一直渴望并努力达到真理,想要发现真理是什么。对我来说,追求真理的人和解释并描述真理的人,都是错误的。一个是从对立面中寻找真理,另一个描述真理,说"我知道",他们都身陷幻象中。说"我知道"的人必定是局限的。所以,当心那些说他知道的人,因为真理不是一件要知道的东西;它就在那里。它们是两种不同的东西:一个是客观的感知,而另一个本身是独立存在着的。

那么，我们为什么一直困在追求真理的努力中？我想是因为我们希望通过实现这真理、这圆满、这神，我们所有的困难都会迎刃而解；或者因为我们的困难是如此巨大，我们的问题数不胜数，所以我们想要逃避，逃到我们认为是真理的东西那里去。对于大多数人来说，追求真理只不过是逃避，从这逃避中诞生的行动，伴随着追求真理的愿望而生，是无法带来领悟的。其中没有意义，没有完满。我们出去寻找神，寻找真理是什么。从那种想要发现的愿望中，我们行动。在我看来，那愿望产生于恐惧，产生于想要逃避我们无数困难的渴望。因此，我们的行动，我们的日常生活，我们的思想，我们的情感，我们赚取金钱——这一切本身都没有价值，因为我们的行动有动机存在：获益的愿望，成就或者实现真理的愿望；我们从那渴望出发去行动。因此，行动失去了它本身的意义。如果你对我很友好，是因为我能给你某种回报，那么你的友好自然就没有意义，因为你在寻求报答。

同样，我们追求真理，并从那追求出发去行动。我们的行动没有意义，因为我们依赖某个结果去理解行动；我们更看重行动的效果而不是行动本身。因而我们的行动由效果、感受、别人的赞扬以及它的成就来判断。所以行动本身失去了价值，因为我们始终着眼于结果和回报。我们的追求产生于恐惧和逃避，产生于想要找到解决办法的愿望，在这样的追求中，我们的行动就失去了它内在的意义。只有在行动本身之中，才有全部永恒。

如果我们觉察到我们是这样行动的，那么我们就不会通过行动去寻找真理，而是在行动本身之中去发现。对我来说，行动就是觉察你此刻的所作所为。当你觉察时，过去的记忆、过去的障碍、过去你没有完全领会的事情，就会活跃起来，而你不试图去分析潜意识。那是真正的觉察。当你行动时，如果你完全意识到它的所有意义，从中就有对那行动的真正领悟。

而我们通过得到什么的视角来看待行动。我们说，通过自我修炼我们会找到真理；通过正直的行为，我们会实现完满；通过爱，通过服务，我们就可以认识神。所以，服务、爱、友善和正直——我们称之为行动——都失去了它们的意义，因为我们始终在另一头期待着某种回报。

当你觉察到这一点，当你不仅仅从智力上而且从情感上理解了这点，当你感受到这样一种行动的无益，当你是如此清醒地觉知，那么，当你在日常事务中行动时，过去所有的记忆和障碍就会活跃起来，此时你就可以从中解脱，而无需任何分析。只要有自我分析，行动就停止了。你分析得越多，你自然、完整、自发的行动就会越少。在这种自我分析中，会有越来越多的努力，因而局限了行动。这样的行动中始终有观察者、观看者和行动者，在这样的行动中，总是有二元性。

产生于自我分析的行动中没有和谐，没有完满。这样的行动永远不能带给你完满的意义。然而，如果你在行动中全然觉察——在我看来那是真正的行动——那么在那火焰之中，你过去所有的障碍和记忆，以及领悟的缺乏，就会充分运作起来，于是你就将自己的头脑从那局限中解放了出来。

若想理解我说的话，你需要去试验。我听到太多的人对我说："你说的话不实际，没有用。"首先，若要发现它是否实际，你得去试验它，你需要去试一试。然后，当你试着理解我说的话，你会说："你说的话太复杂了，我理解不了。"

那么，下面就是我要说的话。我试着尽量讲得简单一些。我们的行动总是有某个动机。我们的行动产生于某个反应、记忆，或者产生于对报偿、成就或者真理的追寻，或者出于对别人或者自己国家的爱，等等。我说，这种产生于遵从和权威的行动，不能带给你它全部的意义，那意义本身之中就有着全部永恒。而由于大多数人的行动都基于此，所以我说，不要因此走向对立面，并说："我必须找出我是从哪里反应的。"不要说：

"我必须从我自身，而不是反应中行动。"

我认为，当你为了寻求报偿而行动时，意识到你的行动，在行动中保持觉察。这很简单，不是吗？在你的行动中完全觉察，清醒地意识到你的行动是想要某种报偿、成就或成功，或者你是出于恐惧和逃避而行动。一旦你完全意识到那些，其根源就消失了，因为你已经懂得了它。只有当你的头脑和内心被那个行动完全充满，与那个行动完全和谐时，你才能做到这点。

问：如果行动中的头脑和内心彼此和谐，那么意志力有什么位置？

克： 提问者想知道："如果行动诞生于头脑和内心的和谐，那么意志力的位置在哪里？"那么，你说的意志力是什么意思？它难道不是为了克服和战胜而需要做出的努力和挣扎吗？意志力是努力的核心，想要保持一贯的愿望指引着努力的方向，为了战胜而努力。所以，哪里有冲突，哪里就必然会有努力，从冲突中产生了意志力，一种想要战胜冲突的抵抗力。换句话说，哪里有冲突，哪里就会有"我"的意识。"我"与自我意识、与意志力相等同。所以，意志力是那自我意识、那冲突的同义词。

为什么会有冲突？为什么我们每个人都身陷冲突中？我想是因为我们头脑中有不断进步和努力的想法，要不断取得一系列的成就，我们认为通向圆满的无数步骤与圆满并非成直角关系。我们以为圆满就在一系列成就和成功的尽头。在我看来，圆满与那样的想法正好成直角关系，恰好大相径庭。

冲突之所以产生，也是因为我们孤独，我们意识到那不足，于是我们试图通过选择去填满那不足。所以，哪里有选择，哪里就必然会有努力，因而必然会有意志力。我们希望通过选择去看清。我们希望通过选择这个而不是那个，来学到些什么，我们的头脑会变得更强大，我们的内心会更宽广，通过选择我们会更接近圆满。在我看来，洞察力不可能通过选择产生。换句话说，通过意志力，你无法洞察，通过意志力，你无法领悟，因为意志力产生于抗拒。

我们想要品质，我们想要美德，而要发展品格和拥有美德，就必然需要努力。然而对我来说，一个有着品格和意志力的人，永远无法领会生命全然的自由，因为他的品格、他的意志力基于抗拒。请注意，如果我用错了词，请透过那些词，领会背后的意思。

意志力通过分别得以培养，而分别之中没有领悟。分别产生阻力。分别，也就是选择，必然会产生阻力，从阻抗中就产生了意志力这种意识。那就像用河坝阻拦河水一样。来了一股漩涡，一股强大的水流，河坝被冲走了，河水就可以自由地流动。对我来说，河坝代表着为美德所做的努力，以及不停地培养品格。这种为选择所做的不断努力，只不过是产生于分别的一种阻抗。

所以我说：不要选择，而是去洞察。洞察力不在两个选择、在此和彼之间，而是将两者都摆脱。当你不得不在两件事情间抉择时，你会怎么做？你计算，你权衡，所以你只不过是在考虑这两个对立面。然而，当你必须要决定某件非常重大、非常重要的事情，那需要你全部的注意力、你全部的兴趣，那时会发生什么？你不计算，你不权衡。你的思想和感情完全一起行动，从那里就产生了真正的洞察力。

每次当你必须处理重大的事情时，情况就是这样的。你不选择，你全心全意地行动。那就是你所说的直觉。我故意不用直觉这个词，因为在我看来，这个词已经被完全误用了。所以，在培养意志力的过程中，你制造了进一步的抗拒，进而是更多的分别，进而是选择中更大的冲突。你的挣扎没有止境，你的努力持续不断。

当你自然地、自发地、轻松地行动，就没有意志力。你从那完满中行动；其中没有意志力。你无需作出努力，你无需控制、约束，你不需要限制，不需要选择——你行动。只有当存在自我意识，那是冲突的结果、抗拒的结果——它产生于分别,那些东西才会产生。

问:对于那些不能保护自己免于彻底堕落的人,比如精神虚弱的人,自己激情的受害者,吗啡成瘾者等等,他们加入某个宗教、派别或者类似的组织中,难道不能看成是一种帮助吗?

克:你看,朋友们。假设你是这样的人,你必须吸食某种毒品。那么你必须要有宗教,必须要有派别。如果你是婴儿,你必须要有护士,护士会让你做婴儿。你说:"我没有精神虚弱,也不是自己激情的受害者,但是有别的人是。那对他来说不是需要的吗?"

你为什么要考虑他?你担心他吗?你的做法是出于对他的怜悯和同情吗?你说:"我会给他他需要的东西——宗教、派别以及诸如此类的东西。"你采取了一种高高在上的态度,你称之为替他人着想的态度,然后给他某个宗教,并且说:"那对他来说不是需要的吗?"所以,你通过给他一种毒品,让他像以前一样精神虚弱。这就是阶级分别的一贯态度。说"我会给你你需要的东西"的人,让你停留在低于他的那个层次上,保持着这种分别。世世代代以来,情况都是如此;有知识的人,把别人当做傻瓜来对待,给他所需要的东西,并让他待在原地。

或者我们走另一条路。我们说:"我要唤醒低层次的人到更高的层次上来",而这是另一种形式的怜悯。在我看来,如果某个派别、某个宗教对你来说是局限,那么对所有人来说都是局限。正如我所坚持的那样,如果在真理和你自己之间不能有个中间人,所以你不需要牧师,那么对于精神虚弱的人来说也是如此。

你看,我们希望人们认识到某个结果、某个景象、某个模式。我们不想让人们觉醒和发现,而是想让他们认识到某个特定的观点。对我来说,重要的不是宗教和派别以及诸如此类的东西,而是让人看清楚这些事情的根源。当他自己觉醒了,他就会脱离这些根源,而不是由你给他一剂万灵药,由你给他鸦片,你希望那能唤醒他;不会的。

这同样适用于自我修炼,适用于一切。所以恰当的问题是:你需要它吗?你需要宗教、派别、自我修炼吗,需要权威强加给你某些准则,让你老实本分、举止得体吗,于是你就可以行为正直?我会这样提出那个问题。不是别人,而是我需要它吗?在把我自己从那座牢笼中解放出来的过程中,我不会仅仅打破自己的围墙,我也会帮助别人摧毁他的围墙。让他意识到那根源,而不是帮他打破围墙,因为如果你仅仅帮他打破围墙,他还会建起另外一座。

问:你提到洞察是纯直觉的行动。什么是纯粹的直觉,人怎么能知道它是纯粹的、真实的?

克:如我所说,洞察是没有选择的。想一想这点。只要头脑困在选择里,就无法直接洞察什么是真实的,因为选择基于好恶和欲求;而所有的欲求都使人盲目。那么,产生于这样的欲求和选择的行动,必然制造冲突;人只能偶尔意识到那冲突,而不知道什么是真正的直觉。当你让我解释真正的直觉是什么,我说:当你的行动摆脱了选择,你就会知道。

我们是如此不习惯于轻松地、没有冲突地行动。我们是如此恐惧,因为我们行动过,后果是如此糟糕,如此痛苦。所以我们试图去找到什么是真正的行动,什么是纯粹的直觉,于是我们从智力上去领会它,并根据那个结果来塑造我们的头脑和内心。当我们意识到,当我们全然觉察到我们的行动产生于这种逃避和恐惧,当我们真的感受到这点,那么从中就产生了自然的行动,其中没有冲突。

我们的大部分直觉都基于感受。我们喜欢某个想法,它给我们满足和快乐,让我们心满意足,于是我们说"这是个直觉的想法",我们紧紧抓住它,因为我们想要那个想法。因此,它本身不再是一个纯粹的想法、一种纯粹的东西。事情常常正是如此,所以当你听到转世的概念,你立刻急着接受,并且说"这是个直觉的想法,我感觉它是对的,肯定是这样的";你称之为直觉的想法或者直觉,那根本不是直觉,因为你想要这个转世的想法,因为你感觉到满足和舒适,可以拖延你对现在的洞察,这些都鼓励你紧紧依附于那个想法。

我们不是在探讨转世是不是事实。我们改天会讨论那个问题。那个问题并不重要。只要有对舒适和安全的欲求和渴望,就不可能有直觉,真正的直觉。所以只要你还困在欲求中,就不要问什么是直觉。觉察到你身陷其中,并将自己解放出来,这个行动中就有直觉;这样的行动诞生于直觉。你也许会认为,我所说的是一种消极面对生活的态度。不是的。在我看来,你所做的才是消极的生活方式,建立起一幅画面并依照它生活,你称之为积极的生活方式,而那只不过是逃避。

同样的情况也隐含在这个问题中:"直觉是什么?人怎么能知道它什么时候是纯粹的?"当没有冲突,当直觉的背后除了感受还有全然的理性时,你就会知道它什么时候是纯粹的。但是若要拥有诞生于直觉的这种行动,你的头脑和内心就必须彻底摆脱恐惧、成就和成功,以及诸如此类的一切。所以首先去看看那些,而不是问什么是直觉。

问:我的思想、感情和行动不和谐,所以我感到不满。原因是,我丈夫和我之间没有相互的理解。但是我不能离开他,因为他病了。为了达到更好的相互理解,你有什么建议?

克:首先,我们执着于别人,是因为我们自己空虚。我们希望别人能充实我们。这就是我们为什么要占有别人的原因。这也制造了不和谐。这是一个方面。

提问者想知道她应该怎么办,因为与那个人,与她的丈夫生活在一起,她觉得不满。要么你依赖他带给你充实,而他没有提供这种充实,这让你觉得不满；要么你想带给他充实，而他不接受，所以你还是不满意。再或者，因为你不喜欢他，所以你觉得不满。

如果你考虑一下这三点，那么问题就得到了解答。我不会建议你该如何去做。你知道，我们都依赖对方给我们力量，让我们完整：丈夫与妻子，兄弟和姐妹，等等。当这些东西没有提供给我们，我们就感觉极度迷茫，变得极端不满。我们指望别人让我们完满，我们指望别人给我们爱和鼓励，因为我们孤独。我们将目光转向另一个，我们的孤独却愈加强烈。只有当我们试图逃避的时候，那孤独才变得越来越深刻。

所以当你认识到这一点，当你真正发现，除了通过你自己的领悟，没有人能够使你完满，能够给你充实的完整，那么你就会容忍那些次要的枝节问题，比如有个卧病在床的丈夫。然后这个问题就不会出现。这个问题，选择留下还是离开，就不会出现。请仔细考虑一下。

当你觉得你的丈夫或者兄弟等等，无法给你那完满，选择才会出现——就像在这个例子里，你应该怎么办。所以你说："我应该转向谁那里？另一个男人或者另一个女人？"寄希望于别人而不是你已经拥有的那个人，能给你充实。然而，如果你充分意识到——不是从理性上，不是从智力上认同——如果你真的感受到并认为任何人都不可能使你完满，那么你就会行动，无论周围有着怎样的环境。

问：当性力量依然驱使着人进入爱的关系中，这种爱虽然被高调颂扬，但依然是个人化的，那么非个人的爱是否可能？通过神秘主义的练习方式，将那些力量引入更高的中心，这种做法你在多大程度上赞同并推荐？

克：生命是富于创造力的能量。是头脑将它分割成了理性、情感和性能量，因为你困在激情和性欲中，所以你将其进行划分，并希望以某种方式或者通过练习转化它。因为你过着不完整的生活，其中就有一种强烈的激情占着支配地位。我说,如果你完满地活着,就不会有感情、性和头脑之间的冲突。

问:通过神秘主义的练习方式,将那些力量引入更高的中心,这种做法你在多大程度上赞同并推荐?

克:你知道,我们以为通过练习,通过一遍遍反复地做某件事情,我们就会得到些什么。我不相信练习。我认为它们是有害的。请不要说:"我难道不可以练钢琴吗?"你所谓的神秘练习,是灌输到你的脑子里某套观念,然后你重复,你练习,于是你与之对抗的那件事情,慢慢地被掩盖起来、被压制下去,而你却以为已经将性转化到了一个更高的层面上。性就是性,你无法转化它。但是,要么你被困在那股能量里,那股能量变得具有毁灭性;要么你是如此完全地活在那股能量里,因而你的行动是完整的。这点你得非常仔细地思考一下。请不要说:"我感觉到性欲,所以我要完全活在其中。"因为我们的头脑和内心是如此不清醒,如此不成熟,如此幼稚,所以我们在激情中获得快乐。它填满了我们的头脑和内心。整个现代文明都构建在这个基础上,建立在感官享受上,因为我们是如此渺小,我们希望通过练习来战胜那渺小,这种渺小存在于我们的头脑和内心之中,我们希望因此能够将性转化到一个更高的层面上。

只要头脑和内心困在琐碎的事情里,你就会有这些性问题。如果头脑和内心丰足、完满、伟大,那么这些事情就会变得次要。如果你作为一个完整的人去行动,具有真正的创造力,那么这个问题就不会出现,就不会有问题。只有当头脑和内心在行动中将自身分裂开来时,才会有问题,而要战胜那分裂,你想要练习。多么荒唐啊!那样你就把自己的头脑变得越来越狭隘,通过不停的练习,你的心灵变得越来越琐碎。所以,若要真正领悟并获得自由,就去弄清楚你的头脑和内心是否被遵从所残害。哪里有遵从，哪里就不会有生命的释放。只要你在寻求报偿、成就或者树立权威，就会有遵从，因而自由就会被限制、被缩减。

只要头脑和内心是局限的，诸如此类的问题就会存在，而当你说"转化"，你是想找到解决办法，那就是你所做的事情：寻找解决办法、出路、逃避之道，那么你就只不过是在限制那创造性的能量，也就是思想、感情和一切——你的整个存在。

（在奥门第六次演说，1933年8月4日）

永恒就在短暂中

问：那天你说到了不朽。你说那既不是湮灭也不是延续。你说你会就这个话题进一步说明。请你进一步解释一下好吗？

克：我们只能意识到二元性，至少在我们一天的大部分时间里可以意识到这点。我们内心有一种持续不断的二元冲突：实现者和实现的目标，行动者和行动。所以，我们的头脑中始终有这种二元感，"我"和"非我"。而只有当头脑和内心摆脱了这种二元性，当头脑和内心摆脱了所有的二元感，在那完整中，才有不朽。

而我们把不朽看成是"我"的延续。当我们谈论不朽，我们希望那个特别的"我"能够穿越时间，无限期地、恒久地延续下去。我们多数时候只能意识到这个"我"。我们只有那个"我"的记忆，别的什么都没有。我们偶尔瞥见一眼那永恒之物，那真相，但是绝大多数时候我们意识到的，是那个"我"，克里希那穆提的"我"，或者甲乙丙的"我"。所以，由于一直意识到的是那个"我"，我们就想让那个"我"延续下去；否则我们就以为那是湮灭。

而在我看来，"我"不过是冲突的结果，抗拒的结果，而我们想要延长它，这个"我"，这冲突。我们想完善这个"我"；然而，如果我们彻底摆脱了这冲突，那么，其中就有不朽。在其中，不再是一个时间的问题,不再是"我"穿越时间,恒久不死、不灭。当头脑摆脱了"我"——这只能发生在行动中,那么其中就有对不朽、对那永恒存在的领悟。

你知道,不朽无法描绘,你不能从心里想象不朽是什么。你不能对它进行哲学推理。它必须被感受到、被领会。让我换个方式来说。存在着不朽,但若要领悟它,人必须从转瞬即逝开始。不朽就在短暂中,而并非远离短暂。而我们抛弃短暂,想要找到永恒,可是我说:着眼于短暂,你就会找到永恒,因为,当你发现你头脑和内心产生的行动,有着怎样短暂的价值,那么,在那短暂中,就有了持久的、永恒的完满。短暂本身之中就有永恒。我们把不朽当做逃避的手段,或者当做要通过一系列不间断的经验达到的目标。在我看来,不朽是摆脱所有的冲突感,而只有当你领会了正确的价值观,你才能摆脱冲突感,而若要领会正确的价值观,你就必须了解关于你自己的所有短暂性。

问:我们避开痛苦或者不愉快的经验。我们怎么能够对所有经验都感兴趣呢?

克:人为什么要逃避经验?因为害怕体会不到那个经验的全部含义。因为人无法领会那经验的全部意义,所以痛苦。因此,你逃避经验,进而出于恐惧,去选择愉快或者不愉快的经验。所以,你选择的经验,无法展现它们的全部意义。只有当你不期望从经验中得到什么结果,你才能毫无恐惧地面对经验。

问:能不能自然地控制人的思想和感情,而不是通过修炼?

克:关于修炼以及修炼的无益,上周我很详细地讲过了这个问题,所以我会再简要地讲一下,希望你能理解。自我修炼难道不是产生于记忆吗?也就是说,当人没有充分理解某次经验,就会留下印记,而我们称之为记忆,那记忆始终试图在行动中塑造我们。也就是说,记忆充当了一个标准,我们的头脑和内心一直努力与这个标准保持一致,因此才需要自我修炼。但是,如果你能用一个自由的头脑,用一种清新的态度去面对每个经验,那么你就会理解那经验,而记忆的痕迹就不会继续充当标准的角色。

你看,我们修炼自己,是因为我们的行动中有划分。有观察者和行动者,观看的头脑和行动的主体;所以,头脑始终扮演着向导的角色。

我们的大部分思想,我们的头脑,都由"必须"和"不可以"构成。它不能完整地行动。头脑是一个监视、控制和支配的警卫,所以当你行动时,这行动就非常局限。但是,如果你在行动时头脑与内心完全和谐,用你的整个存在去行动,那么就不会有脱离行动的控制者,因而也不会有毫无意义的自我修炼。

问:曾一瞥真理的人说,在那样的时刻,他们的"自我"意识消失了。为什么这些人不可能永远留在那个状态里?是什么原因使他们回到了"自我"意识中?

克:问题的第一部分表述有误,如果我可以这么说的话。提问者说:"曾一瞥真理的人说,在那样的时刻,他们的'自我'意识消失了。"只有当你摆脱了那种自我意识感,你才能知道永恒、永远。你看,提问者在这里隐含的意思是,有一种从真相中的回归,回到了他认为是自我意识的状态。所以其中有一种暂时感,又有一种永恒感。如果我们对真相、对永恒有了惊鸿一瞥,我们大多数人会紧紧抓住不放;于是我们努力通过记忆让那永恒延续。我说,忘了永恒吧,连想都不要去想,而只是去觉察短暂。

你知道,如果你身体上有疼痛,你吃点药,然后暂时会忘掉疼痛,而那疼痛还会回来。同样,我们偶尔瞥见了一下永恒,但我们更经常意识到的,是不永恒,是短暂,是冲突,而头脑很自然地紧紧抓住那一瞥不放，期望能使那永恒延续。

如果头脑抓住永恒不放，它就只是一种麻醉剂，因为头脑想要逃避短暂、逃避冲突和无常。所以它紧抓不放的东西，并不是真实的，因为那样的话，永恒就只不过是一种逃避方式；所以，那不是真实的。但是，如果你理解了你行动的意义，那么其中就有永恒，就不会有从真实到虚假的这种来来回回。所以，不要把目光投向永恒，而是去理解短暂，理解冲突的根源，是它妨碍了你对永恒的领悟。

问：如果有人去参加某种仪式并享受那仪式的美，就像另一个人欣赏一幅精美的画或者珠宝或者别的什么，如果他参加仪式是因为那个仪式本身的缘故，而不是为了从中获得权力、等级或者诸如此类的任何东西，那么是否存在任何东西妨碍他成为你所说的真理呢？

克：我们从通常的角度来看这个问题。如果你享受仪式，那就去享受吧！你为什么要给它找个理由？要是换成音乐，你就从来不会问这个问题。你从不说"我应该欣赏音乐吗？"或者"我可以欣赏一幅画吗？"所以你为什么要说"我不应该享受仪式吗？"

关于仪式，我的看法非常简单。我认为，哪里有邪恶，哪里就会有仪式。对不起，我这么说，不是教条也不是刻薄。在我看来，仪式没有意义，毫无价值。它们是人通过恐惧制造出来的。我们给仪式赋予了各种各样的意义——它们能有所帮助，它们很美，力量通过它们灌注进来——所有这些东西。人们参加这些仪式，是为了从感受上得到提升，得到满足，我们都希望通过这些仪式，以这种或那种方式，可以越来越接近真理——它会帮助人协调他的身体和思想等等。在我看来，仪式就像一剂麻醉药：它们可以帮你暂时去忘记。所以不要把仪式与音乐、绘画和美丽的艺术品相比。音乐和艺术，并非诞生于恐惧；它们是自然、自发的表达；而寻找神圣和正直行为的过程中存在着恐惧，仪式从恐惧之中产生，促使人们朝着某个特定的方向前进。

请注意，这是我的观点，而我知道很多人觉得不舒服。去发现你是不是仪式的奴隶——因为，毕竟，当一个人没有发现一件东西的真实价值时，才会是它的奴隶——去发现你是不是作为一个完整的人，能够真正自由地行动，自己去发现仪式的真正价值。去探索，而不是说"这很对"或者"这不对"。完全超脱地去审视它，你就会发现它是否有价值。但是，仪式主义者和非仪式主义者都有所归属，所以他们的辨别力不正确。若要理解某件事情，就要放开它，然后审视它。

问： 需要在物质世界中表达自己的行动是完满的吗？例如，如果一个人憎恨另一个人到了想要伤害他的地步，是不是只有他去伤害或者杀害对方，他的行动才是完整的，或者，他能否通过面对内心这种暴力的感觉去解放自己，并以同样的方式去学习？

克： 你为什么想要伤害别人？要么是因为你想从他那里得到什么，而他不给你，所以你很恼火，想要回过头去伤害他，要么是因为他从你那里抢走了什么东西，要么是因为你嫉妒。他从你那里拿走了些什么，或者他没有给你你想要的。你认识到自己的不足，自己的渺小和空虚，想要逃离，想从中逃避，你变得恼怒，想去伤害别人。伤害产生于恐惧，产生于孤独，你会认为那是一种完整的行动吗？

在我看来，那不是一种完整的行动。这不是很简单吗？我知道，关于是否应该出去杀害别人，这里曾经进行过讨论，因为你听我讲过完整的行动。这真是浪费时间啊！要么你没有理解我话里的含义，要么你只理解了表面的意思。所以请等一下。当你意识到自己的孤独，当你被迫面对自己的空虚，你就想去伤害别人，对于促使你意识到那空虚的人，你用对抗来反应，而如果你因此进行对抗，那就只不过是一种反应。但是，如果你发现了那孤独的根源是什么，并将自己从那根源中解放出来并行动,那么其中就有和谐,就有完整。

问:你向我们解释的解放,你自己已经达到了,那就是全部了吗?抑或,它是不是一道门的钥匙,通向宇宙生命的更高境界?

克:如果你有某处疼痛,有人帮你消除了那痛苦,你不会说:"那就是全部了吗?"如果你快乐,你不会说:"那就是全部了吗?"你为什么会提出这样一个问题?因为你并没有真正懂得解放意味着什么!对我来说,那是一种永恒的发生,但是只有当头脑摆脱了这种持续不断的努力——这种努力也是一种短暂的发生——此时你才能懂得解放。增长着的东西无法永恒,而我们能意识到头脑和内心的这种不停的增长、扩张以及成就之类的种种活动。你说:"如果我不成功,如果我不扩展,那么还有什么?"当你的头脑和内心理解了这种不停的扩张真正的价值、真正的意义,你就会知道还有什么;所以,去理解那一点,而不是解放之外还有什么,或者解放是不是通向更伟大生命的一扇门,而是从噬咬着你的头脑和内心的那些东西开始,从那想要不停增长、扩张的欲求开始。

对我来说,解放是无限的发生,但是人需要了解它,这永恒的发生。只要有努力,时间就会存在:追逐美德的努力,培养品格的努力,为了达成某个欲求的努力,与选择有关的努力。这一切都意味着时间的限制,为了增长而进行的这种不停的努力,我们将自己与其相认同,认同为自我意识和"我"。

当头脑摆脱了那些,你就会知道解放是什么。你无法勾画,也无法想象那永恒的发生是什么。如果你能够想象它,它就必然诞生于对立面中,因此不可能是真实的。所以,不要从那里开始,不要试图为自己勾画那是什么。请真的去试一试,你就会发现有多么简单。从你意识到、你知道的东西开始,这种冲突、痛苦和为选择进行的不停斗争——而只要头脑和内心渴望成就、成功、收获和结果,这些东西就会存在。对结果、获取和成就的追求之所以存在，是因为人们空虚。人们试图将其掩盖、将其填补；我们一直想去积累，而正是积累本身造成了空虚。对成就的追求本身就带来了空虚。如果你真的看到了这一点，真切地感受到了，那么你就不会逃避，你就会封住逃避的所有通道，此时你就会面对那孤独，而从中就会产生纯然的行动。

问：经验是不是应该被记住，直到它被理解或者遗忘彻底为止？

克：你无法忘记你没有理解的经验。它保留了下来。但是，如果你理解了一件事情，它就结束了；头脑能够自由地重新面对生活。没有被彻底领会的经验，才会制造障碍，才会带给头脑陈旧的记忆，妨碍你以崭新的姿态度过每一天。

所以，这不是一个记得或者不记得某个特定经验的问题，而是重新面对所有经验的问题——以开放的坦诚态度——而只有当你的头脑不寻求某个结果，或者当头脑没有被记忆产生的一贯性和局限所塑形、所铸造，你才能坦诚地、开放地、崭新地去面对经验。我们的头脑困在所有那些东西之中，所以我们不能坦诚地面对这些经验。那就是为什么我说：全然觉察你的头脑是如何运作的，你的内心有怎样的感受，它们是否产生于对报偿的追求，或者对恐惧的逃避。而当你摆脱了所有这些东西——因为你理解了它们，而不是因为你扔掉了它们——然后你就能够面对它们，你就会拥有敏捷的头脑和内心，能够随智慧而行，而其中就有狂喜。

问：请解释一下觉察和留心观察之间的不同。

克：在留心观察中，始终存在着想要得到的愿望，而在觉察中有直接的洞察。

你什么时候会留心观察？首先，为什么有一个观察者？谁是那个观察者？你称之为"高我"，它注视着那个较低层次的自我。也就是说，你在行动中建立了一种二元性、一种划分、一种差别，因为你没有以你的头脑和内心充分地、整体地去看待那行动。所以存在着一种划分，存在着一个观察者、注视者，在看着自己的行为。所以，那个观察者在不停地指导和塑造；他从未参与到行动之中；他总是脱离在外的、客观的。那不是觉察，因为那种留心制造了二元性，其中始终存在着一种划分。然而，觉察是完整的行动，其中头脑和内心是一体的。

当你自然地去做某件事情，带着强烈的兴趣，简单地、自发地去做，就没有观察者；不存在一个观察那个行动的主体，就像你爱着别人的时候那样。但是，当你的行动产生于恐惧，或者当你没有完全理解某个经验，头脑一直在提醒"我必须"以及"我不可以"，那么就存在一个观察者。所以我希望你们能看到觉察和留心观察之间的不同。两者没有任何关系。当你带着自然、自发的兴趣，没有为了分析而看的观察者或头脑进行的这种划分，你就能够和谐地、完整地去做那件事情。只有当你的头脑和内心并不是完全感兴趣时，才会产生观察者，以及由观察者施加的困难、控制和约束。你也许会称之为高我，但那仍是一种二元性。

问：人开始解开一个结的时候，发现另外还有一打的结没解开。人应该从哪里开始、到哪里结束？

克：如果你解开一个困难的结，是因为你找到了解开那个结的办法，那么，另外还会有一打的结等在那里。如果我解开、解决一个困难或问题，那么在寻找解决办法的过程中，我就会制造其他的问题。大多数人都为某个难题寻找出路，寻找解决办法。他们关心的不是解开，而是找到那个困难的解决办法和出路。

如果我有个困难，我不想为那个困难找到解决办法。我知道有办法解决，有无数个解决办法，但是我想发现那个问题的根源是什么，而当我真正理解了那个问题的根源，我就不会制造另外的结，另外的问题。

如果我真正地、彻底地、完整地理解了一个问题，那么就不会产生其他的问题。请仔细考虑这一点，你会明白的。

因为我们没有充分面对一件事情，我们制造出了很多其他的问题。我们一件接着一件地解决事情。生活变成了一系列的问题，因为我们不能只去理解或者解决一件事情。所以，问题取决于你如何解开那个结——重点并不在于你使用怎样的解决办法，而是处理方式如何，你带着怎样的觉察去做。你可以通过从理智上仔细观察和分析，去解决一个问题，并因此制造出一系列另外的问题；或者你可以在觉察中全然面对那个问题，用你的头脑和内心、用你的整个存在，去着手那个问题，然后消除它。因此，对于你遇到的一切，你都能够完整地面对，因而获得自由，你遇到的事情因此不留一丝痕迹，而那痕迹就是你所谓的问题。

问：你说起过有个孩子问到死亡的问题时，他被告知有关转世的事情。这个孩子因为小伙伴的去世而哭泣。为了帮助他理解，你会对他做些什么或者说些什么？

克：我要说的话，听起来简单得都显得有些荒唐，所以我希望你们能够明白。我个人会告诉那个孩子：去看看一朵花，它会枯萎，会死去。我会这么说，因为我不害怕死亡，死是一件自然的事情，不可避免。所有事物必然会耗尽并死亡。因为人害怕死亡，所以不能简单地面对它。我不是在说要接受不可避免的事情。我们都这么做。那是一种看待生命的愚蠢方式。所以，如果你不害怕，就不会给出复杂的原因，例如转世。关于转世，一个孩子能理解什么呢？你以为他理解，因为你自己对那个想法感到满意。如果妈妈觉得满意，那么我也必须对它感到满足。你把那种满意的氛围传递下去，而孩子因为非常敏感，就接受了这种说法。

那么，是什么导致你害怕死亡？你会说："首先因为我不知道死后会有什么。"而你这么说，是因为这一生并不丰足。只有当这一次的生命没有带给你充实和丰足,你才会关心坟墓的那边和来世有什么。如果此生丰足,如果你的每一天都是无限的、完整的,那么你就不会害怕明天,而只有当今天陷落了,你才会寄望于明天。

在来世中,始终还会有死亡,会有开始和消失。那个想法并没有真正使你摆脱恐惧;你将恐惧暂时延缓了一下,如此而已。你也许会与你的朋友、情人、兄弟或者别的什么人团聚,但死亡还是会来临。你对那个想法感到满意,因为它能够带给你暂时的满足。所以,因为它能够带给你满足,于是你将它传递给你的孩子、邻居或者别的什么人,因为他们都想得到满足。于是他们都接受了你的观点,于是你建立了一个很棒的社会或组织,其中的所有人都相信转世,而你认为你已经解决了那个问题。

我不是在冷嘲热讽,而只是想告诉你,只要有转世的想法,就必然同时存在着死亡,因此,你并没有真的领悟,而只不过是在逃避。导致对死亡恐惧的,是不完满,而不完满无法由某个想法来克服,也无法通过遵照某个模式或者按照某套标准生活来克服。当头脑摆脱了所有这些标准,就能够领会真正的价值观。此时就有完整的行动,而在那行动中,在完满的生活中——那就是无限之中的行动——其中既没有开始也没有结束,于是你不再害怕死亡。

你看,你无法向一个孩子解释这一切。如果那是一个很小的孩子,我会跟他或她讲花儿,把花儿指给他看,当他长大的时候,再和他讨论,并唤醒他自己的智慧,而不是把你的观点强加给他。你看,人必须拥有一个极其柔韧的头脑,一颗非常敏锐的心来领悟真理。因为智慧非常迅捷,若要跟上它的脚步,你就必须障碍全无;而制造记忆的所有不完整都是障碍,是局限,这样一个头脑无法获得领悟。

所以,当你完满地活着,你就会懂得那无始无终的不灭的发生。不要说:"就这些吗,还是它能将我引向更远处?"那样你的日子就不会丰足或简单,你的行动就不完满,因为你总是把眼光投向更远的事情。那样你的行动就只不过是通往某个目标的手段。这样的行动只能是不完满的。然而,如果你完全活在行动中,那么你就不会害怕死亡,那么转世就会变成一件微不足道的事情。

你知道,如果你活着而不带有那种"自我"感,那是对正确价值观的发现,那么,你就不再受制于时间。现在我们受制于时间,有昨天、今天和明天,没有一件事情是完满的,完满的事情既没有开始也没有结束。只有当你的头脑摆脱了所有选择,你才能懂得那永恒的发生——或者说其中没有时间的发生,其中没有过去、现在和未来的划分——因为选择会制造对立面。而在真正的洞察中(那洞察并非诞生于对立面),其中就有永恒的鲜活的真相。

(在奥门第七次演说,1933年8月5日)

因为选择，所以我们害怕死亡

我打算试着换个方式来讲一讲，我在过去四天以及之前所说的话。

我们通常无意识地试图追求确定性——我们没有刻意去思考这一点——那确定性来自于我们从书本上积累的知识，或者我们的经验，或者一个睿智的人的经验。所以，在追求这种确定性的过程中，我们根据他人坚定的信念或者根深蒂固的传统，建立起某些理想。就像它们过去所扮演的角色那样，它们变成了我们的选择所依据的试金石，进而作为砝码和尺度，我们用那些理想或者确定性来判断什么是真，什么是假，什么重要，什么不重要。当你认真审视各个国家中所有神圣的典籍以及人们把它们变成了什么，你就会看到事实确实如此。你会发现，他们从中制造出他们希望真理或者神成为的样子，或者他们以为完满的精神生活应该是怎样的。在制造出那样的确定性之后，他们就把它当做尺度来衡量他们的行为、行动，这样他们就可以选择哪些重要，哪些不重要。

这种确定性的建立，导致需要不停地进行选择，因而产生了无尽的努力。当我们一旦建立起某个模式，就会存在不停的选择，因为我们根据那个模式行动，我们根据它来决定自己的行为。所以，只要需要做出选择和决定，我们就会根据它来抉择，进而建立起一系列连续的选择。很自然，这种不停进行选择的努力会加强，而这种为选择、决定并区分重要与否而进行的持续努力,被称为成长、发展和进化。你不停努力选择重要的,因为你寻求确定性,这必然会使持续的努力成为必要。而我们通过选择积累了某些东西之后,就会害怕失去那些积累。那就是为什么我们会害怕死亡。我们尽心竭力地选择,而选择基于确定性。积累之后,我们害怕失去;而当死亡来临,我们害怕它会终结我们为积累所做的计划,所以我们害怕死亡。

通过选择,我们开始积累,而当死亡来临,就产生了对它的恐惧,因为会失去那些积累。而且,所做的计划和进一步的积累也会终止。所以,对死亡的恐惧始终存在,而当害怕死亡时,我们自然会从来生或者转世的概念中寻求安慰。积累之后,我们害怕死亡来临之时的失去或者空虚,因为死亡妨碍你进一步去积累。我们想要确认我们可以继续积累下去,继续拥有我们已经积累的东西,因此我们从来世——天堂、地狱——中得到安慰,当然,从地狱得不到安慰,但在转世的概念中可以得到慰藉。

我们追求的是确定性,而不是真理——真理不是一种确定性,确定性在我看来是虚假的。我们寻求确定性,那变成了我们的目标,我们称之为和平、安宁、和谐、寂静、光——你能想到的所有那些灵性词语,还有更高的境界等等。所以你寻求的这种确定性——请跟上这一点——妨碍了你去质疑。因为你寻求确定性,你就会否定质疑,而质疑与怀疑无关。如果你看看自己,你就会发现你始终都在避免处于质疑的境地,即一种灵活柔韧的情形之中;你想要确定,而那在我看来使选择成为必要。质疑中没有选择;质疑会阻止选择。

所以,当你渴望确定性,当你寻求安全,你就必然会抛弃和害怕质疑。而在我看来,质疑是思想和感情的不停运动,没有被确定性所阻挡。当你寻求确定性,你就必然会有古鲁[①]、向导和救主,尤其会有一个你不

[①] 印度教的导师。古鲁的原意是指驱散黑暗的人。——译者

断想要得到的方法:"到达真理的方法是什么?"当你这么说,你的意思是:"我能够从中得到确认和确定性的方法是什么?"真理与确定性无关,因而没有方法、没有技巧、没有道路可以通往真理。当你寻求确定性,必然也会存在戒律以及精神和宗教组织,它们都鼓励你、给你你想要的支持,你可以从那里出发去行动。

而在我看来,确定性破坏了思想和感情的不断更新,破坏了这种持续的柔韧性和精细感。一颗确定的头脑无法精细和迅捷。若要领悟智慧,也就是真正的价值,你就必须摆脱确定性这个错误的观念。

所以,选择或者决定——进而是虚幻的确定性导致的抗拒——使思想和感情固定和僵化。这就是你所谓的自我修炼。请注意,我这里使用的语言,需要你来看穿其背后的意思。对我来说,语言就像是一片玻璃,需要透过它来看清我所说的真实意思。

所以,这就是把确定性深植内心的人们,和提供确定性的人们身上发生的事情。当存在这种确定性的失衡,思想和感情就无法顺畅地流淌。哪里有确定性,哪里就没有领悟。确定性是个幻觉,其本质是虚幻的,就像安全感一样。当头脑寻求安全感,就必然会有戒律,必然会有一个用来指导自己的理想。进而必然会有那些给你这些理想的人,会有从中可以得到庇护的许多虚幻的观念,因而导致了头脑的停滞,而其中就有选择。当头脑是确定的、固化的,就会存在选择和对立面。

那么,如果你理解了我说的话,理解了这种确定性的虚幻,每个人都在追求这种具有诸多细微之处和欺骗性的确定性,如果你不仅仅从理性上理解,而且彻底地懂得了这点,那么你就会感受到确定性毫无价值。那么你的生命就不会是分裂的,你的头脑就不会试图控制想要确定性的感情。那么你的头脑就不会对想要得到确认的感情强加约束。但是,如果你感情上想要确定性,那么你的头脑就会施加某种戒律,于是就会存在冲突和不停的努力。然而,如果你用你的整个存在,用你的头脑以及你的心,真正地、完全地懂得了这一点——懂得了确定性的毫无意义,是它制造了时间、对死亡的恐惧以及起点和终点——那么你的行动本身就毫不费力地摆脱了确定性。

当你的头脑和内心并没有达成完全和谐的一致,当你的头脑想要确定性,而你的感情不想要确定性时,努力就会存在。若要使它们完美地统一在一起,其中的每一个都必须充分觉知另一个,不是吗?实际上发生的是,情感上你想要确定性,这点你隐藏起来,而理性上你不想要确定性,这点是外显的。所以它们两者从未相遇。然而,如果你坦诚地让它们相遇,那么你就会懂得那觉察的火焰,它会摧毁谬误的观念。

你也许或多或少从理性上理解了,你自然没有领会它的全部意义,因为你没时间去好好思考一下。你从理性上充分理解了,但是情感上你仍然想要某些东西,因而产生了不想要和想要的冲突。不要试图去让其中一个压倒另一个,也不要试图让它们互相认同,而是让你的头脑意识到你情感上对确定性的欲求,让你的情感觉察到理性上已理解确定性没有意义。如果你这样做了,会发现这很简单。困难在于,你被知识和确定性塞得满满的,这摧毁了你。你失去了柔韧性和去探索发现的渴望。当你热切地想要去发现,就不存在确定性;就必然会存在着自由、运动和迅捷。但是,一个被锁定在知识的确定性中的头脑无法移步,无法领会,无法跟随那智慧的脚步。

问:你为什么说"当心那些说'我知道'的人"?说"我知道"的人就不可能是真诚的吗?

克: 他可能是真诚的,但是这样的人不知道真理是什么。你为什么要尊重一个说"我知道有神、有真理、有不朽、有大师"的人?你为什么尊重他?因为你在寻求确定性。

你只能知道静止的东西,而不是不断变化的、运动着的东西。你不能说:"我知道一种运动着的东西。"真理是活生生的。你无法描述它,你无法将它纳入某个框架,说:"这就是真理。"因为我们不停地追求这种确定性、保证和安全,我们把我们所有的爱、忠诚和信任,把我们的一切都交给那个说"我知道"的人。你自己想要安宁,你自己希望不停得到保证,你认为那能将你从冲突中解放出来。它不会的,它只会让你变得迟钝。

真理无法被知道;它不是静止的,不是一个终点、一个目标。它是一种持续的更新、一种永恒的发生。所以,当心说"我知道"的人——不是当心那个人,而是当心你自己——因为你尊重那个给你你想要的舒适的人。其中就有剥削;是你把那个人变成了你的剥削者。

问:你热切地谈论领悟,但是你贬低宽容。难道有真正领悟的人不是极其宽容的吗?

克:领悟与宽容无关。当你容忍别人的时候,你就没有深爱他,不是吗?宽容是一件理性上的事。你说:"真理有很多方面,很多条道路。"所有的道路都通往真理,无论你用什么方法、什么模式。于是,在建立了一套理论之后,你就开始对那套理论、对追随它的人们保持宽容;而领悟是完满的,其中没有宽容,宽容在我看来是一种虚假的东西。一个人要么处于幻觉中,要么没有。但是,因为我们无法保持友好,所以我们发明了"宽容"这个词。因为你碰巧不赞同我,不同意我说的话——而我认为你们大多数人都是如此——不要摇头;你们确实如此,否则你们的行动就会有所不同。

我对你并不宽容。如果我是你的上级,如果我从理性上说:"你也会从你特定的幻觉中到达真理",那么我就是宽容的。但是我说,通过任何幻觉,通过关于仪式、大师、戒律此类的一切缪念,你无法懂得真理是什么。所以并不存在宽容。并不是我不友好,也不是我想让你走上我的领悟之路。你知道,当有真正的爱,你就不需要容忍。在爱中你不需要宽容,你宽容的是与你想法不同的人。因为没有领悟,所以你从智力上发明了"宽容"这个词,或者用一个更大的词"兄弟之爱"。

你难道没发现,只有两种东西——真理和谬误。而领悟了真理的人是不会宽容谬误的;那是个谬误。他懂得真理,而只有当他发现了那些谬念的正确价值,他才能领悟。如果他没有,那么你就不得不宽容那些谬误。换句话说,你们每个人都执着于自己那条特定的狭窄道路——无论是民族主义、资本主义、阶级划分,还是宗教或者性情差异。抱着个人主义的态度,你想沿着自己狭窄的道路前进,于是你需要发明"宽容"和"兄弟之爱"这些词,来体面地保持自己的界限。然而,如果你摆脱了所有这些限制,如果你真正地抗击它们、摧毁它们,那么你就真正地友爱,因为那时就会有领悟。

然而你想紧紧抓住自己的国旗,这么做时,你感觉兴高采烈,而其他人做同样的事情时,你不得不对他保持宽容。如果你没有一面旗帜,如果你完全空无、完全赤裸,那么你就会领悟真正的智慧,而这智慧无法通过兄弟之爱或者宽容这类狭隘的想法实现。

问:"不带头脑地去爱",我不理解这句话的意思。你能解释一下吗?

克:宽容是用头脑去爱,兄弟之爱是用头脑去爱。由于我们的头脑在狡黠、诡诈和自私方面高度发达,我们强迫自己去宽容别人、爱别人、帮助别人或者服务别人——所有那些理性上的事情。然而,如果你真的用你的头脑连同你的内心,用你的整个存在去爱,那么你就不会宽容,不会去帮忙,不会致力于服务。你"存在",所以你爱,所以你服务,所以你帮助。

问:你说过一两个像你这样的人就能够改变世界的面貌。如果你结婚并且养育几个孩子，你可以协助他们从一开始就摆脱反应的限制，那对我们来说难道不是一种仁慈吗？现在我所有的道德和堕落之处，都已经被实实在在地激发出来了，我作为一个成年人摆脱它们的希望，看起来微乎其微。如果来生我能成为你的孩子，你会不会把我培养成一个自由的、解放的人？

克：我想这个问题已经由你们的笑声做出了回答。

问：你说仪式产生于邪恶。这难道不是你或者某种特定性情的人所持的一种特殊的观点吗，抑或你说它是一个放之四海而皆准的真理？

克：昨天和前天你们有没有注意到，当我谈到性和仪式的时候，产生了怎样的一种关注？我不知道你们有多少人注意到了这点。为什么有这种关注？因为你们感兴趣。当我谈到某些真实的事情时，就没有那种关注。不是说仪式和性对你们来说不真实。这难道不是很奇怪吗？

我不是要把它们凑在一起，而是事情就是这样发生的——生活就像这样。我要说的是，你们关心性、关心仪式，然而你们也在追寻——至少你们试图去寻找——真理或者神或者诸如此类的东西。而你自然的本能是那些方面，因为这一点通过你的关注表现了出来。我现在说的是你真正感兴趣的是什么。昨天和前天这一点让我深深震惊。你想要一条摆脱性、摆脱仪式的出路，无论你是否应该这么做。一个完满的人，一个自己内心真正丰富、自足的人，对他来说，这种困惑并不存在；他无需做出任何选择。

而现在你问，有仪式，就会有邪恶——这是不是我抱有的一个特殊观点，代表着某种特定的性情类型，抑或它是个普遍真理？具有某种性情的人，无法领悟真理；一个特别的人无法了解整体。我认为我理解了整体。我说仪式是个幻象——我并不是作为一个特别的人、作为克里希那穆提才这么说，而是说那是一件千真万确的事情。仪式没有意义。在追求感受、安全的过程中，你可以赋予仪式各种各样的特性。人们渴望增长，也就是积累，因而渴望不灭。我知道你们之中有些人是仪式主义者，你们想执行那些仪式，所以没什么好说的。我不包容你们，我没感觉到仪式有什么特别。如果你喜欢仪式，就尽管去做好了。但是因为你们来这里想要了解我对仪式有什么看法，所以你必须有一个开放的头脑。你不能说，那是我特殊的性情倾向，所以我才那么认为。你说："因为我周围有太多的仪式主义者，所以我的反应就是反对仪式"，或者，"因为我境界太高了，仪式对我来说毫无价值，但是你说你需要它们"，或者，"我们执行仪式，是因为它们内在的美，就像一个钢琴师那样。"钢琴师不会那样说话。不真诚的人，不诚实的人，才会那样说话。我不是刻薄——说实话，我真的不在意你们是不是执行仪式。我是认真的。我不是宽容，因为我明白——至少我认为我明白——你们为什么执行仪式，为什么仪式对你们来说如此重要，就像你们寻找大师、修炼以及诸如此类的东西，为什么它们那么重要。我明白，因为它们能给你某种感受，给你你正在寻找的那个概念，让你认为你有自己的神、安全、确定性和安慰。

所以，当某件事情如此昭然若揭地呈现在你眼前，你无法对它保持宽容。你理解了它。所以我这么说，不是出于一颗冷酷、刻薄的心，不是出于不耐烦或者某种特定的性情，我也不是想让你按照我所说的话行事。我真的不在乎，因为我不是在寻求某个结果。我不想让你接受我特定的观点，因为我根本没有观点。我没有一个固定的东西，上面写着：这里真理，这是谬误。我说，在那幻象之中——如果你理解了它所有的含义——就有真理的绽放，真理就在那幻象之中。当你被幻象包围，不要紧抓着它们不放，审视它们，深入地探究它们。不要说："我喜欢它，所以我接受它。"由于你心存如此之深的偏见，你想要紧抓住它不放。我没法想到你在执行仪式的时候给出的所有借口，所以不要说："他没有说那个，所以我可以继续。"

在我看来，这整个想法从本质上讲没有真正的价值，因为它诞生于恐惧，诞生于对解决办法、对感受的追求。而我认为，如果你真的理解了这个想法，如果你不仅仅从智力上，而且用你的整个存在去面对它，你就会让自己关于仪式的思想和情感变得成熟；让它们两者完完全全地合为一体，你不把自己与其中任何一个相认同，而是让它们去发现。让它就像天空中的风筝一样飞翔。放开你的思想和情感，你就会发现。如果你觉得你应该去做，那就去做，不要去讨论。就像有些人来问我："我应该离开某个特定的社团吗，或者我应该对某个特定的社团抱有某种态度吗？"如果他们想留下，他们会留下的。你难道没发现，当你简单地对待生命，生命就会美妙地简单。只有当你试图从中得到什么，你才会有纠结。

你可以像满足于自己所有的野蛮人那样，也可以像摆脱了所有欲求感的真正完美的人那样。

问：你现在怎么看你的那本小册子《在大师的脚下》？

克：我想知道你为什么问我这个问题。要么你想让我删减我过去的书，要么想让我告诉你不要去读。换句话说，你想让我充当一个审查官，审查你该读什么、不该读什么。这个问题隐含着我是否还相信大师，或者你想把我的观点引荐给别人，那么你是否应该介绍这本书，因为现在我不再相信大师。所以你在充当其他人应该读什么的审查官，而你又让我对你该读什么做完全一样的事情。如果你感兴趣，就去读一读。不要说："我应该读这本书，而不是那本书。"

这个问题中还隐含着更多的东西。你试图在我周围建立一个派别。你那个宗派化的头脑在寻求一个结果，你问你自己："我应不应该传播这个？"如果有人想要，就给他；看在老天的份上，让他自己去发现大师是否存在，弄清楚你是否需要经历诸如修炼之类的一切。如果你不给他，别人也会给的。所以，为什么不给他呢？

现在，回到这个问题上，进一步来看认为有个古鲁、大师、向导或者领袖带领你达到真理这个想法。你注意到，我们每年都讲这个问题。这整个关于师徒传承、关于追随某个大师走向真理的想法，是彻底错误的。请注意，我这么说不是出于某种性情特点：不是因为我已经领悟，所以我看低他。不要抱着所有这些想法，而是以崭新的态度来看，让你们的头脑保持清新，而不是背负着所有这些观念。

那么，撇开那些说他们存在的人们不讲，我们先看看师徒传承关系从本质上有着怎样的含义。我们不是在讨论那些，即大师是否存在——那是非常不重要的小事——而是这背后的想法。你究竟为什么想要他们？你究竟为什么追寻他们？因为你想确定你会到达那真理，所以你制造出剥削者，那些告诉你你是否是弟子的人，牧师以及所有占有你们的人，还有一帮资本主义者、共产主义者或者其他的什么。

你想得到确认，想知道你在进步，你在成长，你的努力有个终点，会产生某个结果。所以，当你在追求那些，自然会有人出来告诉你："确实会有结果，你可以确信，你可以得到确认。"于是你在行动中感到非常快乐，因为你最终将会得到些什么。也就是说，如果你行为正直，如果你做某些事情，你就会获得某些回报，这就是那个最原始的想法：你宰杀动物去取悦神。只是，我们做得更聪明、更隐蔽；我们宰杀我们每个人自己的思想、自由和那生命的狂喜，为了获得我们追求的奖赏。

你在任何行动中都无法领悟真理；通过寻求奖赏，你无法懂得那不朽的狂喜，你也无法通过别人来找到、领悟或者了解那个东西。只有当头脑极其柔韧——摆脱了所有选择——当行动是完整的，你才会知道那鲜活的狂喜、那无限的真相是什么，那永远在更新、发生的生命是什么。

问：你说过，尽管人应该摆脱精神生活中的权威，但是在物质工作中，权威是需要的。这个说法中会不会有一种危险，即会为当权但依然"被恐惧所局限"的人找到开脱的借口，即使这权威会阻碍并扼制在其下工作的那些人，妨碍他们发展自己的心智并自发而纯粹地行动？关于这点，你有什么看法？

克： 两年前我说过同样的事情，现在我换个方式来说一下。哪里有权威，哪里就不会有领悟。如果你将自己从权威中解放出来了，那是因为你理解了，而不是因为你抛弃了它并且说："我不可以服从什么"——那样的话，你就会服从别的东西，会服从另一些人，因为政府会下来压制你。但是，如果你解放自己是因为你理解了权威，那么即使是在物质方面的事情中，权威对你来说也将不复存在。

你因为权威而不合作——我知道我们会因为恐惧而合作——但是，如果你理解了其中的意义和含义，理解了权威背后的东西，那么你自己就会因为那了解，而从中解脱出来，那么你就会与权威合作。也就是说，因为你自己内心丰足，没什么东西能塑造你，因为你无限柔韧，你不害怕进入那个抓握住你的东西，因为此时没有什么东西能控制住你。正是因为我们没有摆脱权威的行使或者通过权威去看的视角，因为我们自己内心不够丰足，所以我们才害怕外在的权威会以隐蔽的方式侵蚀我们的思想和感受。

所以，当你理解了权威的确定性，当你真的摆脱了这种想要确定、保证和安全的愿望，当你的整个存在像满月一样充盈——不缺少任何东西——那么就不会有权威，也不会有它的对立面——谦卑。

问： 不停地在自己内心观察和寻找，人难道不会变得自我中心吗？

克： 你当然会变得自我中心。这就是已经发生的事情。为什么会问这样一个问题？我从没有提倡过这点。相反，所有这些精神分析、在行动中剖析自己、观察自己和内省的过程，必然会导致头脑和内心变得狭隘，我们称之为自我中心。我说的是正好相反的事情。我说过，自我分析中存在着破坏，我也解释了为什么。只有当你没有理解的时候，你才会分析，而理解不是分析或者回顾，而是崭新地面对一切——不是重新打开一个死去的东西，然后检验它。那样的话，你不会理解。但是，如果你充分清醒、活跃和警觉，然后你遇到一件活生生的事情，你就会理解。在那清醒的兴趣中，过去所有的障碍都会运作起来，不需要你潜入下意识中去把它们挖出来。你无法理解一个死去的东西，你只能了解一个鲜活的东西。

所以很自然，关于你的行动，你思考得越多——你观察、内省和分析得越多——你的生命就会变得越狭隘、越厌烦、越疲倦、越挣扎。那就是已经发生的事情。这是自我修炼，这种对确定性和保证的追求——这一切都导致了一种深刻的、微妙的自我中心。而在我看来，这种行动中的二元性，观察者和行动者，破坏了和谐的行动。而只有在和谐的行动中，你才能发现事情真实的价值。只有当你和谐地行动时，你才能发现事情的正确价值，而那会带给你丰足的领悟，进而内省和自我分析带来的所有冲突都会消失。

（在奥门第八次演说，1933年8月6日）

你无法通过局部到达整体

由于对我所讲的话有着太多的困惑，我会试着换个方式解释一下，我希望能够说得更加简明。

我们有个看法，以为通过一个部分，可以了解或者懂得完整和圆满。你带着你特定的问题来到这里，试图为那个特定的问题找到解决办法，并试着一点点地把我说的话应用到那个特定的问题上去。你希望通过某个特定的部分，通过某个特定的问题，来领悟那完整和圆满。然而在我看来，认为通过一系列的观念形成某套教诲，或者通过那些观念中的任何一个就能够到达整体，这种想法是彻底错误的。首先，你说我在给你某种教诲，然后你从这个整体中抽取出一个观点，并试图将它应用到你特定的问题上去。所以你希望通过局部到达完满的整体。

你来到这里，心里想着无论是什么在烦扰你，你希望将它解决掉，希望通过我做出的某些教诲，通过把那些教诲中的某个观点作为解决问题的手段，你就能发现一个解决办法。也就是说，你希望通过逐渐积累并理解一系列的问题，就能够到达完满的整体——那无限的生命。所以你对自己说："通过理解和积累许多细节，我就会融入整体。"

通过所有这些积累，通过这些方法，你试图理解我说的话。每个人都有着不同的问题，你来听我讲话，希望把我说的一个观点应用到你特定的问题上,你就能到达整体和完满。我们大部分人都被这个想法残害了:即我们通过局部可以到达整体。

现在,带着那个想法,你过来说:"请帮助我理解我特定的问题。"不要带着试图解决某个问题的想法,来看我所说的话,因为我想说明的是,在对一个经验的理解之中,就可以领悟整体。如果你能够智慧地面对问题,那么在对一个问题的根源的理解之中,你就能够理解整体。就像现在这样,我们做出努力,就像困在网里的一条鱼,试图逃避那个问题,或者找到那个问题的解决办法,除掉那个问题。我们对自己说:"我只有去除了那许多的障碍,才能领会整体。"于是你做出巨大的努力,来除掉那些障碍。

我想说明的是,只要有去除某种东西的努力,你就会制造另一个障碍;然而,现在的行动,其运动之中,有着某种觉察,发现了阻挡你去行动的障碍。于是我们说:"我必须除掉障碍,以实现生命的完整。"所以你做出努力来除掉这些障碍。但是,抱着想要征服真理的愿望,你说你必须除掉障碍,但实际上却只不过是在逃避它们。

因为你对真理的渴望如此强烈,所以你从你的障碍面前逃离。因此,在试图征服障碍的过程中,你就像困在网中的鱼一样;然而,在行动的过程之中,你会觉察到障碍,在那觉察中,你就会摆脱这些障碍,因为你会理解它们的根源。你想去除障碍,因为你想要真理,而以前你想要的是一个救主、大师、弟子身份或者天堂等等。而现在你以同样的方式想要解放。于是你说:"我必须除掉障碍",然后你做出巨大的努力,拼命地努力去除它们。然而,若要了解生命的整体,你不能通过努力来走近它、实现它或者领悟它,因为努力只不过是试图去战胜什么。哪里有征服,哪里就有逃避。所以不要努力除掉障碍。在行动的过程中——行动始终在此刻,而不是在已死的过去——在此时行动的过程之中,你会发现你的行动为什么不完整,是什么妨碍你去完成那个特定的行动。然后你就会知道根源。

但是，你会对我说："过去的障碍充分活跃着，它攫住了我；它是如此有活力，以至于我现在无法自由地行动。"是什么赋予了过去的障碍以生命力？过去那些障碍的生命力产生于有意识或者无意识的记忆，而我们从那记忆中行动。我有一个障碍，而我的记忆有意识或者无意识地附着在那个障碍上，而我从那反应中行动，我称之为记忆。如果你能稍微想一想的话，这很简单。我们从记忆中行动——对某个观点、心理画面、社会标准等等的记忆——从而给过去的障碍带来了生命。而我们不停地给那障碍注入和添加生命力。当行动不完整时存在的这种记忆，这一系列的记忆，这些记忆的层次，构成了自我意识，这个"我"，所有的行动都从中产生。这记忆，这种不完整，总是在铭刻我们的头脑和内心，制造出"我"，而这正是"我"的来源。

换句话说，"我"，自我意识，那个活跃着的"我"，只不过是一堆继承来的扭曲、社会美德及其对立面。那么，我们的行动只不过是反应，来自于这记忆，我们称之为"我"。所以，那个"我"是错觉的制造者，而我们现在试图做的是一个个地去除那些错觉。你说："我处于某个特定的错觉中，我必须除掉它。"于是你斗争，付出巨大的努力摆脱它。但是就在那努力本身之中，你制造出另一个错觉，其原因正是你想要摆脱它、逃避它、战胜它这些想法本身。而在我看来，当你理解了这一点，你整个一系列的问题都将不复存在。你无法通过一系列的问题来趋近那完整，而那正是我们努力去做的，那就是我们关于积累知识、美德和品格的整个观念。若要领悟整体，被正确理解的一个经验或者一个问题将会揭示出问题产生的根源，而对整体的领悟，将消除其他所有的冲突和问题。而现在我们在不了解是谁或者是什么制造了困难的情况下，就试图去解决那个困难。我们试图通过去除某个特定问题的愿望，通过将某个观点应用在上面，通过将它淹没在某个心理图景中，或者试图通过感受去忘记它，我们试图通过这些方法解决我们特定的问题。在这个过程本身之中，我们只不过会制造出另外的问题，于是我们就这样一个接一个地制造着问题，直到我们死去，我们一直在做出一系列的努力来除掉它们。但是，若要了解整体，（而那了解将会使头脑摆脱所有这些特性和积累），那么我们就必须明白是谁制造了这些错觉、束缚和障碍。它们都是从这一堆被称为"我"的记忆中产生出来的，通过记忆，也就是不完整的行动产生的。

而我说，不要有意识或者下意识地去审视存在于过去的障碍；不要从已死的过去中把所有那些死去的障碍挖掘到现在，而是开始活在此刻，在那鲜活的品质中，我们所有的障碍都会活动起来，而无须你去回顾，其中就有喜悦。然而，在努力去回顾、理解和挖掘以往障碍的过程中，你只不过制造了另一个"我"的中心。那个中心没有留在过去，而是来到了现在；自我中心还依然健在，因此它本身就是一个障碍。

它就像一艘船：在运动中它能发现自己的障碍。如果它静止不动，就无法知道自己的障碍。而你是静止的，并试图从过去中挖出东西，或者试图除掉你的障碍。但那纯粹是一幅心理图景，一个心理过程，一种心理努力，在我看来，那是对行动、对生活的彻底破坏。但是，如果你在活动中、在行动中，无论那是什么活动，如果你在理性上和情感上都能充分醒觉，那么你就会知道是什么在阻碍你，而在那觉察的火焰中，那障碍就被摧毁了，因为你已经理解了根源。

所以，我希望你能明白，通过积累观点、经验和知识，你无法到达生命的完满和丰富；你也无法通过努力将自己从障碍中解脱出来，那也是彻底错误的。但是，如果你用你的整个头脑和内心完整地行动，你在行动中觉察到你的障碍，那么在那觉察中，你就会知道那些障碍及其根源是什么。

但是，接着你会告诉我："我不能充分地面对经验，所以我进入潜意识并挖出所有的障碍，这样我就能充分地面对现在。"但是你确实能够充分地、完整地面对你感兴趣的一切。如果那行动或者那个问题真的至

你无法通过局部到达整体　　139

关重要，那么你就会充分地面对它。而实际上发生的是什么？你没有充分地面对事情，因为你始终试图逃避。不要说，我必须除掉逃避，而是意识到你在逃避，然后你就会停止逃避。

我想传达的内容，很难诉诸语言。你无法通过划分、通过某个部分来了解生命的全部意义；而我们所有的努力都是通过局部、通过个人特质、通过去除障碍、通过努力来进行的，这又会制造出另一种特性。只要有局部，努力就会存在，而你无法通过部分到达整体。

通过琐碎的事情，你无法理解，你无法领悟那整体完满的美，尽管如果某一个经验被正确地面对，就能带给你整体。如果错觉的制造者止息了，进而错觉本身也会止息，那么你就会懂得整体，但是你不能通过努力来摧毁它们，因为你越是努力去对抗它们，阻力就越大。请理解这一点，因为在我看来这是至关重要的一点。当我们做出努力，我们只不过增长和加强了那个部分，因而无法领会整体。而我们之所以去努力，是因为我们始终想要收获、积累或者摆脱某些事情；然而，当一个问题极其尖锐，当你用整个头脑和内心去真正地关注它，就会产生觉察，在那觉察的火焰中，你就会认识到错觉的制造者，那个"我"及其所有的障碍、品质、道德和局限。一旦你认识到错觉的制造者，那根源就会止息，是那根源制造了错觉。

问：关于解放，我思考了很多，我渴望实现它。现在我有了新想法。也许是生命需要从我这里解放出去。如果我连同我所有的障碍和藩篱被从道路上扫除了，也许生命就可以用它自己美丽的方式流淌。如果这是一个正确的想法，那么我该如何抹去和消除我自己，这样生命才能以它自己的方式进行？

克：首先，在追求解放的过程中，你积累的那些知识必须彻底消失，因为你抱着获得的想法，抱着你应该被解放的想法，认为解放确实存在，所以我必须去追求它，你是抱着这些想法去积累的。若要理解整体，知识必须消失，你在对解放的渴望中积累起那些知识，所以那些知识是不正确的。这是首要的一点，也是最困难的一点。

你怎么知道解放是什么，进而渴望它？你说："我知道，因为我对它有过惊鸿一瞥。"所以你说："那惊鸿一瞥是真实的还是虚妄的？"这是接下来的第二点。我会说：你为什么要问它们是真是假？因为你想弄清楚你是否经历了真相；然而，那在我看来并不重要。当你有痛苦，有身体上的疼痛，当你扭伤了踝关节或者胳膊，或者肚子疼、头疼或者别的地方疼的时候，你关心的是什么？当你身上没有疼痛的时候，你不会说："我没有疼痛的那些时刻是真实的吗？"你关心的是摆脱疼痛。此时你自己就会知道你所经历的是真是假，是永恒的还是暂时的。而现在你关注的主要是解放，你只是换了个名词而已。你以前有着同样的渴望：大师、救主、仪式和美德。现在你换了个名词，你同样想得到它，你要么想把它当做一种逃避，要么是因为你对生活、对生活中的所有事情感到厌倦。你想要更多的东西，更多的感受。所以，你只能意识到挣扎，而不是解放。挣扎、冲突、痛苦和不幸是我们唯一知道、唯一能肯定的事情；其他的所有事情都不是事实，是一种充当着麻醉剂的想象和心理图景。

所以，你对解放的追求是完全错误的，那是一个心理渴求、一种刺激，所以，其中没有丝毫的真理。所以，当你意识到痛苦，你接着就会说："我怎么能除掉它？"你说："我不可以追求解放，但是我必须摆脱痛苦。"为了摆脱痛苦，你建立起另一个想法，你如此这般地继续下去；然而，如果你强烈地意识到、觉察到你的痛苦，你就会知道根源。如果你想抓住什么东西，你就得封住它逃跑的路。从智力上，你制造了如此之多逃跑的孔洞。我认为，通过了解，堵住所有那些孔洞，然后你就能完全面对你的问题，然后你就会发现问题的制造者和根源。在那自由中就有对那完满的领悟。所以不要说："我必须意识到障碍"，或者"我必须除掉障碍、藩篱，以期能够领悟真理"，而是开始生活、前去生活，开始带着全然的觉察去行动，也就是用你的头脑连同你的内心去行动。然后你就会知道那些障碍是什么。其他任何的途径都是心理图景；其他任何的道路都需要努力，那会制造出另一系列的障碍。这样，你就会发现你行动的真正价值——不是社会、继承来的偏见、你自己的逃避和恐惧赋予那特定行为的价值——而是当你行动时，如果你理性上和情感上都真正清醒，那么在行动的过程之中，你就会发现正确的价值观。因而你就会摆脱虚妄。进而，在对真实的发现之中，得以领悟整体。

问：你能否进一步解释一下了解和行动之间的关系？例如，在试图觉察的过程中，我发现了某种欲求或者渴望，但是，尽管我努力试着去影响它，坦率地讲，它却依然还在。

克：对我来说，行动和了解是一回事。了解不是一件理性上的事情，行动与你的感情和思想也不是分离的；它们都是一体。如果你的行动是完整的，它就只能诞生于头脑和内心的和谐，那就是了解。所以你不能把行动和了解分开。

你说："在试图觉察的过程中，我发现了某种欲求或者渴望，但是，尽管我试图努力去影响它，坦率地讲，它却依然还在。"你看，你还是努力去保持觉察——我不是在吹毛求疵。觉察不是自然而然的，所以你努力去觉察，就像你努力去获得解放，努力去摆脱障碍一样。所以当你说"我试着去觉察"时，你就没有觉察。当你说"我必须有道德"、"我必须努力获得美德"，那就不再是一项美德。所以同样的，当你说"我试着去觉察"时，其中就没有价值存在，因为觉察是和谐的行动，其中没有二元性，没有控制和控制者、行动者和行动之分。当你用你的整个存在去做某件事情时，行动中那完整的和谐就会发生。而你没有，因为你害怕社会，害怕你的朋友和邻居。你害怕，所以你局部地、不完整地行动。

所以，无论你做什么事情，完整地去做。不要试图保持觉察。而在那完整的做之中，你就会明白。当你坠入爱河，当你为某种壮丽的东西着迷时，你就会那么做。但那只是一种刺激。当你看到一幅美丽的图片，一幅美丽的画作，你为它着迷，那一刻你是一个整体，你的行动是完整的、和谐的。也就是说，一种外在的美彻底将"我"这个概念、这种特性从你心中驱除出去了。

提问者想要知道，当他试图觉察是什么导致了那渴望时，他是否没有看到问题的根源。"我是否没有看到问题的根源？为什么通过觉察、通过意识到这种欲求，'我'的欲求就会停止？"我解释过了。你知道，当你内心嫉妒，你要么充分意识到了你嫉妒，要么你没有。如果你没有意识到你嫉妒，那就是另外一个问题了。如果你意识到了，你从理性上认识到它的愚蠢。你说："太荒唐了！""太幼稚了！""太虚幻了！"但是，情感上，你被嫉妒吞噬，因为你想要占有，你想要确认，以及诸如此类的一切。与嫉妒抗争，是没有意义的。你不能说："我必须战胜它，我必须除掉它"——所有的心理意象，叠加在这件情绪化的事情，也就是欲求上。然而，如果你从理智上和情感上都真的发现了你嫉妒，那么你就会摆脱嫉妒。你知道，人们喜欢嫉妒，是因为嫉妒给了他们某种感受，以及痛苦。他们沉迷其中，同时又想除掉它。如果你想要除掉它，就彻底地除掉它。也就是说，当你的嫉妒变得很严重，它真的成为了一个问题，那么你就彻底地去面对它。可是我们想要它，同时又不想要它，所以头脑试图施加戒律，除掉它、窒息它、压抑它。这就是我为什么说：始终热切地活着；让每件事情都成为一个危机，如果你真的身处危机之中，那么你会发现导致危机的幻象制造者。

问：你常常谈到时间和永恒，但是在我看来，时间似乎是个错觉。尽管我们无法除掉它，但是事情肯定是这样的，因为每一刻都是幻觉。

现在的这一刻，过去了——就像一把刀把某个东西切成了两半，过去和未来，但是这个东西本身并不存在。所以，从心理上讲，时间对我来说是个幻觉。

你所知道的那种生命，是否包含了这样的事实，即你活在那永恒的真相中，你实际上看到了时间的整体？请你解释一下，因为世界上与时间相关的一切，在我看来毫无意义。

克：你为什么问呢？如果时间是个幻觉，那么它就是个幻觉。但是你进一步解释说，时间从心理上讲是个幻觉。这一点我们都知道，我们都说："时间是个幻觉。"那只是一句话而已。

永恒是你必须去领悟的一件事情。那不是一幅心理图景。所以我们不要讨论它。我们来弄清楚是什么制造了时间，而头脑就困在其中。你看到其中的不同了吗？永恒，或者说那个无始无终的东西，你是无法谈论的，就像无法谈论真理或者神一样。它存在着，它必须被充分体验。所以，描述它是错误的，你无法从理性上领悟它。但是，我们可以去弄清楚头脑和内心为什么会困在时间里。你看到其中的不同了吗？当你说"告诉我真理是什么，告诉我神是什么"，你问我的是同一个问题。而你说："告诉我永恒是什么。"我说：我无法告诉你，你无法谈论它，你无法将它诉诸语言。解释出来的任何事情都是不真实的。所以我们可以去发现过去、现在和未来存在的根源是什么。当我们理解了这一点，我们就能够进入另一个世界，永恒的世界。

所以不要问："难道明天不存在吗？难道你不需要安排明天的演讲吗？难道你讲话不需要守时吗？我们难道不需要一个时间表来赶火车吗？"我说的不是这类事情。在我看来，制造时间的是记忆，而记忆产生于不完整的行动。

那么是什么在我们的头脑中制造了不完整？我说：是我们的行动，那行动不过是反应，它产生于"我"这个意识，它是错觉的根源。我们行动，而我们的行动不是完整的行动；它只不过是诞生于恐惧、继承来的扭曲和社会标准的反应，我们并没有了解到那是寻求奖赏以及对惩罚和悲伤的逃避。我们的行动从那一切中产生。我们的行动只不过是由此产生的反应。这样的行动必然会制造记忆，因为我们没有充分地理解和面对每个经验，而是带着这些反应。就像阳光一样，是透过白玻璃或者有色玻璃照射过来。所以，带着这种错误价值观的背景，我们去行动，因而我们的行动导致了不完整，进而产生了记忆的许多层面，把生命划分成了过去、现在和未来。

你如何行动？你说你不知道。就是这么回事。没人能将答案揭示给你。你也许从偏见、从恐惧中出发去行动，想要为将来储存一个仓库——无论是财富、物品还是经验。所以你对你的行动没有意识，但是你却一直这样行动着；所以，你需要觉察到你行动的背景。若要觉察到那个背景，就不要回顾过去。

所以，时间借助我们的行动得以存在。在我看来，时间就是"业"，是局限的行动。只要有记忆，不完整就会从行动中产生，而那记忆制造了时间。不要接着说："我必须要摆脱记忆吗？"这也是错误的着手方式。重要的是原因，而不是结果。记忆的根源是从某个背景中产生于反应的这种行动。

不要试图去想象永恒或者没有时间会是怎样的。在我看来，所有此类事情都没有内在的价值。但是，具有持久和永恒价值的，是去了解正确的价值观，而凭借一个困在反应或者现成反应的背景之下的头脑，你是无法了解正确的价值观的。只要你的行动从中产生，它们就必然是不完整的；因此，始终会有记忆的沉淀，进而自我意识的局限会越来越多，正是它导致了时间。

（在奥门第九次演说，1933年8月10日）

行动是思想、感受和行动达到完整

我并不是从任何哲学的意义上来使用"行动"这个词，我只是用它通常的含义。对大部分人来说，当你谈到行动，意思是物理上的运动。而对我来说，它是思考、感受和行动的完整性。这一切构成了一个行动，而不仅仅是把一个物体从这里搬到那里，或者做一个身体行为。即使那些也需要背后有某种思考和感受。

所以对我来说，当我使用"行动"这个词时，指的是思想、感受和行动的整体。当它们是和谐的，当从那完整性、从那和谐的思考、感受和行动中，产生了某个想法或者感情，进而有了行动，那么那行动就是无限的，在我看来这样的行动是完整的；其中没有障碍，没有思想、感情和行动之间的划分或者阻力。对我来说，思考就是行动，或者感受就是行动；你无法将思考、感受和行动分成三件不同的事情——它们都是一个整体。对我来说，感受就是思考，或者行动就是思考和感受，所以你不能分开它们——至少我没有分开。那么行动就是完整的；行动是头脑、内心和行为完全统一的产物。

而若要了解无限的行动——那不是一个结果、一项成就、一个目标，也不是一个结局——若要理解这样的行动，你就必须了解你说的行动是什么意思，你们每个人所说的行动的含义是什么。我试着说一说我认为大家通常所说的行动是什么意思。

行动意味着遵照大部分人的做法：仿效或者努力达到某个目标、某个结果。所以行动通常意味着自我保全。你也许并不指它粗俗的含义，但是我们已经把它大大改良过、灵性化了，以至于自卫的本能变得非常精神化。你说的行动是遵从，我将试着解释一下你的行动是遵从，而不是自发、自然、充分而完整的。它总是在遵从。

你觉得某个行动比其他的行动更重要。例如有人说，先有了面包，才可以理解整个生活。也就是说，先解决经济上的困难，其他的事情再紧随其后。或者另一个人说："先了解精神生活，然后面包问题就会解决。"我们把我们的行动划分为物质即经济层面、社会层面和宗教层面。那就是我们的行为，而我们认为经济行为与我们的社会行为无关，反过来社会行为与我们的宗教行为也无关。

如果你考虑你的经济行为，它全部基于自我保全，表现在商业上，以及对财产和权力的攫取中。你根据某个特定的想法去行动，因而你的行动始终是遵从。你经济上的想法是剥削和被剥削，也就是为你自己的未来积攒一定数量的金钱，这样你就会拥有安全感。哪里有安全，哪里就必然会有权威，进而有权力和继承，等等。所以你设定了目标是什么，你根据那个想法行动，你称之为事业，而那不过是自我保全。所以我们的行动并不自然——我用"自然"这个词指的是这个词正确的含义——也就是说，那个行动是分离的，它不完整、不和谐。

你说："我必须赚取，否则社会就会把我击垮。我必须为将来积攒，否则等我老了谁来照顾我呢？必须要有继承，否则我无法将我获得的一切传递给我的儿子。"这一切都基于自我保全的想法，将你的名字、你积累的东西等等传递下去。所以你的行动始终是局限的，独立于你的思想和感受，就像那个说"先有面包"的人一样。于是你说："先让我去行动，以获取安全和权力，然后我就会用不同的方式来行动，从社会和精神的层面来行动。"

那么,你建立起了什么呢?你建立起你所认为的经济目标的终点,并一直为之努力;所以你的行动始终是一种模仿和遵从。因此,依我看来,你并没有在行动。也就是说,你在你的事业中并不是一个完整的存在。

同样,在社会上,我们努力适应某个模式,因此我们的行动不过是遵从;或者我们抱有某些阶级划分的观念,我们根据那种划分来行动。也就是说,我们通过行动把自己变成了完美的机器、螺丝钉,毫无冲突地适应社会这个机械装置。所以我们的行动是不和谐的。我们也许思考的方式不同,赚钱和做生意的方式不同,但是我们始终努力去掩盖这一切并适应社会。所以,我们的行动依然是不和谐的,而在我看来,这样的行动并不是真正的行动。

然后同样地,我们在宗教上、精神上、道德上始终处于恐惧之中。我们的行动,也就是我们的思考和感受产生于恐惧。我们所有的宗教仪式,我们献给神明的物品,我们的精神权威,这一切都是自我献祭,我们以为那会带来正确的平衡——"因为我曾经残忍,所以我要对自己残忍",希望那能够给你的思想带来正确的平衡。或者,心怀神和真理是什么的想法,并根据那个想法去行动。

所以,当你审视自己的行动,你会发现你的商业行为、你的社会行为和你的宗教行为与真理毫无关系。它们以一种十分微妙的方式表明,你想将自己作为一个实体保存下来。

我们从理性上说自我保全很自私,所以,即使我们继续赚取、剥削和被剥削,但是我们一直在掩饰这些,并从精神上逃向真理之中。所以我们的行动不和谐。只有当你把你的商业、你的社会行为和你的宗教观念作为一个整体去做,你才能懂得完整进而是无限的行动。那时你是一个完整的人。这意味着,你去思考、去感受的方式,必须与我们所习惯的方式截然不同。

然后你马上会说:"如果我不攒钱,那么会发生什么?"你会看到的。你着眼于安全,所以你的行动总是被恐惧所限,而你却努力不害怕。所以你的行动是自相矛盾的。你的行动现在不完整,因为当你积攒时,你把目光投向未来,想知道你六十岁的时候会发生什么。

同样,当你想要适应社会,适应社会机器——因为那种感受是如此强烈——你害怕与之对抗,害怕做你自己。或者,在宗教上,情况也完全一样:我们的行动并非产生于完整的思考和感受,因为我们从未同时一起面对所有这些事情。我们试图通过经济手段,通过改变经济体制来解决经济上的困难。我们说我们将会小心翼翼地改变,我们会完全按照那条路线进行——社会上和精神上也是如此。我们没有把它们都合为一体,作为一个人完整地行动。所以我们的行动是分裂的、破碎的,所以它们始终在遵从,而我们没有意识到这一点。所以,若要理解那完整,那生命的完满,就不要试图去完善经济体系,不要让它独立于你的社会和宗教生活;不要让你的精神生活变得完美,却远离你的社会和经济生活。

这真的很简单。你可以看到自己是如何行动的。你有精神准则、社会准则和商业准则,而你根据这些准则活动,你称之为行动。这些行动,在我看来,纯粹是模仿。那根本不是行动,它们只是复制而已。其中没有思考,没有真正的个人思考和质疑。

昨天我说你试图通过部分接近整体。你说:"我会把经济状况变得完善,或者完善社会状况、精神状况,然后我就会得到整体。"你不能。你必须完整地着手处理,你的行动必须完整。那意味着思考就是行动——你不能将它们分开——感受就是行动。你不能分开它们,说:"我感受到这个,却去做那个",或者"我思考一件事情,感受另外一件事情"。这样的行动总会有个结局,因而会有对死亡、对未把握时机的恐惧,因而会将目光投向未来。

行动是思想、感受和行动达到完整 149

但是,当你完整地行动,那行动就是无限的。而你无法懂得那是什么,除非你的商业、社会和宗教生活彻底和谐。你也许并不害怕来生会有什么,也并不支持任何宗教权威——你也许已经放弃了所有宗教和仪式——但是,你害怕自己老了会发生什么,所以你说:"让我为将来积攒";或者你无意识地害怕别人会说什么。

你难道没有发现,当你将恐惧作为一个整体来面对时,恐惧就会消失。你不把恐惧划分为精神、经济和社会方面,它就是恐惧。所以,当你面对并试图理解恐惧,你的行动就不会是分裂的。

问:就在思考或苦苦思索你所说的话的过程中,我们在努力去除障碍——那么,我们难道不是在通过思考这件事进而制造另外的障碍吗?如果不是,那么我们用"努力"这个词指的是什么含义?

克:我们说思考的时候,指的是什么意思?我们的思考只不过是一种反应,就像我刚才想要说明的那样。你从你建立起来的某个背景中思考,所以你只是在反应。我不把那个叫做思考。提问者想知道,在思考或苦苦思索我所说的话的过程中,我们是否在努力地去除障碍。你看,当我用"努力"这个词,指的是朝向某个目标的一种追求和奋斗,费力以求,试图征服、成就、改变、塑造和模仿,这就是我说的努力的意思:尽力、奋斗和追求。

而我们的整个头脑都是由努力构成的,我们对待生活的整个态度就是那样,不是吗?你想要真理,你想除掉障碍,你想自我保全,你必须为将来攒钱,你害怕,所以必须除掉恐惧。所以,我们的思考是从获得和成就的角度出发的。我们冥思苦想,是为了达到某个结果、某个目标,就像做字谜游戏一样。我们想要达到某个目标,所以我们做出努力。

你难道不是在偷偷摸摸地追求权力,追求你称之为自我保全或者理想或真理的东西吗?你想让自己地位牢固;你想知道你会生存下去;所以你照顾自己，这样你就能积累金钱；当你老了的时候，你就能安全、有保障。所以你的整个行动都基于此，你自然会害怕那安全会被摧毁。所以你不断地努力、奋斗，以保持那安全——经济上、社会上和精神上的安全。我说的努力，不是指我感觉到身体的疼痛，所以我必须消除那疼痛，也不是指如果我耳朵聋了，我必须努力把它治好。我说的不是这样的事情。如果你首先理解了这件事情，你就会理解通常的事情上有哪些需要用到努力。

只要有想要成功的愿望，就必然会有努力。有理解的时候，就没有努力。理解诞生于完整的行动。当你想要理解某件事情，或者当你有个问题必须要解决，必须做出决定，你就不会试图战胜它，也不会试图逃避它。当问题真的至关重大，你就会用你的整个存在去面对它，不是吗？这时你不会努力，因为你不想去到那个问题的尽头。你想要弄清楚。拿一朵花为例：它自然地生长。不要说："那生长本身不是一种努力吗？"我用"努力"这个词指的不是自然生长。因为人不正常、不自然，我们以为通过做出巨大的努力，我们就能够恢复正常；通过经历这种努力，通过分析，通过不停地观察，我们以为我们能回归正常。我说你不会的。但是，如果你觉察到是什么制造了不正常——当这种不正常变成了你生活中的一种危机时，你就会发现——而当你不试图逃避它或者解决它，那么你就会发现如何无需努力就能够自然。当你必须决定某件至关重要的事情，你就在你的头脑以及内心中播下了种子，然后它会自然地生长出来。当你极其关注某件事情时，你其实就是在这么做；在那行动的温暖中，在那行动的过程中，你让你的情感和你的思想一起成熟起来。

而现在发生的是什么？我们试图从智力上或者情感上去决定某件事情，而不是两者兼顾。情感上你想拥有一件珠宝；它带给你某种感受、价值。我们的理智说："这太荒唐了！"所以就有了冲突，进而会努力去克服。但是，当你把它们统一在一起，让它们成熟起来，去探索，去试验，不要与其中的任何一个相认同，那么你就会明白。我们现在的行动是不停地塑造头脑和内心，就像拿起一根木棍用刀把它削尖一样。这时会发生什么？你越是削尖它，它就变得越短。到最后棍子就没了，一块木头都没有了。这就是你正在做的事情，削尖你的头脑和内心。所以，随着你年龄逐渐增长，头脑和内心就越来越狭隘，而那就是你所谓的努力，让头脑锐利，让感情锐利——去逃避，去寻找解决办法，不是去了解头脑的完满和情感的深度，而是去达到某种锐利的极点，这种锐利毫无意义。一颗并不锐利但敏感进而深刻、细致的头脑——这样的头脑和心灵会懂得行动那迅捷的运动。你认为通过摩擦，通过知识的摩擦、经验的摩擦，通过行动，你就能把头脑变得非常锐利，以发现真理。若要发现，若要了解，头脑就必须有深度，而不是锐利，那只不过是机巧和肤浅。所以，我们所有的努力就像用刀削尖木棍一样，因为你从成就的角度思考。所以，你越是努力，你的破坏力就越大。真正和谐进而有深度、深刻的头脑和内心，将会了解那生命的完整。那生命的完整不是对和谐的行动的一项奖赏。它就在和谐的行动之中。但是，通过努力，通过说"我将除掉障碍"，你无法实现和谐的行动。

这一点我昨天、前天和上周讲过了。我想你们要么没听进去，要么你们到这里来是为了消遣。我也试着用不同的方式讲过了。请注意，我并不是失望。没关系，我会继续。你会离开，周游世界，我也会去别的地方，但是恐怕你内心会因此产生更多的困惑，因为你并没有思考。你头脑中的思想有很多层面，你把我说的话放到其中的一个层面上。我说，所有那些层面都必须消失。但是你没有意识到你有这些层面。在你行动的过程中要意识到这一点。

我说的一点也不复杂。当你的行动是模仿，那就根本不是行动。你的思考只不过是反应。其中没有自发性，因为你的思想产生于错误的价值观,而你从未质疑过它们。你从未质疑过你的背景;你从未脱离它、怀疑它。你想遵从,而我说的话与遵从、与模仿行为毫无关系。你在寻求方法。方法意味着某个目标,精神上想要成就的目标。所以,你的头脑中带着这一切,你的头脑被窒息了,同时你试图理解我说的话。这两者当然不会契合。不要试图理解我,去试着理解你自己,而不是我说的话。现在你正努力理解我在说什么——请不要这样做。要意识到你自己的思想和感受,就这些,而不是我在说什么。然后,当你觉察到自己的行动,你就会发现我说的话是真实的。这样你就不需要做出努力。你试图把我说的一切强加在头脑之上——那个头脑已经非常沉重、迟钝、枯燥而且没有价值——并努力透过那一堆垃圾去看。请注意,我并非言语刻薄,因为生命实在是太短暂了。我们不能就这样年复一年地继续下去。你要么想生活得和谐,要么不想。如果你不想,就不要到这里来破坏你和别人的消遣。你难道没有发现,你必须重新思考,换个方式思考,而不是用你习惯的旧有方式去思考?那是反应,而不是思考。

由于你已经收集了太多错误的价值观,你从那些价值观出发去行动,去质疑你收集来的那些价值观。不要再添加新的上去。质疑你收集来的东西。而且你只能在行动之中去质疑,而不是从智力上质疑。这当然很简单,这不需要一丝努力。当你不感兴趣的时候,当你面容憔悴却想要精神上的提升时,你才会做出努力。但是,如果你感兴趣,也就是,当你真的在受苦,或者有一个重大的问题你必须做出决定,那么在那个过程中,你就会发现有哪些障碍在阻挡你。你难道没有发现自己的生活是如此不幸?你们自己的生活是如此贫乏、如此肤浅——这就是我为什么说,觉察到那肤浅,去了解,重新开始;然后你就会发现。在知道你肤浅的过程中,你就会发现丰富;在知道你不能自由地思考、自然地感受的过程中——当你真的感受到、知道这一点——那么你就会以不同的方式去行动。而现在我们想两个都要,而那是妥协。

行动是思想、感受和行动达到完整 153

只要有遵从、权威和努力，就不可能有丰足的生活。但是，请不要把这句话捡起来，放到你的废纸篓里，而是质疑你收集来的那些东西，你的头脑和内心塞满的那些东西。质疑不是挖掘和分析过去，而是开始用你的整个存在和谐地行动；然后你收集来的所有障碍会活动起来，而就在那活动之中，它们将会消散，而不是别的。你无法从死去的东西中学习；你只能从活生生的事物中学习。你收集来的所有东西都是死的。你知道，我可以为此哭泣。我可以讲话，而你们摇头，但是你们没有看到以全新的方式去思考何其重要。而悲伤就守候在每一个转角；尽管从每次经验中你都可以得到快乐，但是因为你不知道如何去面对，所以悲伤无处不在。我们就这样继续下去，一直到死。然后我们想要一次新的生命，可以从头开始，而我们称之为希望。

问：解决一个问题——你说这不会带我们到达真理——和在行动之中理解一次经验——你说这将会带我们到达真理，这两者之间的不同，你能讲得更清楚一些吗？

克：首先，没有行动会带你到达真理。行动本身就是真理。你看，因为你想通过行动得到什么，所以行动就没有了意义。你说："如果我正直，我就会上天堂"，所以重要的是天堂。或者，你想要某个头衔，所以你根据社会的法令正确地行动。没有任何行动将带你到达真理。如果它能，它就不是真实的，它也不是一个行动。这一点当然很清楚。如果你爱我，是因为你认为我能给你真理，那么你的爱还有什么价值？而事实恐怕正是如此。你想要某种东西，所以你行动。你的渴望并不真实，你的行动也没有真正的价值。没有任何行动——爱、服务、工作、积累美德——能够带给你那永恒的狂喜。

问：解决一个问题，和在行动之中理解一次经验，这两者之间有什么不同？

克：当你试图解决某个问题，你在做什么？你在寻求一个结果，想要结束那个问题，想要克服那个困难。当你说："我有个问题，请告诉我出路在哪"，你关心的不是问题的根源，你想知道出路是什么。经济问题上的情况也是一样的。我们说："摆脱这一切的出路是什么"，而不是"什么导致了那个问题？"所以，当我试图解决那个问题，无论何时我用"解决"这个词，都意味着我试图逃避，试图用别的东西、别的行为、思想或者感情来代替，所以我立刻制造了另一个对立面。

以性或者仪式的问题为例。现在你们都坐直了；有一种紧张感。多么奇怪的一个词啊！为什么性对你们来说是一个问题，你为什么努力去战胜它，并且说："性是一个巨大的问题"或者"仪式是个问题。我该怎么办？告诉我方法。我可以通过神秘练习将我的感情转化为别的东西吗？"

这个问题之所以存在，是因为你内心没有潜力；你自己的内心不丰足，所以不重要的东西变得重要。所以，通过努力解决你的性问题或者其他任何问题，你都不能变得丰足，你没有那种丰足。然而，当行动完整，当你内心完满，那么所有这些问题都会消失。所以，在试图解决问题的过程中，你不会达到生命的丰足，因为你只是在处理并试图解决局部，而不是试着去理解整体。

如果理解了一个经验，你就会懂得那丰足，生命那富足的丰饶。当你有了一次经验，如果你不是用现在的方式，一部分从理性上、一部分从情感上去面对它，而是用你的头脑和内心完全地面对，那么过去所有的障碍都会浮现。在生命的一个活动中，就可以懂得你空虚的整个根源，无论那个活动是什么。那意味着你必须清醒，而不是懒惰而疲惫，头脑和心灵被恐惧所残害。由于它们被恐惧、被模仿、被粗心、被错误的价值观所残害，你只能在经验的运动中去发现，那就是现在。你看到这点

行动是思想、感受和行动达到完整

了吗？就是这样！

这两者之间是不同的，有巨大的不同。你不能把它们放在一起。其中之一揭示出幻象的制造者。一次经验就可以揭示出幻象的制造者，当意识到幻象，它就消失了；也就是说，当幻象的制造者在它自身的了解中意识到了自己，幻象就被消除了。你试图用一个接一个的方式来解决问题——经济、社会、宗教、性以及诸如此类的问题——一个个地解决，也就是，希望通过努力解决局部问题，就能够理解整体——你永远都做不到，因为你只会制造更多的幻象，因为你不去探究幻象的制造者，也就是你自己的欲求。无尽的渴求就是根源。

当你正确地面对经验，也就是完整地、不分裂地面对经验，你就会发现根源，也就是渴求。在那不分裂的行动之中，你会发现你世世代代积累起来的所有的错误价值观，而在充分觉察的那一刻，你就会发现，就像一次清新的呼吸一举驱散了所有污浊的空气，它们统统不见了。你无法试验，因为试验意味着行动，而你惧怕行动；你害怕走出陈旧的窠臼——商业、精神和社会的陈规。你想走同样的路，和别人说同样的话。所以，你自然越来越困惑。但是，如果你质疑你所沿袭的陈规，并发现那充实的价值，完整地面对一切，那么我说的话就不会令你困惑，它们太简单了，你会惊讶于你自己以前怎么没有看到。

所以，朋友们，真理不是要去寻获、取得或者实现的一样东西。我过去也许用过这些词——我确实用过——但我指的并不是一个要去达到的目标，就像你们理解的那样。我或许赋予了它们那样的含义，但是我的头脑或者内心，并没有把它当做要去实现的一个目标。此外，我希望你们能丢掉过去的一切，重新开始。那生命的完满也不是通过一个行动去发现的，它——那芬芳，那丰足，那狂喜——只能在完满的行动中得以了解，不是通过行动，而是在行动本身之中得以了解，无论那行动是什么——你去赚钱、你的仪式或者你的性问题。生命的所有壮丽就在那行动本身之中，不"通过"那行动去实现。当你在行动和经验的过程之中，以全然的觉察去面对，那壮丽就存在于那行动本身之中。

（在奥门第十次演说，1933年8月11日）

记忆妨碍充分地面对经验

问与答

问：根据你的说法，是记忆为幻象的制造者——自我、"我"这个意识、这堆障碍——赋予了生命力。所以，纯粹的行动永远无法从这记忆中产生。

即使我们不让行动从回忆之中产生，自发地回忆起过去的事件依然是种障碍吗？如果摆脱了这记忆，我们如何正常地调整我们与别人的关系？这在生活中难道不是几乎不可能的吗？

克：你们听懂问题了吗？我已经解释过我说的记忆是什么意思，即，消化不良的经验或者你没有彻底地、完整地面对的事情，会在头脑中留下痕迹，我们称之为记忆。而我们带着那记忆去面对生活，那记忆具有生命力，因为它制造出障碍。如果我对某个我没有彻底理解的经验有记忆，那记忆就会制造出进一步的障碍，因为它会妨碍我去充分地面对经验。

我们大多数人都有这样的记忆——很多这样的记忆——你称之为回忆，我们带着它们去面对经验。当你带着记忆去面对往事，一个人、一件事情或者一次经验，你自然无法充分面对；因此，你在进一步增加负担。那么，如果你用自由的头脑，用醒觉的完整的头脑，全新地去面对每个人、每次经验，那么你就会用一个灵活的头脑，而不是一个固化的头脑来面对。记忆使我们僵化，因此，当你心怀很多回忆，那僵化的程度如此之深，以至于当你遇到某个人或者某个经验时，你就无法充分地理解。所以，那回忆阻碍着你；然而，如果你在面对每个人或者每个经验时，摆脱了那种僵化，也就是记忆，那么其中就有一种柔韧性，有一种调节，而不是一个狡猾的头脑企图超越某个人或者某个经验。

我们打个比方，比如说两年前有个人欺骗了我。那件事留下了记忆，一种回忆，而现在我又遇到了那个人。我带着依然留存在头脑中的记忆去面对他或她。所以，当我遇到他，我非常小心翼翼，以免再次被欺骗，因为我心存疑虑，我不想被欺骗，而我的头脑是如此敏锐、狡猾，它始终警惕着。然而，如果你没什么可给予的，也不想得到什么东西，如果你不期望从那个人那里得到什么，那么你永远也不会受骗。

请注意，我讲的是原则性的东西，而不是具体的细节。当你深入思考时，你可以自己补充细节。如果一个人欺骗了你，你被那次欺骗伤害了，那伤害是一个记忆，而当你再次遇到那个人时，那记忆接着会做出反应。所以，你的头脑变得越来越聪明，越来越狡猾，而不是越来越灵活、越来越体贴；它只是变得越来越聪明，越来越狡猾，以免再次陷入同样的状况，而我们以为我们明白了。我们以为我们的头脑变得更聪明了，我们知道下次如何避免被欺骗，我们以为经验教会了我们这些。你借钱给某个人，而他没有还，下次他再来借，你认为你已经吸取教训，你的头脑变得更加聪明，你说："我应不应该借给他？"我认为这是一种错误的处理方法，一种错误的做事方式。要么借给他，并把这件事忘掉，而不带着这个僵化的头脑或者这个偏见；要么当你下次再碰到他的时候，就说："抱歉，如果我能给你，我会给的，但是我不能。"要十分开放。不要带着怀疑的头脑、狡猾的头脑、僵化的头脑，而是诚实以对。一颗坦诚的头脑是灵活的，因而能够崭新地、全新地面对一切。此时你的头脑是如此灵活、如此柔韧，当你再次遇到这个人，就有了崭新的东西，而不是旧有的怀疑涌上前来。但是，只要我们没有用我们的整个头脑和内心去完整地面对人们或者经验，就必然会有冲突，而那冲突会产生记忆。这真的非常简单。当你的头脑中没有冲突，就不会有记忆。你也许会记起某件事情，我说的不是那些，而是不执着于那记忆，那执着会追随你良久，直到你完全了结那件事情或者那个经验。我们不停地生活在这种冲突中。这冲突产生记忆，头脑中装满了那些记忆，并与之相认同，所以，产生了对"我"这个概念的认同，而"我"就是冲突。原始人和解放的人之间存在着巨大的不同。原始人没有记忆，因为他不假思索地立即行动；而解放的人完整地面对一切，因为他有了解。他内心有一种丰足，一种完满，因而他能够通过智慧去面对。我希望我解答了那个问题。

问：遵从的同时是不是必然存在渴望？请充分解释这点。

克：既存在对某个明确事物的渴望，也存在对难以确切表达的事物的渴望。例如，当你想要、渴望或者向往幸福、真理、财富、安全和其他诸如此类的东西时，其中就有遵从，因为你已经在脑中勾画出你想要的东西，并去追求它；你知道目标是什么，你想得到它，而你的目标只不过是一个对立面，你身陷其中。所以你只不过是在遵从你制造出的某个心理画面。其中存在着模仿。所以从某种意义上讲，只要有渴望，就必然会有遵从。

但是还存在另一种类型的欲求，它更为隐蔽。你不知道你想要什么，但是有某种东西缺失了，缺少了某种无法表达、难以捉摸的东西，这产生了一种空洞。而当你试图填补、掩盖或者逃避那空洞，这也是一种模仿。首先，我们为什么模仿？请弄清我说的模仿是什么意思。艺术、诗歌和文化中存在模仿，但我说的不是那些。在我看来，只有当你作为一个个体，彻底独立时，当你作为一个个体实现了充分的独自时，才会有真正的行动、完整的行动。当我使用"独自"这个词时，我指的是一种孤独——不是逃进森林之中——而是当你发现了正确的价值观，那独自就会到来。当你发现了真理是什么，你就是独自一人，也就是说，只存在那件事情、那正确的价值，而行动从中产生。若要懂得那行动，那完满的行动，你就不能模仿；你就不能有错误的价值观。所以，只要有错误的价值观，就必然有模仿，因为错误的价值观会产生欲求。而如果领悟了正确的价值观，就可以摆脱欲求——不是消灭或者摧毁欲求，你永远都做不到这点。你永远无法摧毁欲望，因为它导致了如此巨大的破坏，而这正是大多数所谓的灵性人士试图去做的。但是，如果他们发现了正确的价值观，那么他们就会从那独自、那孤独中出发去行动，而其中没有模仿。

你只能通过完整的行动发现正确的价值观。只要有错误的价值观，就必然有渴望，因为它会产生障碍，进而产生欲求和不完整，进而产生想要完整的强烈愿望，而那又是另一个欲求。所以，当存在错误的价值观，就必然会有冲突，而冲突会产生逃避或者解决那特定冲突的愿望；而只要有解决或者逃避的愿望，就必然存在权威和模仿。

问：从理智上，我完全确信我想要的东西毫无意义。但是，我的情况就像你上周指出的那样：我的情感还没有到达同一个点。你能否好心地再告诉我一次，如何才能让内心和头脑完全平衡与和谐？

克：你为什么想要这样？你为什么想让我告诉你？你想把你的情感提高到你头脑的水平上。你想让你的情感成长或者变得更精良、更超脱，你想让我帮助你成长。而正如我那天解释的那样，成长的东西不会持久。如果你想要得到某种东西的愿望，并没有在你内心制造出这样巨大的一种冲突，那么无论如何去平衡都无法带来和谐。如果你的欲求并没有在你内心产生巨大的混乱，产生巨大的不满，那么你就无法将你的内心和头脑人为地带到彼此相同的水平，并达到平衡。多少讨论或者人为的刺激都无法带来那和谐。但是你的愿望，如果足够强烈，将会产生不满、不和谐，而从那不和谐中，就会产生和谐的狂喜。

你害怕不和谐。你听我讲过安全及其虚假性。如果你真的听了，就像我希望你为了自己的快乐去听那样，那么你的内心就必然已经产生了一种深深领悟的震撼。从中你自己就会做出决定，而那就意味着行动，从那行动中，你就会发现你的头脑和内心是否和谐。

现在你说："理智上我不想要安全，但是情感上我确实想要。我如何才能将它们统一起来？"我说它们两者都是虚假的。你想要安全。不要说："我从理性上理解了它的谬误，但是情感上我还想要它。"这表明你从理智上和情感上都想要安全，因为，当你真正地理解了一件事情，你不是仅仅从理性上了解，你还用你的心去理解。所以当你说："我从智力上、理性上理解了"，你的意思是你倾向于同意我说的话，但其中并没有任何理解。你看到了摆脱烦恼的明智和美妙，但是你对它什么都不打算做。但是，当你确实对它做了些什么，在那纷扰中，你就会知道如何自然地去做。你并没有真正看到安全的谬误，所以你说："我听过克里希那穆提的讲话，我想他可能是对的；所以，我要努力摆脱安全。"那意味着你没有理解摆脱安全的意义——金钱、朋友、观念、权威和模仿带来的安全。在那自由中，有无限的可能性和无限的狂喜。你并没有看到那一点，但是你模糊地赞同你必须这样去做，为了造福社会、为了友善、为了不再剥削，等等。但是，这并没有真正激发出某种决定；而没人能够唤醒你内心的决定，除了你自己对生活持续醒觉的兴趣，或者你是否彻底不满、智慧地不满。

所以，不要试图把头脑和内心统一起来，因为那只不过是另一种修炼。你看头脑有多么狡猾，它是如何一次次地回到旧有的思维模式中。

你说"我们不可以有戒律",因为你听我说过这些,但是,当你把平衡头脑和内心当做目标,你就是做着完全一样的事情。不要做这样矫揉造作的事情!你只会制造进一步的分别,加强那个观察者,始终在分裂着行动。但是首先看到你是否真的深刻理解了并赞同!如果你真的认为人必须摆脱所有冲突,及其错综复杂的一切——如果你真的思考这一点,真的感受到并赞同这一点——那么你的行动就会即刻发生,你的整个存在就会即刻做出反应,那时就会有洞察力。但是,因为你并不赞同,你并没有感受到那巨大的紧迫性,你就会对头脑和内心做出这种人为的划分。在我看来,头脑和内心之间没有差别。如果有人向我谈起模仿的愚蠢,如果我同意,那么在我的行动中就会有一种强烈的觉察,来看那行动是不是模仿。然后我就会知道我的头脑和内心是否平衡。在充分的认识中——既不是重复也不是默许,而是在对舒适的想法或者摆脱权威的充分理解之中——当你深切地赞同,那么从那赞同中就会产生行动,在那行动中你就会知道。如果那行动是真正和谐的,那么你的头脑和内心就处于完美的统一中。所以不要试图带来平衡,而是看看你是否真的理解了权威、安全或者任何这类观念的谬误。

只有在搅动泥塘的过程中,你才会知道那个塘中有什么。而我们现在只是掠过水面,因为我们害怕打乱那表面的平静。你只能用行动扰乱那个池塘,(那真的是一潭死水),而那行动只能诞生于充分的赞同。如果你不赞同,就一如既往地生活下去。如果你认为自己需要舒适,那就继续下去,但是充分意识到你需要舒适,把你的全部头脑和内心投入进去,而在那对舒适的充分渴望中,你就会发现它的无益。

问:当看到有人受苦却不能帮助他时,心里产生的那种悲伤如何才能克服?慈悲是不是一个缺点,抑或是社会生活中一种必要的东西?

克:当你心怀慈悲时,你不会痛苦。慈悲就像是花朵的芬芳。我们痛苦是因为我们想要一个结果,也就是,比如你说"我怜悯那个受苦的人;我想让他好起来。"换句话说,你想为你的慈悲要一个结果。不是我不想看到那个人本身好起来,而是我个人会尽我所能去帮助他好转,但是其中并没有痛苦。当存在占有的本能时,你才会痛苦。你们多数来听我讲话的人,如果我明天生病了,你们不会痛苦,因为你并不占有我。但是,如果我是你的妻子或者你的丈夫,那么你就会痛苦,因为我是你的。但是慈悲摆脱了悲伤,因为它不占有。

你问:"慈悲是不是一个缺点,抑或是社会生活中一种必要的东西?"

你为什么认为某些东西对于社会生活来说是必要的?如果你是一个人,那么以某种特定的方式行为处事的必要性就会消失。而我们说:"社会中需要这些来使得行为正确。"就像我之前试图说明的那样,如果我的行动是完整的,如果我真的是正确意义上的一个人,那么社会就无法强加给我任何要求或者法令,因为我并没有与社会抗争,因为我理解社会的价值观,及其所有的虚假和真相。我对一切都有充分的认识。我的意思是,如果你在行动中是真正完整的——这并不是一件不可能的事情;不要说只有解放的人、少数人能做到——如果你的行动是完整的,那么你就不会建立一个与你对立的社会;你与社会没有冲突。那并不意味着你不想带来改变和诸如此类的事情,而是社会无法将自身及其所有错误的价值观强加给你。

你问:"慈悲是不是一个缺点,抑或是社会生活中一种必要的东西?"

我反对"必要"这个词。那表明你只不过是社会结构中的一个螺丝钉。这就是我想说的话。关于慈悲,我讲完了,因为关于它,没什么可说的。你无法谈论这样的事情。我探讨的是这个观点,即,为了维系社会结构,某些行动是必要的。当你用"必要"这个词,你只不过是在维持要去适应社会的那种本能的恐惧,所以你并不是一个真正的个体,而这并不意味着你要走向另一个极端。我说过，只有当你发现了社会准则正确的价值所在，你才能找到真正的个体性。直到那时，你才能成为真正的个体。所以当你发现了社会准则或者任何准则的正确价值所在——宗教的、伦理的或者政治的，人类建立的所有准则——当你真正理解了，那么你就不会问："为了将社会维持下去，某些行动是不是必要的？"

问：你说自我分析就是死亡。我理解你的意思是，智力上的分析和检验是破坏性的。但是，如果分析是一个冲突所吸收的能量从情感上释放自己的过程，同时，智力上活跃的程度也稍轻一些，并不得出最终的观点，这样的一个过程是否更接近于对觉察的了解？

克：你想释放现在被冲突所占据的能量。我说，你无法通过自我分析释放那富有生命力的能量，而是只有在行动的过程之中，你才能将其释放。在我看来，自我分析的含义不是那运动，而是留在原地审视，以期得到了解，为了审视而从那运动中撤离，对我来说，那并不能释放领悟。但是，如果你在行动中完全清醒，那么从中就可以觉察到许多障碍的存在。请注意，这非常简单。我们的头脑习惯于分析我们的行动、我们的情感。始终有个观察者、控制者和向导在监视。而你的头脑只不过是一个工具，警告你恐惧和希望的到来，它始终是警觉的、狡猾的。所以我们的行动是无效的。但是，如果你用你的全部存在去面对到来的每一个思想、情感或者行动，那么你就会知道妨碍你释放那创造性能量的障碍是什么。换句话说，不要试图解决问题，而是充分面对下一个思想、下一个情感或者下一个行动——它们都是一样的——那么你就会知道你身陷其中的问题其根源所在。

问：你暗示说，新社会的结构不能建立在自私的基础上，而这在实际生活中是不可能的。欲求让人类越来越自私，为了他们自己，也为了他们的家庭。工作中的自利动机让人们更加努力,这发展出多种能力。你能否帮我们更深地洞察到社会建设在实际层面的可能性?毕竟,在首先要创造更好的物质环境和工作机会的过程中,人必须合作。

克:首先,我从未给出任何暗示,因为我说的话意思很明显,那不是一个暗示。那恐怕是一把大锤,但是如果你愿意,也可以把它当做一个暗示。

那么,如果那不实际,你为什么还要费心考虑它呢?你是否试验过,以发现它是否实际?你所谓的"实际"指的是一个完整的体系、一个完整的模式,你可以毫不费力地适应,继续你现在的样子而无需任何改变、任何思考,你的生活无需经历一个深化的过程。所以,你并没有试验过,那么你怎么能说它不实际?你没有试验,因为你害怕。你知道,如果你们之中的一些人真的感受到积累的无益,并去试验它——不是宣传,不是转化别人,而是真正感受到、检验过并从中行动,那么你就会看到它有多么实际,生活会变得多么简单。

在安全方面,我们害怕会发生什么。"我老了,"你对自己说,"当我老了,我该怎么办?"或者"因为我老了,所以我不能放弃保障。"这非常正确。我不是让你放弃,而是要摆脱安全的想法。这需要非常细心、非常坦诚的思考;否则你会说:"我摆脱了安全,但是我在银行里要有可观的存款。"我不是说你不能有钱,而是说安全的"观念"问题。

所以朋友们,首先,若要让什么东西变得实际,你必须去试验它——我认为你们并没有试验——却说它不实际。你们对它没有强烈的感受,所以才会觉得它不实际、一片模糊。

关于合作,问题中也隐含了这一点,我认为合作不可能存在,除非有真正的个体性。请理解我说的真正的个体性是什么意思——不是个人主义的行动,那是局限的行动。而我们太过乐于跟老板、跟高高在上的权威合作,他们告诉我们到底该做什么,无论是精神方面、经济方面,还是社会方面。在我们所有的行动中，我们非常乐于被指导、被告知该做什么。我们认为，只要有个好领袖，世界就会无比正确。所以我们寄希望于领袖，而不是让个体性真正运作起来。当你试图理解真正的个体性，你必然会合作，因为那是其中的一部分。其中不存在与合作对立的个体性。而你把合作与个体性对立起来，我认为这就是这个世界极其混乱的症结所在。我们正拥有越来越庞大的组织，从政治上来控制人们，庞大的立法越来越深地塑造着人们，我认为将会有越来越严重的混乱。通过立法，你们也许都会被变成某种特定观念的奴隶，几年后另一种立法再把你们变成另一种观念的奴隶。所以，我们只不过是来自不同牢笼的螺丝钉，在不同的机器、不同的体系中运转着。我不把那称为合作，那是盲目，其中没有生活，没有完满的自发性。但是，当你作为一个个体理解了个体性真正的功用，也就是去发现正确的价值观，那么就会有合作，也必然会有合作。这个世界上没有任何体系、任何哲学家、任何人能够告诉你正确的价值观是什么。存在着永恒的正确的价值观，你会发现的。我可以告诉你，但是那毫无意义，因为你会用它们替代旧有的价值观；也就是说，你会成为新秩序的奴隶。它也许表面上看起来组织良好，但是内在的核心是腐烂的。

如果我们不合作，我们在生活中什么事情也做不了。必须要合作。我们所做的一切都必须由两个、三个、四个或者一百万个人一起来做。若要带来正确的合作，就必须要正确地理解个体性，如果没有正确的理解，那就不是合作；那只是行使残酷的权威——精神上的、政治上的或者你想要的任何方式的权威。

问：在个人以及群体的生活中，都有行动，行动不仅仅受个体的制约，同时也被历史因素所局限，那些来自过去的因素吸引着我们：它们的影响不仅仅是理智上的，那影响步步紧逼，无法逃避，处处与我相遇，尽管我个人已经彻底摆脱了传统和仪式等等。一个人若是忽视这种存在本身的根源，就会像一棵树企图阻止它自己的根深深扎入泥土一样。尽管生活的这个方面显然和人所能做、所能成为的一切同样重要，然而你并不探讨这点，我想知道为什么。

克：我指的是在行动中发现正确价值观；然而，你提出的是过去的一切，无论是昨天还是一个世纪以前的过去。我碰巧是个印度人，一个婆罗门，浸染在传统之中，那传统或许比你们任何人的传统都要古老和严格。我并没有坐下来检视历史的传统——那传统用数个世纪传承下来的历史包围着我；也没有检视让我成其为印度人的各式各样的狭隘习俗。我是在运动中觉察到所有这些固定的支点——历史的、宗教的、民族的、家庭的和个人的偏见——而在那真正创造性的思考过程中，就有智慧。那是真正的思考，而不仅仅是来来回回的反应，那种反应来自你既定的思想背景。我们称那为"思考"，所以思考让我们越来越空虚，越来越浅薄。

问：以你的看法，性在个人生活中的正常位置是什么？

克：一个人若是性的奴隶，那么对他来说就存在着性方面的规定和立法。存在着创造性的能量，而因为我们失去了对那创造性能量真正的了解，我们就困在了性问题中。不是说性并不是创造性的，也不是说应该看低它、鄙视它或者沉迷于其中——沉迷于其中或者鄙视它们，都是一回事。你也许会说："我们失去了真正创造性的力量。"只要你没有领悟那创造性的力量，你就会成为性欲的奴隶，就必然会有立法来控制性欲强烈的人们，因为这些人就像其他人一样放纵；他们没有尺度感，所以对他们来说必须要有立法。所以问题在于如何实现那创造性的力量。你将不会被它困扰，不会鄙视它，也不会沉迷其中；它是你整个存在的一部分。若要实现那创造性的事情、那生命本身，领悟那神圣、那无限的发生，就要将你的头脑从所有这些遵从中解脱出来，摆脱你遵从的这个思维过程，以及你局限的行动。如果你真的将头脑和内心从模仿中释放出来，将头脑从确定性中解放出来——其中就有一种创造性的狂喜，那就是生命本身。那么性问题、道德问题和智力上的问题将不复存在。此时你不会将性与其他的行为区别开来，这时你是一个完整的人，因为这样的一个人是真正具有创造力的，因而是自发的。

（在奥门第十一次演说，1933 年 8 月 12 日）

有一种全无选择的决定

今天上午我想做个试验，试着重申一下我说过的观点，不是一系列连续的观点，而是充分地解释每一个观点。你知道，我们习惯于像讲座那样连续的推理，堆砌一系列连续的观点，最后达到某个顶点。今天上午我不会这么做。我会把我讲过的观点一个个地拿出来，彻底地探讨一下。所以不要寻找先后次序。不要说这个产生于那个，那个来自于这个。我不知道我会不会成功，但是我会试一试。

你知道，只有充满张力的东西才会发出正确的曲调，就像真正调校到恰当音高的小提琴琴弦会发出正确的音符一样。同样，真正处于恰当张力之中的头脑和内心，能够充分回应任何经验。若要了解一次经验的全部意义，你就必须给予它你全部的注意力，全神贯注。必须具备敏锐的感知力；当那经验发生时，你的整个存在必须都在场。

这样，当存在真正的张力时，就会做出一个决定。而你们之中的一些人听我讲话听了一遍又一遍，因为这种张力根本没有出现过。你没有做出决定——不是选择的决定，而是了解的决定。例如，我探讨过安全的问题。在你愿意失去那安全之前，不会有决定。当你听了之后真正理解了安全的虚假，从那张力中，就会产生一个相应的曲调，也就是一个决定："我理解了"，因此你会行动。那是一个毫不费力的真正的决定；

如果你想要安全，同时又从理性上赞同我，这个决定就不会出现。所以你永远无法做出一个清晰的、自然的、自发的决定，因为头脑和内心并没有始终处于充分的张力之中。

而我们害怕失去——失去我们的生命、我们的财产、我们的品质、我们的美德——因为我们说世世代代以来我们一直在积累，一直在经历，历史赋予了我们文化。我积累了，我的父亲留给了我，我怎么能丢掉它，我怎么能弃之不顾，我怎么能放弃它呢？

所以，除非你失去一切，除非你失去你世世代代努力追求的东西，否则你就会依赖于时间，因为你的头脑始终被获得所占据，因而会充满痛苦。所以我们说："我不想失去，我想积累，积累经验。"你对自己说："智慧来自于经验的积累。"在我看来，时间无法带来智慧，经验也不能给你智慧。你可以拥有无数经验，但是从中不会绽放领悟的花朵。通过观察人们你可以发现这点。你也一样，因为你寄希望于积累，而不是彻底剥离、彻底失去一切，失去你自己的生活。当你准备好了这么做，就会有真正的决定。

所以，我们积累的如此之多——我发现这变成了一次推论性的常规讲话；抱歉，没关系！——我们为积累做出了巨大的努力，这变成了我们的障碍。首先是选择的想法。这就是我们学到的东西，因为我们说："通过积累，我可以学习，这样我就可以选择。"所以你开始把你的行动、你的选择划分为重要和不重要。你选择这个，不选那个，所以你选择的东西本身就给了你离弃的东西以生命力。好好想一想。你说："这是邪恶，我要走向善良。"你选择了善良，所以你给你离弃的邪恶带来了生命力。但是，如果你理解了你逃离的东西本身，你就会将两者都摆脱掉。就像追求勇气的人，会因此赋予恐惧生命力一样。换句话说：只要有选择，从那选择中产生一个决定，这样的决定就必然会制造另一个对立面。而只要你的头脑将目光投向积累，无论是积累东西还是美德，这些就会存在。不要说："我反对美德"，那也是对立面。我说：追求美德的人没有美德，因为他不知道美德是什么。而我们说某个人有品格，是相对于没有品格而言的；说某个人善良，是相对于邪恶而言的。所以他困在了对立面之中，是在对立面之间做交换，并赋予了他离弃的东西以生命力。但是，如果一个人通过了解而从他陷入的东西之中解脱出来——无论那是什么——那么他就能够将它们全部摆脱。他既不好也不坏。那是一种更为精致的东西，更有生命力、更有活力的东西，就像风一样自由。

所以，只要行动产生于选择，就必然存在障碍，生命就无法自然地、自发地流淌过去。这并不意味着你要去做相反的事情。很抱歉我一直在强调这一点，但这就是想拥有时间的人所理解的意思。涉及知识时的情形也是一样的。

此外还存在另一种一贯性的障碍。你们的头脑被训练得要保持一贯；你的整个生活、你的行为要保持一贯。我会解释我的意思，但还是请谨记在心，我并不是说你不可以保持一贯。一贯性是记忆，那意味着，当你部分地理解了某件事情，那会给你一个原则或者一个想法，你要与它保持一致。例如，你有个正确的行为是什么的观念，你学到了这点，然后你毕生将这个特定的观念一以贯之。你的记忆将你推回到你建立起来的某个原则那里，你始终遵照那个原则去行为处事。而在我看来，那是一个障碍，因为其中涉及了时间。但是，如果你每次彻底地面对那个经验、那个事件或者那个人，你就不会再保持一贯，不会再对某个原则保持一贯。从这种一贯性中会产生自我修炼，而这会扭曲"现在"，扭曲此时。这就是我们所谓的自我修炼的整个过程。我们想扭曲"现在"，想根据你通过经验学来的某个模式，来扭曲现在，而我们称那个扭曲过程为自我修炼。你从某个事件、某次经验中建立起一个观念，它变成了你总想与之保持一贯的记忆，无论现在遇到什么，你都根据那一贯性来扭曲。

这就是你所谓的修炼，或者遵照某个体系、找到某个方法。你心怀别人发明的一幅心理图景、一个观念或者方法，因为你想获得，想为你的行动寻找一种奖赏，而这诞生于恐惧。你对那记忆，而不是领悟保持一贯。在领悟中，永远不会有一贯性，有的是柔韧性——那并不意味着两者是对立面的关系。

还有安全的障碍。请跟上这一点。我是在慢慢引向某一点，但不是以讲座的方式。我想说明毫不费力的觉察。我们寻找安全，因为在保障中、在物品中、在金钱中、在财产中、在土地中、在房子中、在美德中、在觉得安全的想法中——一句话，在安全中——我们希望能从那安全中得到幸福和力量，因为我们自己内心不安全。我们空虚，所以我们说："如果我有钱"，或者"如果我有土地"，或者"如果我有权力，就能维持生计，所以我要积累。"你只不过是在指望权力、美德、财产和舒适带给你与生活作战的力量。觉察到你自己的琐碎，你自己空洞的肤浅，你在自己周围积攒这些东西，希望能够借此熄灭那孤独，让那浅浅的孤独之溪干涸掉。在我看来，这是错误的。

你越是指望安全，那空虚就会越严重。你越是积累财富、权力、财产、土地和美德，你的思想和感情就越肤浅。所以，所有这些障碍——遵从、权威，都包含在安全之中——带给那个你称为"我"的意识以生命力。这各种各样的束缚产生了那个"我"，而制造出那个"我"之后，我们认为越来越广地扩展它，就是进步。现在你来听我讲话，听到的是恰恰相反的东西，于是你说："现在我已经做出努力去积累"，你确实是这么做的。你追求美德；你寻找准则；你寻找方法；你试图做出精心策划的选择，而那只不过是狡猾；你追求占有，无论是世俗之物还是超凡脱俗之物，例如美德。所以你为了积累做出了巨大的努力，当我说这些是障碍，你就开始做出同样的努力想除掉它们。而你做了什么？你只不过是在赋予那些你认为该去除的东西以生命力：安全、遵从、一贯性，等等。请跟上这点。通过努力去除某种东西,你反而赋予了那东西本身以生命力。也就是说,你在选择中行动。你说:"我通过努力进行了积累;我必须通过努力摆脱它们。"所以,就像努力驱除邪恶想要为善的人一样,他只会增加邪恶。因此,一个人若是说:"有障碍,所以我要与之抗争,我要除掉它们",那么他只会增强它们,增强的正是同一些障碍,只是换上了不同的名称、更动听的名字而已,而实际上那就是他试图逃离的东西本身。

然而,有一种毫无选择的决定。我们世世代代以来做出了不可估量的努力。对我来说,我感觉那决定中不存在努力,而我想帮助你自己去发现如何不费力地活着。若要了解这点,你必须跟上我所说的一切。你积累了数个世纪,在你头脑和内心的仓库中储存了各种各样对我来说是垃圾的东西。所以不要走到相反的那一面,说:"那是垃圾;我要扔掉它们。"你正是这么做的。你努力扔掉它们,因而你的行动立即困在了选择和努力之中;所以,没有选择的决定并不存在。当我谈到安全,如果你的头脑和内心真正赞同我的话,那么就不会有选择,而决定会做出。但是,当你从理智上赞同,而你的情感却不赞同,也就是说,当你不再具备那种张力,那么选择就会存在。

你们大多数人,你们几乎所有人都处于那样的情形之中。你同意不能有安全及其所隐含的一切。理智上你与我在一起,但是情感上却截然相反。不要说:"我不知道如何做到。"不要说:"我不知道没有钱怎么活着。"你会发现的。这就是关键所在。关键是,如果你热切地关注,那么关于安全的想法或者安全的谬误,就会带给你正确的反应、正确的意图。

因此,当你决定了,在那决定中就有强烈的觉察,一旦你彻底断定遵从是谬误的,那么你的行动就会变得充满活力,你的行动就会揭示出它们自身是否是遵从。你明白我的意思吗?一旦你用你的整个存在断定保持一贯是毫无意义的——因为你理解了,不是因为你听我讲了,而是因为你理解了其中的含义是什么——当你决定了,那么你下一步的行动就会展现出你是否在遵从,而在那觉察的火焰中,没有一丝努力。

只有通过个体自己,行动才可以摆脱局限。而我们指望行动,也就是头脑和内心,由某种东西,由美德、安全、知识或观念来解放。只有当你作为一个个体能够发现正确的价值观,完满的行动才能存在。我不知道你是否理解了其中的所有含义。我们有着错误的价值观,我们根据它们行动;我们的行动从我们积累的错误价值观之中产生,我们希望通过那行动把头脑从错误的价值观中解放出来。我说,只有当你是一个真正的个体,当你独立于正确的价值之中,头脑和内心,也就是行动才能获得解放。那意味着,你必须质疑你拥有的所有准则,而不走到相反的那一面。只有当你是一个真正的个体,也就是去发现正确的价值所在,那就是永恒——那不是一个观念、不是自我修炼、不是选择、不是时间——只有当存在完全的决定,当你完整地面对一切时,你才能发现正确的价值所在。此时你内心就会有一个相应的决定,而那不是一种努力。

你知道,我自己这么做了,这就是我为什么会谈论这件事。我听过人们用不同的方式来谈论安全。我听过人们谈论美德:你说,因为你受过苦,你备受折磨,世界上有如此多的苦难,所以选择重要的东西,那会解放你。就我自己而言,我试验过了。我知道痛苦是什么,就像其他人一样。苦难是如此之多,因为我感受到,我知道——我发现了,我毫不费力地把自己从那痛苦中解放了出来——我想告诉你如何做到。这不是一个方法。因为我把自己从每个人都经历的那痛苦中解放了出来,所以存在着不费力的行动方式。这就是我说的意思。我们做出努力去获得,得到以后我们努力不失去。于是我们被困在这个努力、挣扎、冲突、痛苦和不幸的车轮之中。认识到任何形式的努力都只会是破坏性的，就像削铅笔一样：你削得越多，能用来写字的铅笔就越短。这就是我们世世代代以来对头脑和内心的所作所为，一直不停地削尖，直到最后发现什么都没有了。我们说，一无所有之后，我们必须积累，于是我们又重新开始。努力同样表明欲望的存在，因为你想积累，想占有。你听我讲了这些，然后说："我必须去除努力，我必须去除占有"，于是你做出努力。所以这整个过程都是错误的。你必须重新思考，并直觉地、自发地行动。直觉地行动就是完整地、和谐地行动，用你的整个存在、整个头脑和内心去行动。

有一种毫不费力的存在，就像花朵生长那样。有一种永恒的东西，无法依靠努力发现或者产生。但是不要说："我不可以做出努力"，那是它的对立面。而是去了解努力的根源，那么所有的对立面都会消失。你们之中的一些人听了，一些人理解了。你们之中的一些人全神贯注地听了，并因此做出了决定，进而你的行动会展现自己，在行动中它们是受阻的还是自发的。你自己的行动会揭示出你自己领悟的深度，那领悟并非诞生于努力、选择之类等等。因为有巨大的张力，因为那热切，你的行动中就会有一种相应的回答。那是真正的觉察。此后，决定就是行动，带着充实的意义，有着全然的觉察，你所有的障碍都会在其中得到展现。你知道，当你看到面前有个障碍，有带倒钩的铁丝，你不会与之战斗，你会绕开它。当你看到一个普通的物理障碍，你会走过它，因为你知道那是个障碍。现在你不知道那渴望、那占有权力的欲望是障碍；它并不明显，你没有了解它。所以你有欲求，然后所有的痛苦就都来了。我说，有摆脱这一切的出路，因为我经历过了，我来告诉你如何做到。那就是，充分地面对一切，崭新地面对所有人，面对所有经验。在那行动的过程中，你会唤醒过去的所有障碍，并因而得到解脱，此时你就会知道不朽是什么，此时就有那永恒的发生，那就是生命本身。

问：你是不朽的吗？哪种意义上的不朽——作为人们记忆中的一样东西，还是你本身作为一个存在，是完美的、永恒的？你谈到不朽是永恒的超越时间的存在，然而，在时间的幻象中，关于死亡和转世的错误观念依然继续存在。即使它们本质上是幻觉，但是因为人必须要面对这些问题，那么怎样面对它们才是真实的、必不可少的态度？

克：就像我那天试图解释的那样，只要头脑被延续、不延续的观念，被二元性所占据，它就无法理解这永恒的发生，而这永恒对我来说就是不朽。现在我们的头脑被时间，也就是昨天、今天和明天所占据，我们想知道我们作为个体能否继续。当我们谈到不朽，我们主要关心的是我们作为个体能否延续。你作为个体是否会延续下去，这个问题本身就产生于这种二元感。当你说："我会继续存在吗？"你隐含着一种划分，因而有一种抗拒存在。于是你问我："那是彻底的寂灭吗？如果个体不会延续，那么必然会有彻底的寂灭。"我说两者都不是，只要你的头脑被二元性占据——个体会继续存在还是会寂灭？他是彻底消失了吗？——你就永远无法理解不朽是什么。

我认为，一种崭新的元素会形成，但是如果你将行动划分为昨天、今天和明天，你就无法理解这一点。而由于我们的大部分行动都是以这种方式划分的，问题就出现了："我会不朽吗，你是不朽的吗，你是历史上的一个特例吗，或者你作为一个个体，会通过永恒延续下去吗？"对我来说，所有这些问题都无法回答，因为我回答了你也不会明白。我可以回答，但是那毫无意义。

对我来说，不朽是无限的发生，而不是一种增长。增长的东西是自身局限的意识，因此没有内在的持久性。但是那超越时间的永恒生命、永恒发生——那是不朽，而若要领悟它，行动中就不能有这种二元感。

现在说一说关于转世的问题。就像我曾经解释的那样，"我"是努力、冲突和选择的结果,那个"我"没有内在的价值,没有永恒的生命。所以在我看来,它是否在时间中通过转世、通过某个设定的时间段重生,并不重要。幻象是否可以在时间中延续,并不是问题所在。当你说:"转世存在吗?"你指的就是这些,至少我指的是这些。那对你来说有着十分明确的含义——你作为一个个体是否会穿越时间而存在。在我看来,那不是重生,那是"我"这个幻象。而你想知道那个幻象是否可以穿越时间延续下来,通过不断的成长、扩展和积累直到变得完美。你是否可以带着那个"我"穿越时间,这个问题本身就表明了一种二元性,因而你对这个问题的想法本身就是一个幻觉。我并不是说它是真是假,我们关注的不是那些。你无法明确给出"是"或者"否"的回答,因为那没有价值。你关心的是"我"是不是会延续。而我说,你意识到的那个"我",本身就是个幻觉。你想带着那个幻象穿越时间,也就是机会和经验,而我们以为理解了那些,我们就可以理解世界上所有的不公正、疾病和缺乏机会等等这些过程。我认为,通过理解一个幻觉,你无法理解不公正、缺乏机会等等诸如此类的事情。所以,当你问是否存在转世,你就把你的头脑与时间联系到了一起,但是我说,如果你让头脑摆脱了时间,你就会懂得不朽。通过时间、通过转世你无法发现不朽,而在没有时间的想法中,你才能懂得。我希望你看到了其中的不同;一个强调时间,另一个则是对那不受时间所限之物的彻底领悟。

现在我简要地给你讲一个故事。古时候有个印度人,一个婆罗门,祭祀的时候将一些东西奉献给僧侣和神祇。他的儿子常常过来问他这些东西是献给谁的。过了不久,儿子又问:"你要把我献给谁?"父亲很生气,因为孩子老是来烦他,于是他就跟儿子说要把他献给死神。而古时候的婆罗门必须要信守诺言,即使他说的是气话。所以,他就把儿子送去死神那里,而在送儿子上路的时候,他要求儿子沿路拜访很多神庙和老师。最后那孩子终于到达了死神的住处,但是死神不在。所以他就一直等着，直到最后死神回来，并因为让一个婆罗门等了那么久而向他道歉，因为那时的习俗是，如果主人不在家，客人就不能吃东西。所以那孩子因为主人不在而三天没有吃东西。于是死神向他道歉，并且说，为了补偿他的失礼，男孩可以得到三件礼物。于是男孩的第一个选择是回到父亲身边，而他的父亲不会生他的气；他的第二个选择是某种不太重要的火焰仪式；最后他说："我听过很多智者的讲话。有些人说死后生命可以延续，而另一些人说死后是彻底的寂灭。死神，你肯定知道是怎么回事，你会怎么说？"死神回答道："不要问我这个问题！我可以给你权力、宫殿、财富、消遣和享受，你想要什么都可以，但是不要问我这个问题！"但是男孩很坚持，于是死神说："我希望所有来找我的学生都像你这样。"然后死神告诉他不朽是什么，但是一次也没有回答到底是否有延续或寂灭。

而你们都关心那个问题——死后你能否继续存在。因而就产生了所有时间的冲突，以及对机会和经验的划分，所有这些先入为主的观念。你无法通过时间，也就是经验来发现不朽，你也无法通过经验的累积来发现不朽。只有在行动中理解了时间的止息，不朽才会存在。

问：我们对生活中各种形式的不幸、痛苦和悲伤感受到的同情、怜悯和慈悲，其真正的根源是什么？对于摆脱了自我这个幻象的人来说，这是正常的吗？

克：我昨天试着解释过这一点了。我说："只要有慈悲，就没有痛苦。"不要问我如果你看到一只狗或者一匹马受伤了，你是不是不会感觉到痛苦或者受伤。有两种方式来看这个问题。你受伤，要么是因为你有欲求或者你占有，要么因为那是一件美丽的事物；因为那就是生命本身，所以你不会受伤，但是会清醒地意识到残忍。当你看到一件美丽的东西被破坏了，你不会受伤，你会震惊。那造物是生命本身的一件自然的东西，当它被夺去，你自然而发的同情会立刻被唤醒。其中没有自我意识，至少在我看来是这样的。但是当我们占有，在我们占有的那事物中就有痛苦，我们也会痛苦。也就是说，如果我的朋友、我的妻子或者孩子生病了，我就会痛苦，因为我们内心有一种空虚。所以，只要存在对别人的依赖，其中就必然会有痛苦，而我们误以为那是慈悲。在我看来，那不是慈悲。我们对慈悲抱有一种特别的观点。我们以为无限慈悲的神，将会拯救我们脱离痛苦。我们的痛苦产生于我们自己的幻觉，没有人能拯救你，除了你自己。所以，只要有真正的慈悲，就不会有痛苦。慈悲是自发的、自然的；但是，只要有任何形式的占有，就会产生那种空虚的意识，而我们努力逃离那空虚。所以，当我们占有的那个人被带走、被伤害或者在遭受痛苦，我们自己就会痛苦。

问：如果对权力的热爱是我们内心最基本的渴望，那么你是否知道用什么办法我们可以彻底摆脱它？

克：我马上就会讲到这个问题。还有人问了另外一个问题："我们为什么害怕死亡，有什么办法可以让我们摆脱对死亡的恐惧？"

有人去世，你的兄弟、妻子、孩子或者丈夫，于是你痛苦。这是生活中很常见的事情，而我们的痛苦为什么会如何强烈？因为我们依赖那个人来满足我们。当那个人去世，我们就充分意识到了孤独；我们充分意识到我们的空虚。之前，我们试图通过占有别人去隐藏它、补偿它、逃避它。意识到我们称为死亡或者失去别人的那种空虚，然后为了逃避那种痛苦，我们会做些什么？我们想要快乐，想逃避那悲伤，或者想要所爱的人回来。请跟上这一点，因为这就是我们所做的事情。当我们痛苦时，立刻就想要平息那痛苦。哪里有欲求，哪里就没有洞察力，因为你想要填满那悲伤的那一刻，你会接受提供给你的任何礼物，以掩盖你的悲伤。你接受安慰的礼物，转世的礼物，来生、天堂的礼物，或者在同一个生命中团聚的礼物。你在悲伤之中会接受别人的礼物,这样可以减轻你的悲伤,隐藏它,消除它,因而你接受的东西导致了盲目。当你真的处于剧烈的悲伤之中,此时你质疑,那么在那敏锐中,在那警醒中,而不是压抑、钝化或者隐藏它,你就不会再试图逃避。当你不再寻求更多的快乐或者慰藉,那么你深切的悲伤,就会将痛苦真正的根源,或者对死亡的恐惧的真正根源展现给你。

有人去世,于是你痛苦,你想要那个人回来。于是你寄希望于转世、招魂的想法。发生了什么事情?你只不过是在麻木那个因孤独而唤醒的头脑,其中有悲伤;你只不过是在逃避它。但是,如果你探询痛苦的根源是什么,你就会走近它,当你真的在审视,当你真的清醒地意识到人们提供给你的所有礼物,进而就会洞察它们真正的价值。此时你就会发现真正的根源,也就是孤独。

只要有欲求,就会有孤独。欲求产生孤独,欲求就是根源。但是对你来说,那不是根源,那只是智力上的理论。如果在强烈痛苦的那一刻,你完全意识到作为安慰提供给你的一切,你就会发现根源所在,因而摆脱对死亡的恐惧。这时你就会知道你是否在逃避,你是否在寻求安慰或舒适,所以,在提供给你礼物的过程本身之中,你就会知道它的全部意义,于是你的头脑就不得不去自然地面对那根源。

问:你在 8 月 11 日的讲话中说,发现生命的完满和狂喜,"不是通过行动,而是在行动本身之中,无论那行动是什么——你去赚钱,你的仪式,你的性问题。"我们之中参加过那次讨论会的一些人,因为这句话在头脑里产生了很多困惑,恳请你能否进一步澄清你的说法?你说在性行为或者仪式本身之中发现生命的狂喜,那是什么意思?

克:你看,我的朋友们,你们中想执行仪式的那些人,为什么要讨论这个问题?想弹钢琴的人是不会讨论这个问题的。只有虚伪的头脑才想要发现我话里的漏洞，好为他自己的行为辩护。他经常问这个问题。请不要左顾右盼地看你周围那些仪式主义者的朋友们；我们自己都以不同的方式在这么做。也许与仪式无关，也许是关于赚钱、性或者积累带给我们权力的东西。关于仪式，我已经把我的意思说得很清楚了。我认为它们是谬念，它们本质上没有价值。但是请你自己去发现，不要讨论它。去弄清楚你在做事情时，你的理智和你的心灵是否真的和谐。若要发现它们是否和谐，它们两者都必须成熟。这就是困难所在。若要发现它们是否和谐，就不要抱守着什么不放。如果你执行仪式，那就试试一天、一周或者一年放手不做会怎样。我不是要求你这么做，但是，如果你想弄清楚，想试验你的行动是否真的和谐，那就放手不管；然后到年终的时候看看你是否真的需要它。但是不要说："别人需要，为了他们我必须去做。"那暴露出一个虚伪的头脑。对你来说是毒药的东西，对别人来说也是毒药；对你来说没有价值的东西，对别人来说也没有价值。为什么把对你来说没用的东西传递给别人？我们这么做，是因为那给我们带来保障、权力和虚荣，就像拥有政府授予的荣誉的人一样。我向你确认，这些仪式和朝廷、国王的那些仪式没什么两样。我非常抱歉，但这就是我的观点。邪恶猖獗的地方，所有这些东西就都会存在。只要有不自然，也就是恐惧，所有这些东西就会存在。

请注意，关于仪式，我就说这么多。我们每年都一次又一次地反复讲这个问题，关于这个问题以后我再也不回答了。我也许会为第一次听我讲话的人回答这个问题，但是不会回答那些已经习以为常的人，已经下定决心做自己想做的事的人，还有那些想让我反复确认的人。为什么要问我？如果你想做什么，如果你认为那是正确的，就去做！你会发现的。但是若要去发现，就要对它保持开放，要坦诚，而不是虚伪。不要把权威作为你行动的基础。不要因为有人说过："仪式中有力量"，或者因为你自己得到了某种激励并认为那是精神上的、神圣的，所以就去执行仪式。在我看来，并没有外在的精神力量，那个我们称为"我"或者高我，并从中获得力量的那个主观上的东西，也并不存在。两者都是感受。而当头脑既摆脱了客体又摆脱了主体，你就会知道真相；此时你就会懂得生命的狂喜，而其中没有任何恐惧。

（在奥门第十二次演说，1933年8月13日）

诞生于理解的行动会带来改变

请面向篝火坐下,因为我的讲话不会很长。我讲话结束后不会有音乐,我讲完之后,营火也会很快熄灭。

你知道,我们都想通过我们所领悟的东西,去帮助别人,并为世界带来改变。我认为,用那样的态度我们无法改变世界。如果你理解了我过去三周所讲的话,通过你从理解中产生的行动,你就会带来某种改变。不是你想要改变世界时,你就会为世界带来改变。而是,如果你从理解中行动,那行动就会带来它自己的改变。想要改变的愿望,与诞生于理解并带来改变的行动,两者之间存在着巨大的差异。

你们中的一些人是带着极大的热切倾听的,而另一些人则只是听听而已,那些真正理解了并进而行动的人,将会带来改变;他们会传递那火焰。无论那火焰多么微弱,它将会变成熊熊大火,会带来养料,会变成领悟。而只有你真正去探索、真正去思考了这三周内所讲的话,你才能传递那火焰。自然的行动会从那里诞生;那行动不会是缝缝补补的行动,这里改变一点点,那里改变一点点。那会是一种根本的转变。

我希望你们都能够旅途愉快,希望我们两年后能够再相见。

(奥门篝火演说,1933 年 8 月 13 日)

PART 03

挪威1933年

寻找舒适就不可能发现真实

朋友们：

我收到了一些问题，讲话结束后我会回答。

无论你走到世界的哪一个角落，都会发现痛苦。痛苦似乎永无止境，人类不计其数的问题似乎无穷无尽，人类与自己、与邻居的冲突似乎毫无出路。痛苦似乎永远是人类共同的命运，人试图通过寻求安慰来战胜痛苦；人以为通过寻求慰藉、寻求舒适，就能让自己摆脱这不停的斗争，摆脱他的冲突和痛苦这些问题。人试图去发现能带给他最大满足的东西、能在这场与痛苦旷日持久的斗争中带给他最大慰藉的东西，而且不停地从一种慰藉、一种感官享受、一种满足走向另一种。于是，通过时间的过程，他慢慢建立起无数的安全、庇护，当他经历强烈痛苦的时候就会奔向那里。

而安全、庇护的种类是如此众多。有一些能带来情绪上的暂时满足，比如药物或者饮酒；也有能带来短暂欢愉的众多消遣。还有不计其数的信仰，人类从中寻找远离痛苦的庇护；人抱守着信念或者理想，希望它们能塑造自己的生命，希望通过遵守这些就能逐渐战胜痛苦。或者，人类从他称之为哲学的思想体系中寻求庇护，但那只不过是经过数个世纪传袭下来的理论，那些理论或许对于创制它们的人来说是正确的，但是对于其他人来说就未必如此了。又或者，人类转而求助于宗教，也就是一种思想体系，这个体系试图按某个特定的模式塑造他、铸造他并将他引向某个目标，因为宗教带给人类的只不过是慰藉，而不是了解。生命中根本没有舒适、安全这样的东西。但是在追求舒适的过程中，人类经由数个世纪建立起宗教、理想、信念以及神的概念这些安全。

对我来说，存在着神，一种活生生的永恒的真相。但是这真相无法描述，每个人都必须自己去领悟。任何试图去想象神是什么、真理是什么的人，只是想要逃避，想寻找一种远离日常冲突的庇护。

当人建立起某种安全——那安全来自公众舆论、拥有财产或实践美德所产生的快乐，那些安全只不过是一种逃避——他会在那种安全的背景下，面对生活中的每一件事情和无数经历中的每一次经历，也就是说，他永远不会如实地面对生活。他带着出于恐惧建立起来的偏见和背景来面对生活，他用来面对生活的头脑被观念严密包裹着、重压着。

换句话说，人通常只用传统的时间观念来看待生活，这种观念在他脑中和心中根深蒂固；而对我来说，生活是崭新的，是不停更新和运动着的，从不是静止的。人的头脑和内心满载着寻求舒适的渴望，这种渴望从不曾被质疑，而这必然会导致权威。人借助权威来面对生活，所以他无法充分理解经验的意义，而这份理解本身就可以将他从痛苦中释放出来。他用错误的生活价值观来安慰自己，变成了一部机器，变成了社会结构或宗教体系中的一个齿轮。

只要人的头脑还在寻找舒适，他就不可能发现什么是真实的；而由于大多数头脑都在寻找慰藉、舒适、安全，它们不能发现真理是什么。因此，大多数人都不是个体，他们只是某个体系中的螺丝钉。在我看来，个体是一个通过质疑发现正确价值观的人；而只有当人受苦的时候，才能真正去质疑。你知道，当你痛苦时，你的头脑变得敏锐、活跃，这时你没在理论化；只有头脑处于这种状态中，你才能质疑社会、宗教和政治为我们设置的准则其真实价值是什么。只有在那种状态中，我们才能质疑，而当我们质疑，当我们发现正确的价值观时，我们才是真正的个体。直到那时才是。也就是说，只要我们没有意识到我们习以为常的价值观——这些价值观从安全、宗教以及对信念和理想的追求中产生——那么我们就不是个体。我们只不过是机器，公众舆论的奴隶，宗教施加给我们的无数理想的奴隶，我们接受的经济和政治体系的奴隶。因为每个人都是这部机器中的一个零件，我们永远无法发现正确的价值观、恒久的价值观，那价值观本身就有永恒的喜悦和对真理永恒的领悟。

那么，首先要了解，是我们让这些障碍、这些价值观施加在我们身上的。要发现它们的真实意义，我们就必须质疑，而只有当我们的头脑和内心被强烈的痛苦所燃烧时，我们才能质疑。而确实每个人都受苦，痛苦并不是少数人的天赋。但是当我们痛苦时，我们立刻寻求安慰和舒适，所以就不再质疑，不再有疑问，而只是接受。因此，只要有欲求，就不可能有对正确价值观的了解，而这价值观本身就可以将人解放，这价值观本身就能赋予人能力，让人能够作为一个完整的人存在。正如我所说的，当我们局部地面对生活，用僵死的价值观来面对生活时——所有这些价值观都在传统背景下被毫无疑问地接受了——那么生活自然会有冲突，而这冲突在我们每个人内心制造出自我意识这个概念。也就是说，当我们的头脑偏颇地持有某个观念、某个信仰或者毫不质疑的价值观时，就会有局限，而那局限制造出自我意识，自我意识反过来又会造成痛苦。

换句话说，只要头脑和内心困于宗教和哲学在我们周围设置的错误价值观中，只要头脑没有自己发现正确的有生命力的价值观，就会有局限的意识、局限的了解，而这会制造出"我"的概念。从这个"我"的概念中，从意识只知道开始和结束这样局限的时间这个事实中，就产生了悲伤。这样的意识，这样的头脑和内心困在对死亡的恐惧中，因而会探问来世。

当你懂得了这个真理,只有当你自己不借助任何权威或者仿效,发现了痛苦的真正意义,发现了每个行动的真实价值,你才能领悟真理、生命,这时你的头脑就把自己从自我意识中解放了出来。

由于我们大多数人都在无意识地寻找庇护,寻找某个安全之处,在那里我们不会被伤害,由于我们大多数人都从谬误的价值观中寻找逃避无尽冲突的途径,所以我认为要意识到,现在思想运作的整个过程,是对庇护、对权威的不停追寻,是不停地寻找需要遵从的模式、追随的体系和仿效的方法。当你认识到,无论是通过占有物质还是抱持观念,都不存在舒适和安全这样的东西,那么你就能如实地面对生命,而不是在强烈渴望慰藉这样的心理背景下面对生命。此时你变得觉察,而无需不停地努力保持觉察——只要你的头脑和内心在通过理想、通过遵从、通过仿效、通过权威不停地寻找逃避生活的途径,这种努力就会继续。当你认识到这一点,你就会放弃寻求逃避;于是你就能够完整地、坦荡地、全然地面对生活,其中就有了解,那了解本身就能带给你生命的狂喜。

换句话说,由于我们的头脑和内心已长期被错误的价值观严重毁坏,我们不能完整地面对经验。如果你是个基督教徒,你就以一种方式来面对,你所有的基督教偏见和你所受的宗教训练控制着你。如果你是个保守者或者共产主义者,你会以另一种方式来面对。如果你抱持任何特定的信仰,你就会以那种特定的方式来面对生活,希望通过一个偏颇的头脑来了解生活的全部意义。只有当你认识到生命那自由的永恒的运动,无法用偏见来局部地面对,此时你才能自由,而无需任何努力。于是你不会被你拥有的一切——继承的传统或者获得的知识所阻碍。我认为知识不是智慧,因为智慧不从这里进入。智慧是自然的、自发的;只有当人面对生活时保持开放并且不带有任何障碍,它才会到来。若要开放地面对生活,人必须将自己从所有知识中解放出来;他必须不再寻找对痛苦的解释，因为当他寻找这样一种解释时，他就会被恐惧攫住。

所以我再说一次，存在一种生活方式，无需努力，无需不断为获取成就而奋斗，无需为成功而挣扎，也没有患得患失的不停恐惧；我说有一种和谐的生活方式，当你全然面对每个经验、每个行动，当你的头脑没有分裂自己，当你的内心没有与你的头脑冲突，当你完整地、用完全统一的头脑和内心做所有事情时，那种生活就会到来。此时在那种丰足中，在那种富饶中，就有生命的狂喜，而对我来说，那就是永恒，那就是不朽。

问：你说你的教诲是面向所有人的，而不是针对精心挑选的少数人的。如果是这样的话，那为什么我们发现很难理解你？

克：这不是一个理解我的问题。你们为什么要理解我？真理不是我的，如果是我的，你们需要理解我。你们发现我的话很难理解，因为你们的头脑被观念窒息了。我所说的很简单。它不是为精心挑选的少数人准备的，而是为所有愿意尝试的人准备的。我说，如果你们把自己从观念和信仰、从人们数个世纪建立起来的所有安全中解放出来的话，你们就能够理解生命。你只能通过质疑来解放自己，只有当你反抗时你才能质疑——而不是停留在令人满意的观念上。当你们的头脑被信仰充塞着，当它们背负着从书本上得来的知识时，就不可能理解生命。所以这不是一个理解我的问题。

请注意——我这么说并没有任何自负的成分——我发现了一条路，那不是你可以练习的一个方法，也不是会变成牢笼和监狱的一种体系。我领悟了真理，神，或者不管你称之为什么。我说存在着那永恒的活生生的真相，但是当头脑和内心被"我"的概念所负累、所残害的时候，就无法领悟真理。只要那自我意识、那局限存在，就不可能领悟那整体，生命的全部。只要有谬误的价值观——我们继承来的、我们在追求安全的过程中偷偷摸摸建立起来的，或者我们在寻求舒适的过程中当做权威建立起来的错误的价值观——那个"我"就会存在。但是正确的价值观、有生命力的价值观，只有当你真的痛苦，当你极度不满时才能够发现它们。如果你愿意摆脱对利益的追求，那么你就会发现它们。但是我们大多数人不想要自由；我们想要留住我们得到的东西，不管是美德、知识还是财物，我们想要留住这一切。我们背负着这些重担去面对生活，因此完全不可能彻底地了解生活。

所以困难并不在于理解我，而是在于理解生活本身；只要你们的头脑被我们称之为"我"的这个意识所负累，那困难就会存在。我无法给你正确的价值观。如果我告诉你，你会把它变成一个体系并仿效，这样就只不过是建立起另一套错误的价值观。但是，当你变成了一个真正的个体，当你不再是一部机器时，你自己就能发现正确的价值观。只有当你强烈地反抗时，你才能把自己从错误的价值观这架凶残的机器中解放出来。

问：有人宣称你是基督归来。我们很想明确地知道对此你有什么说法。你是接受还是拒绝这项宣称？

克：两个都不是。我不关心这个。我的朋友们，你们问我这个有什么价值呢？无论我走到哪里，都会有人问我这个问题。人们想知道我是或者不是。如果我说我是，他们要么会把我的话当权威，要么会取笑我的话；如果我说我不是，他们就高兴了。我既不确认也不否定。在我看来，这项宣称意义甚微，因为我觉得我要说的话本身内在就是正确的。它并不取决于头衔或者地位、启示或者权威。重要的是你的理解，你的智慧，唤醒你自己去发现的愿望，以及你自己对生命的热爱，而不是确认我是不是基督。

问：你对真理的领悟是不是永恒的而且始终都在，是否存在某些黑暗的时刻，你需要再次面对恐惧和绝望的束缚？

只要留有你称为"我"的局限的意识，恐惧的束缚就会存在。当你自己的内心变得丰足，那么你就不会再感觉到欲求。正是在这种不停的欲望斗争中，在这种想要从环境中受益的追求中，恐惧和黑暗才会存在。我想我已经摆脱了这些。你怎么能知道这一点？你无法知道。我也许在骗你。所以不要费心考虑这些。但是我要说这一点：人可以毫不费力地活着，这种生活方式无法通过努力达到；人可以活着而无需为追求精神成就不停地奋斗；人可以和谐而完整地活在行动中——不是在理论中，而是在日常生活中，在与人们日常的交往中。我认为有一种方式可以让头脑摆脱所有的痛苦，有一种完整地、圆满地、永恒地活着的方式。但是要做到这些，人必须对生活彻底敞开，必须不留有任何庇护或任何保留，在冲突时头脑可以栖身、内心可以退回的避难所。

问：你说真理很简单。对我们来说，你说的话似乎非常抽象。在你看来，真理和实际生活之间有什么实际联系？

克：我们所谓的实际生活是什么？赚钱、剥削别人和被人剥削，结婚、生子、交友，经历嫉妒、争吵，对死亡的恐惧、探问来生，攒钱养老——这一切我们称为日常生活。而在我看来，若要发现真理或者生命中永恒的发生，就不能脱离这些。短暂中存在着永恒——而不是脱离短暂。请问，无论是物质方面还是精神方面，我们为什么要剥削？我们为什么被我们建立起来的宗教所剥削？我们为什么被我们向其寻求慰藉的牧师所剥削？因为我们认为生活是一系列的成就，而不是一种完整的行动。当我们把生活看做是求取的手段，不管是获取物质还是观念，当我们把生活看做是一所学校，我们可以从中学习、从中成长，那么我们就受制于那自我意识、那局限；我们制造了剥削者，而我们变成被剥削者。

但是如果我们成为真正的个体，我们完全自足与独立地去了解，那么我们就不会区分实际生活和真理或者神。你知道，因为我们发现生活很艰难，因为我们不了解日常行动中错综复杂的一切，因为我们想要逃离那困惑，我们将目光转向某个客观原则的概念，所以我们把真理区分为、认定为不实际的，与日常生活无关。因而真理或者神就变成了一种逃避方式，我们遇到冲突和麻烦时转而求助于它们。但是，如果我们能够在日常生活中发现我们行动的原因，如果我们能够全然地面对生活中的事件、经验和痛苦，那么我们就不会把实际生活与不实际的真理区别开来。因为我们没有从心理上和感情上用我们的整个存在来面对经验，因为我们没有能力做到这一点，我们就把日常生活和实际行动与真理的概念分离开来。

问：你难道不认为对于努力想让自己摆脱一切束缚的人来说，来自宗教和宗教导师的支持是一项巨大的帮助吗？

克：没有导师能给我们正确的价值观。你也许读过世界上所有的书，但是你无法从中搜集智慧。你也许追随过世界上所有的宗教体系，却仍是它们的奴隶。只有当你独立于世，你才能发现智慧并彻底自由、彻底解放。我说的"独自"，意思不是离群索居。我说的独自，来自于了解而不是避世。换句话说，当人是一个真正的个体而不是个人主义时，那就是独自。你知道，我们以为在导师的指导下不断练习钢琴，我们就会变成伟大的钢琴家、有创造力的音乐家，我们按照同样的想法从宗教上师那里寻求指导。我们对自己说："如果我每天练习他们留下的功课，我就会拥有创造性了解的火焰。"我认为你可以无休止地练习下去，但是你依然不会拥有那创造性的火焰。我知道有很多人每天实践某个理想，但是他们的领悟能力变得越来越枯萎，因为他们只是在模仿，他们只是在依照标准生活。他们把自己从一个导师那里解放出来，却走向了另一个，他们只不过是把自己从一个牢笼转移到另一个。但是如果你不寻求慰藉，如果你不断地质疑——只有当你反抗时，你才能质疑——那么你就建立起摆脱了所有导师和所有宗教的自由；那么你就是一个真正的人，既不属于某个党派、某个宗教，也不属于某个牢笼。

问：你的意思是不是说，当生活变得艰难时，是无法去帮助人们的？他们是不是得完全依靠自己？

克：我想，如果我没有理解错的话——如果我错了，请纠正我——我想提问者是想知道，当人遇到麻烦、悲伤和痛苦时，是不是可以向某个来源、某个人或者某个想法寻求帮助？

我说不存在某个永恒的来源可以给人带来领悟。你知道，在我看来，人类的光辉就在于没有人能拯救他，除了他自己。当你观察世界上所有的人，你会发现他总是指望别人帮助他。在印度，我们求助于理论、上师。在这里你们也这么做。世界上所有的人都指望别人来帮他走出自己的愚昧。我说没人能帮你走出自己的愚昧。你通过恐惧、通过仿效、通过对安全的追求制造出愚昧，进而建立起权威。愚昧是你自己制造出来的，这种愚昧攫住了你们每一个人，除了你自己通过自身的了解，没人能把你解放出来。别人也许能暂时解放你，但是只要愚昧的根源还在，你就只不过是制造了另一套幻象。

在我看来，愚昧的根源就是"我"这个意识，冲突和悲伤从中产生。只要那个"我"的意识存在，就必然存在痛苦，别人无法将你从中解放出来。通过献身于某个人或者某个想法，你也许可以暂时地将自己与那意识切断，但是只要那意识还存在，它就像一处始终在溃烂的伤口。只有当头脑全然地面对生活，当它完整地经历，不带有任何偏见和先入为主的观念，当它不再被信念或想法残害时，才能将自己从那愚昧中解放出来。以为别人能拯救我们，我们无法将自己拖出这痛苦的泥潭，而这正是我们抱有的幻觉之一。数个世纪以来我们因无助而寻求帮助,而我们依然被那个信念紧紧攫住。

问:当今世界上混乱的真正根源是什么,要如何才能救治这种痛苦的状态?

克:首先,我觉得,不要把某个体系作为补救的办法。你知道,我们经由数个世纪建立起一个体系,一个基于安全的占有体系。我们将它建立起来,我们每个人都对这个体系负有责任,在这个体系中,求取、利益、权力、权威和仿效起着最重要的作用。我们制定了法律来维持这个体系,法律以我们的自私为基础,我们因而变成了这些法律的奴隶。现在我们想要引入一套新的法律,我们会再次变成那些法律的奴隶,按照这些法律,占有变成了一项罪名。

但是如果我们理解了个体性的真正作用,那么我们就能解决世界上这一切混乱的根源,这混乱之所以存在是因为我们并不是真正的个体。请理解我说的个体是什么意思,我的意思不是个人主义。数个世纪以来我们都是个人主义的,为我们自己寻求安全和舒适。我们希望生活中物质的事物能给我们内心带来庇护、快乐和精神慰藉。我们已经死了,却不知道这一点。因为我们仿效、追随,我们盲目地运用信念。因为心灵已经死去,我们自然会试图在这个攫取的世界里去实现我们的创造力——因此就产生了现在的混乱,每个人都只追求他自己的利益。但是如果每个人都开始把自己从所有模仿中解放出来,并开始实现那自由的、富于创造力的精神生活和能量,那么我认为,人就不会去追求或者看重占有或者不占有。难道不是这样吗?

我们的整个生命都是模仿的过程。公众舆论这么说,所以我们就必须这么做。请注意,我不是说你必须违抗所有的习俗,或者你必须冲动地为所欲为,那同样愚蠢。我说的是这一点:因为我们只不过是机器,因为我们在攫取的世界里无情地上演着个人主义,我说,把你们自己从所有仿效中解放出来,成为个体;质疑每个准则,质疑你周围的一切,不仅仅从智力上,不是在你感觉生活闲适的时候,而是在痛苦的那一刻,在你的头脑和内心敏锐警醒的时候。那么,在发现有生命力的价值观的过程中就会产生领悟,你就不会把生活划分为一个个部分——经济的、家庭的、精神的部分;你就会将生活作为一个完整的整体来面对,你就会作为一个完整的人来面对生活。

要终结世界上的混乱、无情的侵略和剥削,你不能依靠任何体系。只有你们自己能做到这一点,那需要你们变得负责任;而只有当你真正地在创造,当你不再模仿时,你才能负起责任来。在那自由中,就会有真正的合作,而不是现行的个人主义。

(在奥斯陆大学讲堂第一次演说,1933年9月5日)

追寻和努力破坏了理解

朋友们：

我们追求对生命的理解，追寻生命的意义，我们奋力去理解生命的整个本质，努力去发现真理是什么；正是这种追寻和努力破坏了我们的理解。在这次讲话中，我将试着解释只要追求对生命的理解或者努力去发现生命的意义，那追寻本身就将我们的判断引向了歧路。

如果我们痛苦，我们就想要关于那痛苦的一个解释。我们觉得如果我们不追求，如果我们不努力去发现存在的意义，那么我们就没有进步或者没有获得智慧。所以我们不停地努力去理解，而在那对理解的追求中，我们有意无意地设置了一个目标，我们被驱使着为之而努力。我们建立起一种完美生活的目标和理想，并努力对那个目标、那个结果保持忠诚。

正如我所说的，我们有意无意地建立起一个目标、一个意义、一个原则或者信念，建立之后，我们努力对其保持忠诚，我们试图忠于我们仅仅部分理解的经验。通过那个过程，我们建立起二元性。由于我们不理解目前的所有问题和传统，由于我们不理解现在，我们建立起概念、目标和结果，并努力向着它们前进。因为我们没有准备好警觉地全然面对来临的痛苦，因为我们没有能力去面对经验，我们就试图建立起一个目标并与之保持一致。于是我们在行动中、思想中、感情中建立起二元性，从这种二元性中就产生了问题。在二元性的产生过程中就存在着问题的根源。所有的理想必然始终与未来相关。分裂的头脑，奋力追求未来的头脑，无法理解现在，因而在行动中制造出二元性。

那么，在制造了问题、制造了冲突之后，因为我们无法全然地面对现在，我们就试图找到问题的解决方案。这就是我们不停在做的事情，不是吗？我们所有人都有许多问题。你们大多数人来到这里，是因为你们以为我会帮助你们解决诸多问题，而当我说我不能解决它们的时候，你会失望。我要做的，是将问题的根源展现给你，理解了之后，你就可以自己解决问题。只要头脑和内心在行动中是分离的，问题就会存在。也就是说，当我们建立起某个关于未来的理念，并试图与之保持一致，我们就不能充分面对现在；所以，我们已经制造了一个问题，然后试图找到解决方法，而那方法只不过是一种逃避。

我们假想我们可以找到各个问题的解决方案，但是在寻找解决之道的过程中，我们并没有真正解决这些问题，我们没有理解问题的根源。一旦我们解决了一个问题，就会产生另一个问题，所以我们终此一生都在寻找解决办法来应付一系列无止境的问题。在这次讲话中，我想要解释一下问题的根源以及消除问题的方式。

正如我所说的，只要存在反应，问题就会存在——无论是对外在准则的反应，还是对内心标准的反应，比如你说"我必须忠于这个想法"，或者"我必须忠于这个信念"。受过教育的、有思想的大多数人都抛弃了外在的准则，但是他们树立起内在的准则。我们抛弃外在准则，是因为我们创立了我们努力坚守的内在准则，这个准则不断地指引我们和塑造我们，并在我们的行动中制造出二元性。只要存在我们试图坚守的准则，就必然会产生问题，因而就会不停地寻求这些问题的解决之道。

只要我们没有完整地面对生活中的经验和事件，这些内在准则就会

追寻和努力破坏了理解　199

存在。只要我们的生活中有我们努力遵从的指导原则，行动中就必然有二元性，因而会产生问题。只要存在冲突，那二元性就会存在，而哪里有自我意识、"我"的限制，哪里就会存在冲突。尽管我们抛弃了外在的准则，并为我们自己找到了努力遵守的内在原则、内心规范，但是行动中依然存在分别，因而理解就不会完整。只有当我们理解了，当我们不再追求领悟，才能有毫不费力的存在。

所以当我说，不要追求解决之道，不要追求目标，我的意思不是说你必须走向反面，变得停滞不动。我的意思是：你为什么要寻找解决办法？你为什么不能开放地、坦荡地、简单地、充分地面对生活？因为你不停地想要保持一贯。因此就会运用意志力去克服眼前的障碍；冲突存在着，而你却不去寻找冲突的根源。在我看来，这种对真理、对领悟、对各种问题的解决之道的追寻，不是进步；从一个问题走到另一个问题的这种做法，不是进化。只有当头脑和内心全然地面对生活中的每一个想法、每一个事件、每一个经验、每一个表达——只有此时，才会有并非停滞不动的一种永恒的发生。而对解决之道的追求，我们误认为那是进步，但那只不过是停滞。

问：你的意思是不是说，所有人类迟早都会在生存的过程中不可避免地达到完美，并从他们所有的局限中彻底解放出来？如果是这样，那为什么现在还要努力呢？

克：你知道，我说的不是大众。在我看来，并不存在个体和大众的划分。我讲话是把你们当做个体来看待的。毕竟，大众只不过是你自己的扩大罢了。如果你领悟了，你就会传播领悟。领悟就像驱散黑暗的光明。但是如果你没有理解，如果你把我说的话只应用在别人、外面的人身上，那么你就只不过是在加剧黑暗。

所以你想要知道你——而不是假想出来的众人中的某个人——你是

否会不可避免地达到完美。如果是这样的，你就想，为什么现在要做出任何努力呢？我非常赞同。如果你以为你必然会实现生命的狂喜，那为什么还要麻烦自己呢？但是尽管如此，因为你困在冲突中，所以你就是在做出努力。

我会换句话说：就好像对一个饥饿的人说他必然会找到某种填补饥饿的办法一样。如果你告诉他十天后他能吃饱，那对今天的他有什么帮助呢？到那时，他也许已经死掉了。所以，问题不是"我作为一个个人，是否会不可避免地达到完美？"而是"我为什么要做出这种永无止境的努力？"

在我看来，一个追求高尚的人就不再高尚。然而这却是我们一直在做的事情。我们试图变得完美，我们投身于不懈努力中，想要成就某事。但是如果我们因为真的很痛苦，因为想要摆脱那痛苦而做出努力的话，那么我们主要关注的就不再是完美，我们不知道完美是什么，我们只能想象它的样子，或者从书本中读到它，因此它必定是虚幻的。我们主要关注的不是完美，而是问题本身："是什么制造了这些冲突，以至于需要我们做出努力？"

问：难道灵性人士不是始终是完美的吗？

克： 灵性人士也许是这样的，但我们不是。也就是说，我们有一种二元感，我们认为更高等的人是完美的，而低等的人不完美，我们以为高等的人试图控制低等的人。请此刻努力跟上这一点，无论你赞同与否。

你只能知道现在的冲突；只要你处于冲突中，你就无法知道完美。所以你不需要关注完美是什么，或者人是否完美、精神是否完美、灵魂是否完美这些问题，你不关心这些。而你实际上关心的是什么导致了痛苦。

你知道，囚禁于牢笼中的人关心的是摧毁那牢笼以获得自由，他不关心作为一个抽象概念的自由。而你不关心是什么导致了痛苦,却关心从痛苦逃避到完美中去的途径。所以你想知道你作为一个个体能否最终实现完美。

我认为那不是重点。重点是,你现在是否意识到,你现在是否全然觉察到制造痛苦的那些局限。如果你了解痛苦的根源,从中你就会知道完美是什么。但是在你摆脱痛苦之前,你无法了解完美。那就是局限的肇因。所以不要问你是否最终会达到完美,灵魂是否完美,或者你内在的神是否完美,而是完全意识到你的头脑和内心在行动中的局限。而只有当你行动时,当你不再试图仿效某个观念或者某个指导原则时,你才能发现这些局限。

你知道,我们的头脑被国内的和国际上的各种准则充塞着,被一大堆标准充塞着,那些标准是我们从父母那里接受的和我们自己树立起来的。我们在这些准则的指导下面对生活。因此我们无法理解。只有当我们的头脑真的清新、简单和热切时我们才能理解——而不是背负着诸多想法时。

而我们每个人都有许多局限,对这些局限我们完全没有意识。"存在完美吗?"这个问题本身,就意味着局限的意识。但是通过分析过去,你无法发现这些局限。想要分析自己的企图是破坏性的,而这正是你试图做的。你说:"我知道我有很多局限,所以我需要检验,我要去探索和发现我的障碍和局限是什么,然后我就能自由。"当你这么做时,你只不过是在制造一套新的障碍和藩篱。要真正发现过去谬误的标准和障碍,你现在必须在充分的觉察中行动,在那行动中你觉察到未被发现的所有障碍。去试验,你会发现的。带着全然的觉察、带着完全觉醒的意识,在行动中开始出发,你就会发现你有无数的障碍、信念和局限在妨碍着你自由地行动。

所以我说,自我分析,想要从过去发现原因的分析,是错误的。你永远无法从死去的东西中发现真相,而只能从活生生的事物中发现;鲜活的东西永远在现在,而不是过去。你需要做的是用全然的觉察面对现在。

问:谁是灵魂的拯救者?

克:如果一个人思考一下这个问题,就会发现"灵魂的拯救者"这个说法毫无意义。我们说的灵魂是什么意思?一个个体的存在?如果我错了请纠正我。我们谈论的灵魂是什么意思?我们的意思是一个局限的意识。对我来说只存在那永恒的生命——与我们所谓的"我"这个局限的意识相对照。当那个"我"存在时,就有二元性——灵魂和灵魂的拯救者,低等的和高等的。只有当制造二元性的自我意识或者"我"止息时,你才能了解生命圆满的统一。对我来说,不朽,那永恒的发生与个性毫无相同之处。如果人能把自己从他的诸多局限中解放出来,那么那解脱就是永恒的生命,那时头脑和内心就能知道永恒。但是只要有局限,人就无法发现永恒。

所以,"谁是灵魂的拯救者?"这个问题毫无意义。因为我们从局限的自我意识,也就是我们所说的"我"的视角来看待生命,这个问题才会产生。所以我们说:"谁来拯救我?谁来拯救我的灵魂?"没有人能拯救你。数个世纪以来你抱持着这个信念,但是你仍在受苦,世界上依然极其混乱。你自己必须了解,没有什么东西能带给你智慧,除了你自己现在的行动,这行动能从冲突中创造和谐。智慧只能从这里面诞生。

问:有些人说你的教诲只是针对有学问的人和知识分子的,而不是为普通民众准备的,普通人注定要不断地在日常生活中挣扎和受苦。你同意这个说法吗?

克:你有什么看法?为什么我需要同意或者不同意?我有些话要

说，然后我说出来。恐怕并不是有学问的人能理解。也许这个小故事能说明我的意思：从前有个商人，他手头有些时间，就来到一个印度智者面前说："我有一个小时的空闲时间，请告诉我真理是什么。"智者回答道："你读过也研究过很多书籍。你要做的第一件事就是抑制住你所学到的一切。"

我说的话，不仅仅适用于有闲阶层，或者被认为是聪明的、受过良好教育的那些人——我故意用了"被认为"这个词——而且适用于所谓的普通民众。是谁让劳苦大众日日辛劳？是那些聪明人，那些被认为学识渊博的人，难道不是这样吗？但是如果他们真的聪明智慧，他们会找到一条途径，把民众从每日的艰辛中解脱出来。我所说的，不仅仅适用于受过良好教育的人，而且适用于整个人类。你有空闲来听我讲话。那么你也许会说："好的，我理解了一点，我将用那一点理解来改变这个世界。"但是那样的话你永远无法改变或者改造这个世界。你也许听了一段时间，然后以为自己理解了某些东西，于是对自己说："我要使用这些知识来改革世界。"这样的改革只不过是缝缝补补。但是如果你真的理解了我所说的话，你就会撼扰这个世界——这种感情上和心理上的不安会带来境遇的好转。也就是说，如果你理解了，你就会在你周围创造出一种不满的状态，而只有你改变了自己，你才能做到这一点；如果你认为我说的话只适用于受过教育的人，而不适用于你自己，那么你就无法做到这一点。你就是普通人。所以问题是：你理解我说的话了吗？

如果你陷入深深的冲突中，你想要找到那冲突的根源。而如果你充分觉察到那冲突，你就会发现你的头脑在试图逃避，试图回避完全面对那冲突。这不是一个你是否理解我的问题，而是你是否做为一个全然觉察的个体，在活生生地完整地面对生活。是什么在妨碍你完整地面对生活？这才是重点。妨碍你完整面对生活的正是不停运作的记忆和准则，恐惧从中产生。

问： 依你看来，智力和智慧之间似乎没有联系。但是你说智慧的觉醒是经受训练的心智的一种能力。智慧是什么，它如何被唤醒？

克： 训练智力并不能带来智慧。而是，当一个人从智力上和情感上都完全和谐地运作时，智慧才能产生。智力和智慧迥然不同。智力只不过是独立于情感运作的思想。当从任何一个方向上去训练智力却不顾及情感时，人也许会拥有强大的智力，但是他没有智慧，因为智慧本身既有推理能力又有感受能力；在智慧中，两种能力同样强大，并且和谐地存在着。

而现代教育在发展智力，为生命提供越来越多的解释、越来越多的理论，却没有爱这种和谐的品质。我们因此发展出狡猾的头脑来逃避冲突，我们因而满足于科学家和哲学家为我们做出的各种解释。头脑——心智——满足于不计其数的解释，而智慧不会，因为若要理解，头脑和内心就必须在行动中完全统一。

也就是说，现在你有个商业头脑、宗教头脑和多愁善感的头脑。你的热情与商业无关，你日常忙于赚取的头脑与你的感情无关。你说这种状态无法改变。你说，如果你把感情带到商业中来，商业就无法得到有效管理或者无法保持诚信。所以你把你的头脑划分为许多隔层：在一个层面上你保有着宗教兴趣，在另一个层面上是你的情感，在第三个层面上是与你的智力和情感生活无关的商业兴趣。你的商业头脑仅仅把生活当做为了生存而赚钱的手段。所以就存在着这种混乱，你对生活的这种划分持续着。

如果你真的在商业中运用你的智慧，也就是说，如果你的情感和你的思想和谐地运作，你的生意也许会失败。可能会这样。当你真的感觉到这种生活方式中存在的荒唐、残忍和剥削，你也许会让你的生意垮掉。世界上没有一个体系能把人类从为了生存而进行的无尽挣扎中拯救出来，直到你真的运用你的智慧来面对整个生活，而不仅仅是运用你的智力。

问：你常常谈到理解我们的经验的必要性。你能否解释一下以正确的方式理解经验是什么意思？

克：若要充分理解经验，你就必须在每次经验来临时完全崭新地面对它。若要理解经验，你的头脑和内心就必须开放、简单而清晰。但我们并不是以这种态度来面对经验。记忆妨碍我们开放地、坦然地面对经验。难道不是这样吗？记忆妨碍我们完整地面对经验，因而阻止了我们彻底地理解经验。

那么是什么导致了记忆？对我来说，记忆只不过是不完全理解的标志。当你全然面对一次经验，当你完满地生活，那经验或者那事件并不会留下记忆的疤痕。只有当你部分地生活着，当你没有完整地面对经验时，才会有记忆，只有在不完整中才会有记忆。难道不是这样吗？举例来说，保持一贯是你的一个原则。你为什么要保持一贯？因为你不能开放地、自由地面对生活，所以你要保持一贯；于是你说："我必须有个指导我的原则。"因而就不停地挣扎着想要保持一贯，而你带着记忆的背景来面对生活中的每个事件。这样你的理解就是不完整的，因为你用已然负荷沉重的头脑来面对经验。只有当你用毫无负担的头脑来面对一切，不管它们是什么，只有那时你才能获得真正的理解。

"但是，"你说，"我要拿我所有的记忆怎么办？"你无法抛弃它们。但是你能做的是完整地面对你的下一个经验；那么你就会看到过去的那些记忆开始运作了，而此时就是你面对它们并消除它们的时机。

所以带来正确理解的，不是众多经验的残余。当过去经验的残余在负累你的头脑时，你就无法全然面对新的经验。而这却是你们面对它们时采用的一贯方式。也就是说，你们的头脑学会了要小心，要狡猾，行动要作为某种讯号,要发出警告,因此,你们无法充分面对任何事情。若要使你的头脑摆脱记忆,摆脱这种经验的重负,你就必须充分地面对生活;在那行动中,你过去的记忆开始运作,而在觉察的火焰中,它们被消除了。去试一试,你们会发现的。

当你离开这里,你会去见朋友,你会看到落日和长长的影子。在这些经验中充分觉察,你会发现所有的记忆涌上前来;在你敏锐的觉察中,你会理解这些记忆的谬误和力量,你将能够消除它们;然后你将会以充分的觉察来面对生活中的每一次经验。

(在弗隆纳塞特伦第一次演说,1933 年 9 月 6 日)

有一种自然自发的生活方式

朋友们：

　　今天我想解释一下存在一种自然的、自发的生活方式，其中没有自我修炼的不停摩擦和为了调整进行的不断斗争。但是若要理解我所说的话，请不要仅仅从智力上思考，而且要从感情上来感受。你必须感受它，因为只有当你的情感以及你的思想在和谐地运作时，你才能带来生命的完满。当你的头脑和内心彻底生活在和谐之中时，你的行动就是自然的、自发的、毫不费力的。

　　大多数头脑都在寻找安全。我们想要确定感。我们把能为我们提供那种安全的事物奉为权威，我们把它们作为权威来膜拜，因为我们自己在寻找某种确定性，头脑可以抓住这种确定性不放，并从中感觉到安全和安定。

　　如果你思考这个问题，你会发现，你们大多数人来听我讲话是因为你们在寻找确定性——知识的确定性，某个目标的确定性，真理以及某个理念的确定性——以便你们可以按照那种确定性来行动，通过那种确定性来选择。你们的头脑和内心想要在那种确定性的背景下运作。你的选择和行动没有唤起真正的洞察力或者真正的觉知，因为你不停地忙于积累知识、积累经验，忙于获取各种利益，寻找能够带给你安全和舒适的权威，不停地为品格的发展而奋斗。通过所有这些累积性的努力，你希望获得确定性，可以驱散所有疑惑和焦虑，能够带给你——至少你希望能带给你——正确选择的保证。带着确定性的想法，你进行选择，希望能获得进一步的领悟。于是，在对确定性的追求中，就产生了患得患失的恐惧。所以你把生活变成了一所学校，从中你学着变得确定。你的生活难道不就是这样吗？变成了一所学校，你在里边不是学着去生活，而是学着去确定。对你来说，生活是一个积累的过程，而不是一个如何生活的问题。

现在，我把生活和积累区分开来。一个真正在生活的人毫无积累的概念。但是寻求确定性和安全的人，在寻找庇护所——性格、美德的庇护，他的行动从中产生，那样的人把生活看做是积累，因此生活对他来说，变成了一个学习、获得和奋斗的过程。

哪里有积累和获得的想法，哪里就必然会有时间感，因而行动就是不完整的。如果我们不停地将目光锁定在未来的收获中，锁定在未来想要得到的好处、发展以及更强大的获取能力上，那么我们现在的行动就必然是不完整的。如果我们的头脑和内心不停地追求收获、成就和成功，那么无论我们的行动是什么，都没有真正的意义。我们的眼光盯着未来，我们的头脑只关心未来。因此，现在所有的行动都催生了不完整。冲突从这种不完整中产生，我们希望通过自我修炼来克服这些冲突。我们的头脑在我们想要得到的、我们认为重要的东西和我们不希望得到的、我们认为不重要的东西之间做出区分。于是就有了不停的斗争、不停的挣扎；冲突和痛苦就产生于这种区分。

我会用另一种方式来解释这一点，因为除非你看到并真正懂得了这一点，否则你无法充分理解我稍后要说的话。

我们把生活变成了一所学校，并在其中不断地学习。但是对我来说，生活不是一所学校，它不是一个不停累积的过程。生活需要自然地、完满地来过，没有这种不停的冲突和斗争，这种重要和不重要之间的区分。把生活当做学校这种想法，导致了不停想要成就和成功的渴望，因而会追求一个目标，想要发现终极真理、神，以及能够带给我们——至少我们希望会带给我们——确定性的终极完美。我们因此不停地试图依照某些社会条件、某些伦理和道德要求来进行调整，以完善性格并培养美德。如果你们真正思考一下这些标准和要求的话，它们只不过是一种庇护，产生于抗拒的庇护，我们的行动从中产生。

这就是大多数人所过的生活——不停地求取、积累的生活，因而生活中的行动就不完整。求取的想法，把行动划分成了过去、现在和未来，这种想法始终存在于我们的头脑中，所以头脑永远无法完整地了解行动本身。头脑不停地想着获得，所以它发现它所忙于的行动没有意义。

这就是你们的生活状态。而在我看来，这种状态是彻底错误的。生活不是一个不停累积的过程，不是一所你必须学习、必须训练自己、不停抗拒和奋斗的学校。哪里有这种不停的累积、这种积累的渴望，哪里就必然存在会产生欲求的不完整；如果你不想要，你就不会积累。而哪里有欲求，哪里就没有洞察，即使你也许会经历选择的过程。

现在你对我说："我要如何除掉这种欲求？我要如何将头脑从这种累积的过程中解放出来？我要如何克服这些障碍？你说生活不是一所从中学习的学校，但是我要怎样才能自然地生活？告诉我为了完满地生活我必须走的路、我必须每天练习的方法。"

在我看来，这不是正确看待问题的方式。问题不是你如何生活得完满，而是，是什么在促使你不停地积累；问题不是你如何去除积累、收集的想法，而是，是什么在你心中制造了这种积累的渴望。我希望你能看出其中的不同。

现在你看待问题的角度是想除掉某种东西，想实现不去求取的心态，而这在本质上与想要得到某种东西是一样的，因为所有的对立面都是一回事。所以,是什么妨碍你自然地、和谐地生活?我说是这种积累的过程,这种对确定性的追求。

于是你想知道如何摆脱对确定性的追求。我说,不要以这种方式来着手问题。只有当你真正处于冲突中,只有当你完全意识到你的行动不和谐时,求取的无益对你来说才有了意义。如果你没有困在冲突中,那就继续你现在的生活方式;如果你完全没有意识到挣扎和痛苦,如果你没有觉察到你自己的不和谐,那么就继续如你现在一样生活下去。那么就不要试图成为灵性人士,因为你根本不知道那意味着什么。只有当存在着强烈的不满,当你所有错误的价值观都被摧毁时,领悟的狂喜才能到来。如果你没有不满,如果你没有意识到你内心和你周围的极端不和谐,那么即使我告诉你积累是无益的,这个说法对你来说也毫无意义。

但是如果你内心有这种神圣的反抗,那么你就会理解我所说的生活不是一所从中学习的学校;生活不是一个不停积累的过程,不是一个不停盲目追求的过程。那么你身处的那种反抗本身、那痛苦本身就会带给你领悟,因为它唤醒了你心中觉察的火焰。而当你完全觉察到欲求的盲目,你就会看到它的完整含义,而这会驱散欲求。于是你就会摆脱欲求、摆脱累积。但是如果你没有意识到这样的斗争、这样的反抗,你就只能继续你现在的生活方式,处于一种半睡半醒的状态。当人们受苦,当他们困在冲突中时,那痛苦和冲突本身就能让他们保持极度清醒;但是他们大多数人只是询问如何除掉欲求。当你理解了不想要获得和积累的全部意义时,就不会再去努力除掉任何东西。

换句话说,你为什么要经历自我修炼的过程?你这么做是因为恐惧。你为什么恐惧?因为你想要保证,社会准则、宗教信念或者获得美德的想法带给你的保证。所以你开始训练自己。也就是说,当头脑被获得或者遵从的想法所奴役,就会有自我修炼。你对痛苦醒觉,这一点只不过意味着头脑试着将自己从所有准则中解放出来;但是当你痛苦时,你立即想借助那些你称之为慰藉、安全和确定性的东西,来麻醉头脑,以减轻那痛苦。所以你继续这个寻找确定性的过程,而这只不过是鸦片。但是如果你理解了确定性的虚幻——只有在强烈的冲突中你才能理解这一点,所有的探询都可以从强烈的冲突中真正开始——那么制造确定性的欲求就会消失。

所以问题不是如何除掉欲求,而是:你是否充分觉察到痛苦的存在?你是否充分意识到你周围和你内心的冲突和不和谐的生活?如果你觉察到了,那么在那觉察的火焰中,就有真正的洞察,而没有这种不停调整和自我修炼的斗争。然而,看到自我修炼的谬误并不意味着一个人会沉溺于鲁莽和冲动的行为中。正相反,那时的行动诞生于完满。

问:如果不再有任何"我"的意识,是否就会有幸福?如果熄灭了"我"这种意识,人究竟是否还能感觉到任何东西?

克:首先,你说的"我"这种意识是什么意思?你在什么时候会觉察到这个"我"?你什么时候对你自己有意识?当你处于痛苦中,当你经历挫败、冲突和挣扎时,你意识到自己是"我",是一个实体。

你说:"如果那个'我'不存在,那么还有什么?"我说只有当你的头脑摆脱了那个"我",你才会发现答案,所以不要现在就问这个问题。当你的头脑和内心是和谐的,当它们不再受困于冲突中时,你就会知道。那时你就不会问是什么在感受、在思考。只要"我"这个意识存在,就必然会有选择的矛盾,从中就会产生幸福和不幸福的感受。也就是说,这种冲突带给你局限的意识也就是"我"的感觉,头脑将自己与这种感觉相等同。我认为只有当这局限的意识消除了它自己,你才会发现那不与"你"或者"我"相等同的生活,那永恒的、无限的生活。不是你消除了那个局限的意识,是它消除了自己。

问： 有一天你谈到记忆是真正领悟的障碍。我最近不幸地失去了我的兄弟。我应该试着去忘掉那丧失吗？

克： 那天我解释了我说的记忆是什么意思。我会再解释一下。

在看过了一场美丽的日落后，你回到家里或者办公室，开始再次沉浸于那日落的一幕，而因为你的家或者办公室不是你想要的样子，所以并不美丽；于是为了逃避丑陋，你回到日落的记忆中。这样你的头脑就在两种事物之间进行了一种区分，这两者分别是无法给你快乐的家和带给你巨大喜悦的事物——日落。所以，当你遇到不愉快的境况时，你转向快乐的记忆中。但是如果你不转向死去的记忆，而是去尝试改变不愉快的境遇，那么你就会热切地活在现在，而不是僵死的过去中。

所以当一个人失去了挚爱的人，为什么要不停地回想过去，不停地紧抓住曾经带给我们快乐的东西，并渴望能让那个人回来？这就是每个人在面临这种失去时所经历的事情。他将目光投向对逝去之人的回忆，通过活在未来中，或者借着对来生的信念以逃避失去的悲痛，而这信念依然是一种记忆。正是因为我们的头脑被逃避严重地破坏了，因为它们不能开放地、崭新地面对痛苦，我们才不得不退回到记忆中去，于是过去就侵害了现在。

所以问题不是你是否应该回忆你的兄弟、你的丈夫、妻子或者孩子，而是一个现在完整地、圆满地活着的问题，尽管那并不意味着你对周围的人漠不关心。当你完整地、圆满地活着，在那热情中就有生命的火焰，而不仅仅是事件留下的印记。

人要如何完整地活在现在，从而头脑不会被过去的记忆和未来的渴望——那也是记忆——所破坏？同样，问题不是你如何活得完整，而是什么妨碍你完整地活着。因为当你问如何时，你就是在寻找一个方法、一个手段，而在我看来，方法会破坏理解。如果你知道是什么妨碍你完整地生活，那么从你自己的内心，出于你自己的觉察和理解，你就能从那障碍中解脱。妨碍你解放自己的是你对确定性的追求,你对获得、积累和成就的不停渴望。但是不要问"我要如何战胜这些障碍?"因为所有的胜利都只不过是一个进一步得到、进一步积累的过程。如果这失去真的在你内心产生了痛苦,如果它真的带给你强烈的——而不是肤浅的——悲伤,那么你就不会问如何,你就会立即看到向以前或者向未来寻找慰藉的无益。

大部分人在说他们痛苦的时候,他们的痛苦只是肤浅的。他们痛苦,但是同时他们想要别的东西:他们想要安慰,他们害怕,他们寻找逃避的途径和手段。肤浅的悲伤总是伴随着想要舒适的渴望。肤浅的痛苦就像浅浅地犁地,什么也不会收获。只有当你深深地犁地,一直犁进整个犁铧,才会有富饶丰足。在彻骨的痛苦中有彻底的了解,此时关于现在和未来所有记忆的藩篱都将不复存在,此时你就生活在永恒的现在之中。

你知道,理解一个想法或者一个观点,并不意味着仅仅从智力上赞同它。

存在着各种各样的记忆:有现在强行涌入你脑中的记忆,有你主动回味的记忆,还有盼望未来的记忆。这一切都妨碍你生活得完整。但是不要开始分析你的记忆。不要问"哪个记忆在妨碍我完整地生活?"当你这样提问时,你就没有行动;你只是在从智力上审视记忆,而这样的审视毫无价值,因为它在处理一件僵死的事物。从死去的事物中得不到领悟。但是如果你现在于行动的那一刻真正地觉察,那么所有这些记忆都会活跃起来。于是你根本不需要经历分析它们的过程。

问:你认为通过宗教训练将孩子抚养长大正确吗?

克:我会间接回答这个问题,因为当你理解了我要说的话,你自己就能给这个问题一个确切的回答。

你知道,我们不仅仅受外部环境的影响,也受制于我们内心形成的环境。在抚养孩子的过程中，父母将他置于多种影响和局限的环境之下，而其中之一就是宗教训练。那么，如果他们能够让孩子不受这些障碍和局限的影响，无论是内在还是外在都不受影响，那么当孩子长大的时候，他就会开始探询，他自己就会智慧地去探索发现。那时，如果他想要宗教，他会有自己的宗教，无论你是禁止还是鼓励宗教的态度。换句话说，如果他的头脑和内心未被外在和内心的准则所影响、所阻碍，那么他就会真正发现什么是真实的。这需要巨大的洞察力、巨大的领悟。

而父母总想以这种或那种方式影响孩子。如果你非常虔诚地信仰宗教，你就想影响孩子也信仰宗教；如果你不信仰宗教，你就试图带他远离宗教。帮助孩子变得智慧吧，然后他自己会发现生命真正的意义。

问：你谈到了头脑和内心在行动中的和谐。这种行动是什么？这种行动意味着身体运动吗，还是当一个人十分安静地独处时才能产生的行动？

克：行动难道不意味着思想吗？行动不就是思想本身？没有想法你就无法行动。我知道大多数人都是这样的，但他们的行动并不智慧，也不和谐。思想是行动，也是运动。同样，我们的思想脱离感受，因而建立起与我们的行动相分离的另一个实体。所以我们把生活划分为三个截然分开的部分：思想、感受和行动。所以你问"行动是单纯的身体行动吗？行动单单是心理上或者情感上的吗？"

在我看来，这三者是一体的：思考、感受和行动，其中没有分隔。所以，你也许独处并安静一段时间，或者你也许在工作、运动和行动，这两种状态都是行动。当你理解了这一点，你就不会再分离思考、感受和行动。

对于大多数人来说，思考只不过是一种反应。如果它只是反应，那就不再是思考，因为这样的话它就不是创造性的。大多数说他们在思考的人，只不过是在盲目地跟随他们的反应；他们有某些准则、某些观念，他们据此行动。他们记住了这些东西，当他们说他们在思考时，他们只不过是在跟随这些记忆。这样的仿效不是思考，那只是一种反应、一种条件反射。只有当你发现了这些准则、这些先入之见、这些安全的真正意义时，真正的思考才能存在。

换句话说，头脑是什么？头脑是语言，是思想，是斟酌，是理解；它是这一切，它也是感受。你无法将感受与思考分离开来，头脑和内心本身是完整的。但是因为我们制造出无数方式来逃避冲突，就产生了思想与感受、与行动相分离的想法，因而我们的生活变得支离破碎，变得不完整。

问：你的听众中有些头脑和身体都老迈而孱弱的人。或许还有一些沉溺于药物或者烟酒的人。当他们发现他们即使渴望改变却还是无法改变时，他们要怎样才能改变自己？

克：那就保持你现在的样子吧。如果你真的渴望改变，你会改变的。你看，就是这样：从理智上你想要改变，但是情感上你依然被吸烟的快感或者药物的慰藉所诱惑。所以你问"我该怎么办？我想要放弃这个，但是同时我又不想放弃。请告诉我怎样才能两者兼得。"这听起来很好笑，但这正是你所问的。

如果你能完整地看待问题，不抱着想要或者不想要、放弃或者不放弃的想法，你就会发现你是不是真的想要吸烟。如果你发现你确实想吸烟，那就吸吧。这样你就会发现那个习惯的价值，而不再不停地一边称之为无益，一边却还在继续这个习惯。如果你全然地、完整地面对这个行为，你就不会说："我该不该放弃吸烟？"但是现在你想吸烟，因为它能带给你愉悦的感受，同时你又不想吸烟，因为你心里看到了它的荒谬。于是你开始约束自己，说："我必须牺牲自己，我必须放弃这个习惯。"

问：人应该像耶稣一样毕生完全奉献于服务，以到达天国，你是否不赞同这个说法？

克：当我说通过这种方式人无法到达天国，我希望你不要吃惊。

现在来看看你说的是什么："通过服务，我将获得我想要的东西。"你的说法意味着你并没有彻底地服务，你只是在通过服务来寻求奖赏。你说："通过正直的行为，我就能了解神。"也就是说，你真正感兴趣的，不是正直的行为，而是了解神，因而就把正直与神分离开来。但是，真理和神并非通过服务，也不是通过爱、膜拜和祈祷而来，而是只有在这些行动本身中，才有真理，才有神。你明白吗？当你问"我能通过服务到达天国吗？"你的服务就毫无意义，因为你感兴趣的主要是天国，你感兴趣的是作为回报得到某些东西；而这只是一种交易，就像你的生活一样。

所以当你说："通过行为正直，通过爱，我就能达到，我就能实现"，你关心的是实现，而这只不过是一种逃避，一种仿效的形式。因而你的爱或者你的正直行为毫无意义。如果你对我友善是因为我可以给你某些东西作为回报，那么你的友善还有什么意义？

这就是我们生活的整个过程。我们害怕生活。只有当有人在我们眼前悬挂某个奖赏时，我们才行动，而此时我们的行动不是出于行动本身的缘故，而是为了得到那奖赏。换句话说，我们为了能从行动中得到什么而行动。你的祈祷也是同样的。也就是说，因为行动本身对我们来说没有意义，因为我们认为我们需要鼓励才能正确地行动，我们就在自己面前放置了某种奖励，某种我们想要的东西，我们希望那诱惑、那玩具能带给我们满足。但是当我们希望行动能获得奖励时，行动本身就不再具有任何意义。

这就是我为什么说你困在了这个奖励和求取的过程中，恐惧造成的

有一种自然自发的生活方式

这个藩篱中,而这导致了冲突。当你看到了这一点,当你觉察到这一点,你就会理解生活、行为、服务这一切本身就有意义,那么你经历生活时就不会带着得到其他东西的目的,因为你知道那行动本身就有它内在的价值。那么你就不仅仅是一个改革者,你是一个人,你会懂得那柔韧因而永恒的生命。

(在弗隆纳塞特伦第二次演说,1933年9月8日)

祈祷意味着逃避

今天上午我只回答问题。

问：如果祈祷出自对别人的不幸和痛苦的全心全意的悲悯，你是否相信这样的祈祷具有效力和价值？从正面的意义上说，祈祷究竟能否带来你所说的自由？

克：当我们使用"祈祷"这个词，我想我们用它来指一个非常明确的含义。正如通常所理解的那样，它意味着祈求我们自己之外的某个人赋予我们力量、领悟等等。也就是说，我们从外在的源头寻找帮助。当你受苦并期望别人能将你从那痛苦中解救出来时，你就只不过是在你的头脑进而在你的行动中制造不完整和二元性。所以依我看来，通常所理解的祈祷没有什么价值。你也许会在祈祷中忘记自己的痛苦，但是你没有理解痛苦的根源。你只是在祈祷中失去了自己，你建议自己以某种特定的方式生活。所以祈祷这个词通常的含义，也就是求助于他人来解除痛苦，在我看来毫无意义。

但是如果我可以用这个词来指一个不同的含义，我想存在着并非向他人求助的祈祷；那是一种头脑持续警觉的状态，一种你自己获得了解的清醒状态。在那种祈祷状态中，你知道痛苦的根源、困惑的根源以及某个问题的根源。当我们遇到问题时,我们大多数人会立即寻找解决办法。当我们找到了解决办法,我们以为就解决了那个问题,但是我们没有。我们只是从中逃离了。祈祷这个词通常的含义就是这样的一种逃避。但是真正的祈祷,我觉得,是唤醒了对生命的兴趣后的行动。

问:你认为母亲为她的孩子们所做的祈祷对孩子们有益吗?

克:你觉得呢?

听众:我希望对他们是有益的。

克:你说的对他们有益是什么意思?难道没有其他可以做的事能够有所帮助吗?当别人受苦的时候,你能做什么?你可以给予同情和关爱。假设我很痛苦,因为我爱上了并不爱我的人,而我碰巧是你的儿子。你的祈祷并不能解除我的痛苦。那么会发生什么?你和我讨论这件事情,但是痛苦依然持续,因为我想要那份爱。当你看到你爱的人受苦时,你想做什么?你想帮忙,你想拿掉他身上的痛苦。但是你做不到,因为那痛苦是他的牢笼。那牢笼是他自己制造的,你无法将它拿掉——但是那并不意味着你的态度就应该是漠不关心的。

那么当你爱的人在受苦,而你为他做不了什么,你就转而求助于祈祷,希望能够发生奇迹来减轻他的悲伤;但是如果你一旦理解了痛苦是那个人自己的愚昧导致的,那么你就会意识到你可以给予他同情和关爱,但是你无法除去他的痛苦。

听众:但是我们想解除我们自己的痛苦。

克:那是不同的。

问:你说:"当经验来临的时候面对它们。"要是发生可怕的不幸,比如被判终身监禁或者因为持有某种政治或宗教观点而被活活烧死，那该怎么办？而不幸这确实是很多人的命运。你能要求这些人屈从于他们的不幸，而不去试图战胜它们吗？

克：假如我杀了人，然后社会把我投入监狱，因为我确实做了错事。或者假设某种外力迫使我做了某些你不赞成的事情，你回过头来伤害了我。我该怎么办？假设从现在起的若干年后，在这个国家里，你因为我说的话而决定不让我留在这里。我能怎么办？我不能来这里了。那么，难道不是头脑给"幸运"和"不幸"这些词赋予了价值吗？

如果我抱持某种信念并因此被囚禁，我不认为那囚禁是苦难，因为信念实际上是我的。假设我相信某事——不是外在的某事，而是对我来说是真实的事情；如果我因为抱有那个信念而被惩罚，我不认为那惩罚是苦难，因为我为之受到惩罚的信念对我来说不仅仅是一个信念，而是一个真相。

问：你在讲话中反对求取的精神，无论是精神上的还是物质上的。冥想是否可以帮助我们理解并全然面对生活？

克：难道冥想不正是行动的本质吗？印度有些人退出生活，退出与他人的日常联系，归隐山林去冥想，去寻找神。你把那称为冥想吗？我不会称之为冥想——那只不过是逃避生活。充分面对生活，冥想就能来临。冥想就是行动。

思想，若是完整的，它就是行动。为了思考而退出与日常生活的联系，这样的人把自己的生活变得不自然，对他来说生活是种困惑。我们对神或者真理的追寻本身就是一种逃避。我们追寻，是因为我们发现我们的生活丑陋而可怕。你说："如果我能理解是谁制造了这种情形，我就会理解世间万物；我要从此中退隐，走入另一种生活。"但是，如果你不退隐，而是在困惑本身中试着去了解它的根源，那么你的探索、你的发现就会摧毁错误的东西。

你无法知道真理是什么，除非你体验到它。连篇累牍的描述和人类狡黠的心智都不能告诉你真理是什么。你只能亲自去发现真理，只有当你把自己的头脑从幻觉中解放出来时，你才能懂得真理。如果头脑不自由，那么你就只是在制造对立面，这些对立面变成了你的理想，比如神或者真理。

如果我身陷苦难、身陷痛苦中，我会制造出平静的想法、安宁的概念。我根据自己的好恶树立起真理的概念，所以这概念不可能是真实的。然而这就是我们不停在做的事情。当我们像通常那样冥想时，我们只不过是在试图逃避困惑。"但是，"你说，"当我身陷困惑中时，我就无法理解，我必须从中逃脱出来才能理解。"也就是说，你在试图从痛苦中学到些什么。

但是依我看来，你从痛苦中什么也学不到，尽管你也不应该避开痛苦。痛苦的作用是带给你巨大的震撼；由那震撼导致的觉醒带给你痛苦，然后你说："让我来发现我可以从中学到什么。"那么，如果你不说这些，而是在痛苦的震撼中保持清醒，那经验就会产生领悟。领悟存在于痛苦本身之中，而不是对它的逃离中；痛苦本身就能带来从痛苦中的解脱。

听众：你那天说自我分析是破坏性的，但是我认为分析痛苦的根源能够给人带来智慧。

克：智慧不是分析。你痛苦，你想通过分析找到原因；也就是说，你在分析一件死去的事情，原因已经是过去的事了。你需要做的是，就在痛苦的那一刻找到痛苦的根源。通过分析痛苦，你找不到根源，你分析的只是某个特定行为的原因。然后你说："我明白了那痛苦的原因。"但实际上你只学会了逃避痛苦，你没有把自己的头脑从中解放出来。这种通过分析特定行为进行积累和学习的过程,不能带来智慧。只有当"我"

这个意识，也就是痛苦的制造者和根源消除时，智慧才能出现。我这么说很难理解吗？

当我们痛苦时会发生什么？我们想要立即解除痛苦，所以我们接受别人提供的任何东西。我们当时肤浅地审视一下，然后说我们学到了。当事实证明那种药方提供的缓解效用不足时，我们就采用另外一个，但是痛苦继续着。难道不是这样吗？但是当你彻底地、完全地而不是肤浅地感受痛苦时，就会发生某些事情；当头脑发明的所有逃跑通道都被看清以及堵住时，就只剩下痛苦，这时你就会理解它。智力上的药方无法止息痛苦。正如我那天所说的，生活对我来说不是一个学习的过程；然而我们却只把生活当做一所学习某些东西的学校，好像生活只是为了学习而需要遭受的一种痛苦，好像所有事情都只是一种手段，为的是得到另一些东西。你说如果你学会冥想，你就能充分面对生活，但是我说如果你的行动是完整的，也就是说，如果你的头脑和内心充分和谐，那么那行动本身就是冥想，而且毫不费力。

问：一个让自己摆脱了所有教条的牧师，还能成为路德教会的牧师吗？

克：我想他不会再留任神职了。你说的牧师是什么意思？一个提供你想要的精神上的东西，也就是慰藉的人吗？当然这个问题已经回答过了。你向中间人寻求帮助。你把我也变成了一个牧师——一个没有教条的牧师，但是你依然把我当做一个牧师。但是恐怕我不是。我什么也给不了你。人们惯常接受的教条之一就是，别人能引领你走向真理，借助别人的苦难，你能理解痛苦；但是我说没人能带你到达真理。

问：假如那个牧师结婚了并依赖他的职位来谋生呢？

克：你说如果那个牧师放弃了自己的工作，他的妻子和孩子们就会受苦，这对他、对他的妻子和孩子们来说是真实的痛苦。他应该放弃吗？假如我是个牧师，假设我不再相信教会，并感到急需将自己从中解放出来，那么我会顾及我的妻子和孩子们吗？不会。那个决定需要巨大的领悟。

问：你说记忆代表着未被理解的经验。那是不是意味着我们的经验对我们来说毫无价值？而为什么一个被充分理解了的经验不会留下记忆呢？

克：恐怕人们拥有的大部分经验都没有价值。你在一次次地重复相同的事情，而对我来说，一次经验若被真正理解了，就可以把头脑从所有对经验的追逐中解放出来。你遇到一件事情，你希望可以从中学习，你希望可以从中受益，于是你一次又一次地重复经验。你带着感官享受、学习和收获的想法来面对各种经验，你用带着偏见的头脑来面对它们。这样你就只是把你遇到的经验当做了某种手段，以获取其他的东西——为了能在感情上或心理上变得丰富，为了能够享受。你认为这些经验并没有内在的价值，你把它们仅仅当做得到其他东西的途径。

哪里有欲求，哪里就必然有记忆，这制造了时间。而大多数头脑都困在时间中，带着那种局限来面对生活。也就是说，它们被这种局限束缚着，却想要去理解某种没有局限的东西,因此就产生了冲突。换句话说，我们想要从经验中学习，而经验产生于反应。根本没有从经验中或者通过经验来学习这回事。

提问者想要知道为什么被充分理解了的经验不会留下记忆。我们孤独、空虚；意识到那空虚、那孤独，我们就想要用经验来填补。我们说："我要从经验中学习，让我用能够摧毁孤独的经验来填满我的头脑。"经验确实能摧毁孤独，但是它会让我们变得十分肤浅。这就是我们一直在做的事情；但是如果我们意识到是这种欲求本身制造了孤独，那么孤独就会消失。

问：我感觉到思想和感情中有着依恋的纠缠和困惑，而这构成了我丰富多彩的生活。我似乎无法逃避经验，那么我要如何才能超脱于经验之外？

克：你为什么想要超脱？因为依恋带给你痛苦。占有是种冲突，其中有嫉妒、不停的提防以及无尽的斗争。依恋带给你痛苦，所以你说："让我变得超脱。"也就是说，你的超脱只不过是对痛苦的逃离。你说："让我找到一条途径、一个方法，因此我就不再受苦。"依恋中有种冲突能够唤醒你、打动你，而为了不被唤醒，你渴望超脱。在生活中你想要得到带给你痛苦的事物的对立面，而这种欲求本身只不过是在逃避你身陷其中的事物。

这不是一个学会超脱的问题，而是一个保持清醒的问题。依恋带给你痛苦。但是，如果你不试图逃避，而是试着保持清醒，你就会开放地面对和理解每一个经验。如果你依恋但满足于现状，你就不会经历困扰。只有在经历痛苦和苦难的时候，你才想要相反的东西，也就是你认为能带给你解脱的东西。如果你依恋某个人，在某段时间内有平静和安宁，一切都顺利进行着，然后发生了某件让你痛苦的事。拿丈夫和妻子的关系作为例子：在他们的占有关系中，在他们的爱中，有着完全的盲目和快乐。生活顺利地进行着，直到发生了某件事——也许他离开了，或者也许她爱上了别人。于是痛苦产生了。在这样的情况下，你对自己说："我必须学会超脱。"但是如果你又爱上别人，同样的事情又会重演。当你再一次经历依恋的痛苦，你还会想要相反的东西。这是人性，这是每个人都想要的东西。

所以这不是一个达到超脱的问题，而是这样一个问题，即当你经历依恋的痛苦时，看到依恋的愚蠢，你就不会走向对立面。那么，会发生什么？你想在依恋的同时保持超脱，在这种冲突中就有痛苦。如果在痛苦本身之中，你认识到痛苦这个结局，如果你不试图逃向对立面，那么那痛苦本身就会把你从依恋和超脱中解放出来。

（在弗隆纳塞特伦第三次演说，1933年9月9日）

生活不是一个学习和积累的过程

朋友们：

你们知道，我们从信仰走向信仰，从经验走向经验，希望找到某种持久的领悟，能够带给我们启迪和智慧，因此我们也希望自己去发现真理是什么。所以我们开始追寻真理、神或者生命。而在我看来，正是这种对真理的追寻否定了真理，因为只有当头脑和内心摆脱了所有理念、所有教条、所有信仰时，当我们理解了个体性的真正作用时，才能了解到那永恒的生命、那真理。

我认为存在着一种我所知的、我所谈的永恒的生命，但是人无法通过追寻来了解它。现在我们的追求是什么？那只不过是对我们日常的痛苦、困惑和冲突的一种逃避，逃避我们对爱的困惑，那爱中充满了因为占有和嫉妒而进行的不停斗争，逃避我们不停为生存而进行的努力。所以我们对自己说："如果我能了解真理是什么，如果我能发现神是什么，那么我就会了解并战胜困惑、挣扎、痛苦以及为选择而进行的无尽斗争。所以让我来弄清楚现状是怎样的，而理解了这一点，我就能理解充满了如此之多痛苦的日常生活。"对我来说，对真理的领悟不在对它的追寻之中，而是存在于对一切事物的正确意义的理解中；真理的全部意义就在转瞬即逝的事物中，而不是与其相分离。

所以我们对真理的追寻只是一种逃避。我们追寻，我们探问，我们研究哲学，我们仿效伦理体制，我们不停摸索我说存在的那个真相，这些都只是逃避的方式。要了解那真相，就要理解我们各种冲突、挣扎和痛苦的根源；但是因为想要逃避这些冲突，我们建立起许多微妙的方式来回避冲突，我们从中找到了庇护。于是，真理就仅仅变成了另一个庇护，头脑和内心从中得到了慰藉。

而寻求安慰的想法本身就是障碍，我们从中得到慰藉的那个概念本身，只不过是对日常生活中冲突的逃离。数个世纪以来我们构建起逃避的通道，比如权威，那也许是社会准则的权威，或者公众舆论、宗教律条的权威；也许是某种外在的准则，比如受过更多教育的人们如今抛弃的那些准则；或者内心的准则，比如一个人在抛弃了外在的准则后建立起的那些准则。但是尊重权威的头脑，也就是不加质疑就接受的头脑、效仿的头脑，无法理解生命的自由。所以，尽管我们历经数个世纪建立起这种权威，能够带给我们短暂的和平、慰藉和舒适，但是那种权威只不过变成了我们逃避的方式。同样还有仿效——对准则、体系或者生活方式的仿效；在我看来，这也是一种障碍。而我们对确定性的追求只是一种逃避方式；我们想要确认，我们的头脑想要紧抓住确定性不放，所以我们从那个背景中看待生活，在那种庇护下前行。

而在我看来，这一切都是障碍，阻止了那自然的、自发的行动，那行动本身就能解放头脑和内心，于是人能够和谐地生活，能够了解个体性的真正作用。

当我们痛苦时，我们追求确定性，我们想转而求助于能给我们安慰的价值观——而那安慰不过是记忆。于是我们再次与生活发生联系，我们再次经历痛苦。所以我们认为我们从痛苦中学到了很多东西，我们从痛苦中积累了领悟。当我们痛苦时，某个信念、想法或者理论能带给我们暂时的满足，我们以为我们理解了或者从经验中积累了领悟。于是我们就继续从痛苦走向痛苦,学着如何去调整自己适应外在的环境。也就是说,我们并没有真正理解痛苦的运动,我们只是在处理痛苦时变得越来越聪明和狡猾。这就是现代文明和文化的肤浅之处:对于我们的痛苦做出了很多理论、很多解释,我们从这些解释和理论中得到庇护,从经验走向经验,受苦,学习,并希望通过这一切能发现智慧。

我说智慧是买不到的。智慧不在积累的过程中,智慧不是无数经验的结果,智慧无法通过学习获得。只有当头脑摆脱了这种追寻感,摆脱了这种对慰藉的追求,摆脱了这种效仿,才能了解智慧和生命本身,因为那些都只是我们经由数个世纪培植出来的逃避方式。

如果你审视我们思想和感情的结构、我们的整个文明,你会发现那只不过是一个逃避的过程、遵从的过程。当我们痛苦时,我们的第一反应就是想要解脱,想要舒适,我们接受了他人提供的种种理论,而不去寻找我们痛苦的根源。也就是说,我们暂时得到满足,我们肤浅地生活,所以我们自己没有深入地去发现我们痛苦的根源是什么。

我换个方式来说说这一点:尽管我们有经验,但是这些经验并没有使我们保持清醒,而是让我们沉睡,因为我们的头脑和内心世代代都只被训练去仿效、去服从。毕竟,当存在任何形式的痛苦,我们不应该期望那痛苦能教会我们什么,而是要使我们保持完全清醒,这样我们就能以全然的觉察来面对生活,而不是处于半知半觉的意识状态中——而几乎每个人都是在这样地面对生活。

我会再解释一下这一点,好把我的意思表述清楚;因为如果你理解了这一点,你自然就会理解我要说的话。

我认为生活不是一个学习和积累的过程。生活不是一所学校——你在学习中通过考试,从经验中学习,从行动中、从痛苦中学习的学校。生活意味着去经历,而不是从中学习。如果你把生活当做一件要从中学习的事情,你就只是在肤浅地行动。也就是说,如果行动、如果日常生活只是为了获得某个奖励、某个目标的手段,那么行动本身就毫无意义。而当你有了经验,你说你必须从中学习,理解它们。因此经验本身对你来说毫无意义,因为你想通过痛苦、通过行动、通过经验得到某种收获。而要彻底地了解行动——对我来说这就是生命的狂喜,这狂喜就是不朽——那么头脑就必须摆脱求取的想法,摆脱通过经验和行动来学习的想法。而头脑和内心都困在这种求取的想法中,这种想法认为生活是为了取得其他东西的手段。但是当你看到这个观念的谬误,你就不会再把痛苦当做达到某个目标的手段。那么你就不会再从观念和信仰中寻求安慰,你就不会再从思想或者感情的准则中寻求庇护;于是你开始变得全然觉察,不是因为看到了你能从中得到什么,而是为了能够智慧地将行动解放出来,摆脱仿效和对奖励的追求。也就是说,你看到了行动的意义,而不只是它能带给你什么利益。

而大多数头脑都困在求取的想法和对奖赏的追求中。痛苦的来临,是为了唤醒他们,告诉他们这是个幻觉,将他们从半知半觉的意识状态中唤醒,而不是要给他们上一课。当头脑和内心带着二元感行动时,就会制造对立面,就必然存在冲突和痛苦。当你痛苦时,会发生什么?你立即寻找解除痛苦的办法,不管是通过饮酒、娱乐还是神的概念。在我看来,这些都是一样的,因为它们都只不过是狡猾的头脑发明的逃避通道,把痛苦变成了一件肤浅的事情。所以我说,充分觉察到你的行动,无论那是怎样的行动,那么你就会发现你的头脑不断地在寻找逃避之道;你就会发现你没有用自己的整个存在来完整地面对经验,而只是在局部地、半知半觉地面对。

我们建立起诸多藩篱,这些藩篱已然变成了庇护所,我们在痛苦的时候从中寻求慰藉。这些庇护只不过是逃避,因此它们本身没有内在的价值。但是我们在自己周围制造的这些庇护、这些谬误的价值观囚禁着我们,若要发现它们,我们就必须不去试图分析从这些庇护中产生的行为。在我看来，分析正是对完整行动的否定。人无法通过研究障碍来了解它。在分析过去经验的过程中，不存在领悟，因为那经验是死的；只有在现在活生生的行动当中，才会有领悟。所以自我分析是破坏性的。但是若要发现包围着你的无数障碍，就需要充分意识到、充分觉察你所进行的任何行动，或者你正在做的任何事情。那么过去的所有障碍，比如传统、效仿、恐惧、防卫反应以及对安全和确定性的渴望——所有这些都运作起来；而只有在活跃着的事物当中才会有领悟。在这觉察的火焰中，头脑和内心将自己从所有障碍、所有错误的价值观中解脱了出来，于是行动中就有解放，而那解放是不朽生命的自由。

问：是不是只有从悲伤和痛苦中，人才能对生命的真相醒觉过来？

克：痛苦是我们最熟悉的事情，它时常与我们相伴。我们知道爱和它的喜悦，但是伴随它们而来的是许多冲突。任何带给我们最强烈震撼并被我们称为痛苦的事情，都可以使我们清醒地充分面对生活，会帮助我们抛弃我们在自己周围制造的诸多幻象。使我们保持清醒的不仅仅是痛苦或者冲突，还有任何让我们震惊的事情，让我们质疑所有谬误的标准和价值观的事情，我们在追求安全的过程中在自己周围建立了这些标准和价值观。当你遭受巨大的痛苦时，你变得全然觉察，在那强烈的觉察中，你会发现正确的价值观。这将头脑从进一步制造幻象的过程中解放了出来。

问：我为什么惧怕死亡？死后有什么？

克：我想，人害怕死亡是因为人觉得自己没有生活过。如果你是个艺术家，你也许会害怕死亡在你的作品完成之前将你带走，你害怕是因为你还没有成就。或者如果你是个普通人，没有特殊的才能，你害怕是因为你也没有完成志愿。你说："如果我的成就被剥夺了，那么还剩下什么？由于我还没有理解这困惑、这艰辛、这无尽的选择和冲突，将来我还有机会吗？"当你没有实现行动中的完满，你就会害怕死亡；也就是说，当你没有完整地、充分地、以完满的头脑和内心面对生活时，你就会害怕死亡。因此，问题不是你为什么害怕死亡，而是，是什么妨碍你充分面对生活。一切都必然会死去，必然会消逝。但是如果你拥有了能让你充分面对生活的领悟，那么其中就有永恒的生命和不朽，既没有开始也没有结束，也不存在对死亡的恐惧。同样，问题不是如何将头脑从对死亡的恐惧中解脱出来，而是如何充分面对生活，如何面对生活才能完满。

若要充分面对生活，人必须摆脱所有防卫性的价值观。但是我们的头脑和内心被这样的价值观窒息了，使我们的行动不完整，因而产生了对死亡的恐惧。若要发现正确的价值观，摆脱这种对死亡的不停恐惧，摆脱关于来生的问题，你就必须了解个体在创造性和集体中的真正作用。

现在来回答问题的后半部分：死后有什么？是否存在来生？你知道人通常为什么会问这样的问题吗，为什么他想要知道彼岸有什么？他这么问，是因为他不知道现在如何生活，与其说他活着，不如说他已经死了。他说："我要知道死后有什么"，因为他没有能力理解这永恒的现在。对我来说，现在就是永恒；永恒存在于现在，而不是未来。但是对这样一个提问者来说，生活是一整个系列的经验，没有完满，没有领悟，没有智慧。因此对他来说，来生要比现在更有诱惑力，因此就产生了无数关于死后还有什么的问题。探问来生的人已经死了。如果你活在永恒的现在中，来生就不存在，那么生活就不会被划分为过去、现在和未来。于是就只有完满，其中就有生命的狂喜。

问：你认为与死去的亡灵进行沟通对于理解生命的整体有没有帮助？

克：你为什么认为死去的人比活着的人更有帮助？因为死去的人不

会与你发生矛盾，无法反对你，而活着的人可以。在与亡灵的沟通中，你可以异想天开，所以你转而求助于亡灵而不是活着的人。在我看来，问题不是死后是否还有来生，也不是我们能否与死去的亡灵进行沟通；在我看来，所有那些都不重要。有些人说人可以与死去的亡灵沟通，另一些人则认为不能。在我看来，此类探讨似乎意义甚微，因为若要了解生命以及它转瞬即逝的蜿蜒曲折、它的智慧，你就不能指望别人来帮你摆脱你自己制造出的幻象。无论死去的人还是活着的人都不能将你从自己的幻觉中解放出来。只有唤醒了对生活的兴趣，只有头脑和内心持续警觉，才会有和谐的生活，才会有生命的完满和丰足。

问：鉴于现存的社会危机，对于性和禁欲的问题，你有什么看法？

克：如果可以的话，我建议我们不要从现有环境的角度来看这个问题，因为环境在不断变化。我们不如来考虑这个问题本身，因为如果你理解了这个问题，那么也就能够理解现在的危机。

性这个问题，似乎困扰着很多人，它的产生是因为我们失去了创造的火焰，失去了和谐的生活。我们不过是变成了模仿的机器，我们关上了创造性思考和感受的大门；我们不停地服从，我们被权威、被公众舆论、被恐惧束缚，就这样我们遇到了性这个问题。但是如果头脑和内心将自己从模仿感、从错误的价值观、从对智力作用的夸大中解放出来，那么就可以释放它们自身创造性的机能，于是这个问题便不复存在。这个问题变得日益严重，是因为我们喜欢感觉安全，因为我们认为幸福存在于占有感中。但是如果我们理解了占有的真实含义，以及它的虚幻本质，那么头脑和内心就从占有和不占有中解放了出来。

因此这也与问题的后半部分，也就是禁欲的问题相关。你知道，我们认为，当我们遇到一个问题——在这里是占有的问题——我们能够通过走向其反面来解决和了解这个问题。我来自一个禁欲主义已经根植于

生活不是一个学习和积累的过程　233

血液的国家。那里的气候也促成了这项传统。印度很热,拥有极少的财物,坐在树荫下讨论哲学,或者彻底退出令人痛苦的矛盾重重的生活,归隐林中去冥想,这看起来要好得多。当人成为占有欲的奴隶时,也会产生禁欲的问题。

禁欲没有内在价值。当你奉行禁欲主义,你就只不过是在逃避占有欲而走向其对立面,也就是禁欲。这就像一个人因为经历了依恋的痛苦所以寻求超脱一样。"让我超脱吧",他说。同样,你说:"我要变成一个苦行者",因为占有导致痛苦。你实际上在做的只是从占有走向不占有,而这是另一种形式的占有。但是在那种运动中存在着冲突,因为你没有充分理解占有的意义。也就是说,你为了寻求舒适而占有;你认为快乐、安全以及公众舆论的赞美来源于拥有很多东西,不管是拥有思想、美德、土地还是头衔。因为我们认为安全、快乐和权力在于占有,所以我们积累,我们努力去占有,我们奋斗,我们互相竞争、互相压制、互相剥削。这就是全世界都在发生的事情,而一个狡猾的头脑说:"让我们苦行吧,我们不要占有,让我们变成禁欲主义的奴隶,让我们来制定律法以使人们不去占有。"换句话说,你只不过是离开了一个牢笼走进了另一个,只是给新牢笼一个不同的名字而已。但是如果你真的理解了占有及其转瞬即逝的价值,那么你就既不是一个苦行者,也不是一个被占有欲所负累的人,你就是一个真正的人。

问:我有个印象,你对获取知识有某种程度的鄙视。你的意思是不是说,教育或者学习书本——比如学习历史或者科学——毫无价值?你的意思是不是说你自己从你的老师们那里什么都没有学到?

克:我说的是过一种完整的生活、人道的生活,而任何解释,无论是科学的还是历史的解释,都不能将头脑和内心从痛苦中解放出来。你可以学习,你可以用心学习百科全书,但你是一个活生生的人;你的行动是自发的,你的头脑是灵活的,你不会被知识所窒息。知识是必要的,科学是必要的。但是如果你的头脑陷在解释中,痛苦的根源被智力上的解释蒙混了过去,那么你过的就是一种肤浅的生活,没有深度的生活。而这就是发生在我们身上的事。我们的教育把我们变得越来越浅薄;它既没有教给我们深刻的感受,也没有教会我们自由地思考,我们的生活是不和谐的。

提问者想要知道我是否从老师们那里学到了什么。恐怕没有,因为没什么要学的。别人可以教你怎样弹钢琴,怎么解出数学题,教你工程学的原理或者绘画的技巧;但是没有人能教你创造性的完满,也就是生活本身。而你却不停地要求被教导。你说:"请教我生活的技巧,这样我就会知道生活是什么。"我认为这种想要一个方法的愿望本身,这种想法本身,就破坏了你行动的自由,也就是生活本身的自由。

问:你说没人能帮助我们,除了我们自己。你难道不相信基督的生命是为我们赎罪的吗?你难道不相信神的恩赐吗?

克:恐怕这些话我理解不了。如果你的意思是说别人能拯救你,那么我说没人能拯救你。以为别人能拯救你的想法,是一个令人舒适的幻觉。人类的伟大之处在于没人能够帮助他或者拯救他,除了他自己。你有个想法,认为某个外在的神可以指给我们一条道路,来穿越这座矛盾重重的生命迷宫;有个导师,有个人类的救主能够给我们指路,能够带我们走出去,能够带我们离开我们自己制造的牢笼。如果有什么人能给你自由,当心那个人,因为你只会因为自己缺乏了解而制造出另外的牢笼。但是如果你质疑,如果你清醒、警觉,不断觉察自己的行为,那么你的生活就是和谐的,你的行动就是完整的,因为它诞生于创造性的和谐,而这是真正的完满。

问：只要一个人没有彻底实现对真理的领悟，那么无论他做出怎样的行动，除了缝缝补补，他还能做些什么？

克：你认为工作和救济能够帮助受苦的那些人。在我看来，为了人们的福利而从事社会公益事业的这种做法，就是缝缝补补。我不是说那是错的；毫无疑问那是需要的，因为社会所处的状况需要有人去努力实现社会变革，需要有人从事改善社会状况的工作。但是还必须有另一种类型的工作者，他们的工作是防止新的社会结构建立在错误的观念之上。

换个方式来说，假设你们中有一些人对教育感兴趣；你听了我说的话，假设你开办了一所学校或者在一所学校中任教。首先，弄清楚你是否只对改善教育状况感兴趣，还是你感兴趣的是播下真正领悟的种子，唤醒人们过一种创造性的生活；弄清楚你是否只关心指给他们一条走出烦恼的道路，给他们慰藉、万灵药，还是你真正迫切地想要唤醒他们了解自己的局限，这样他们就能摧毁现在囚禁着他们的藩篱。

问：请解释一下你说的不朽是什么意思。对你来说，不朽是不是就像你脚下的大地一样真实，还是它只是一个崇高的理念？

克：关于不朽，我要对你说的话会很难理解，因为对我来说，不朽不是一个信念：它是真实存在的。这是截然不同的。不朽存在着，而不是我知道它或者相信它。我希望你能看出其中的区别。我说"我知道"的那一刻，不朽就变成了一个目标，一种静态的东西。但是当不存在"我"时，就存在不朽。当心说"我知道不朽"的人，因为对他来说，不朽是种静态的东西，那意味着存在二元性：有"我"和不朽两种不同的东西。我说存在着不朽，而那是因为没有"我"这个意识。

但是请不要说我不相信不朽。对我来说，信念与之毫无关系。不朽不是外来的。但是哪里有对某种东西的信念，哪里就必然会有一个客体和一个主体。比如，你不相信阳光，但是它存在。只有从未见过阳光是什么的盲人,才需要相信阳光的存在。

对我来说,存在着永恒的生命,永远在发生着的生命;永远在发生着,而不是生长着,因为生长的东西是短暂的。而要了解我说存在的那不朽,头脑就必须摆脱延续和不延续这种观念。当一个人问"存在不朽吗?"他想知道的是,他作为一个个体能否延续,或者他作为一个个体会不会被毁掉。也就是说,他只是从对立面的角度、二元性的角度来思考:要么你存在,要么你不存在。如果你试图从二元性的视角来理解我的回答,那么你就肯定理解不了。我说那不朽存在。但是要领悟那不朽,也就是生命的狂喜,头脑和内心就必须摆脱对冲突的认同("我"这个意识就是从冲突中产生的),而且也要摆脱湮灭自我意识的想法。

让我换个方式来说。你只知道对立面——勇气和恐惧,占有和不占有,超脱和依恋。你的整个生命被划分成对立面——有美德和没有美德、正确和错误,因为你从未完整地面对生活,而是始终以这种反应、这种划分的背景来面对。你制造了这个背景,你用这些想法残害了自己的头脑,然后你问"存在不朽吗?"我说存在,但是要理解它,头脑就必须从这种划分中解脱出来。也就是说,如果你害怕,不要去寻找勇气,而是让头脑自己摆脱恐惧;看到你所谓的勇气毫无助益;了解到勇气只不过是对恐惧的逃避,而只要有得失的想法,恐惧就会存在。不是总想着伸手去抓住对立面,不是努力发展出相反的品质,而是头脑和内心将自己从身陷的牢笼中解放出来。不要试图去发展对立面。那么你自己就会知道不朽是什么,而不需要任何人来告诉你或者指引你;不朽既不是"我"也不是"你",而是生命本身。

(在奥斯陆圆形大剧场演说,1933年9月10日)

觉察与时间无关

朋友们：

今天我要接着之前我在这里说到的内容继续讲。

我们有个观点，认为智慧是通过不停累积经验进行的一种收获过程。我们认为通过增加经验我们能够学到东西，那种学习会带给我们智慧，我们希望通过在行动中运用那种智慧，能够找到丰裕、自足、幸福和真理。也就是说，对我们来说，经验只不过是不停变化的感受，因为我们寄希望于时间来给我们智慧。当我们以这种方式思考，也就是认为假以时日我们可以获得智慧，我们就有一种将要到达某处的想法。也就是说，我们认为时间能使智慧逐渐显现。但是时间没有展现智慧，因为我们仅仅把时间当做了到达某处的手段。我们以为通过不断变换的经验就能获得智慧，当我们怀着这样的想法时，我们就是在寻求收获，因此就无法立即洞察什么是智慧。

我们来举个例子，也许能澄清我的意思。这种欲望的变化，这种感受的变化，以及感受的变化带来的经验积累，我们称之为进步。假设我们看到了商店里的一顶帽子，我们想要拥有它；得到了那顶帽子，我们又想要别的东西——汽车，等等。然后我们转向情感需求，我们以为通过这种改变就可以把我们的欲望从帽子那里转移到我们产生的感情感受上来。我们从感情感受又转向智力感受、观念、神和真理。也就是说，我们以为通过不断变化的经验我们取得了进步，从想要一顶帽子的状态进步到了想要神和追求神的状态。所以我们相信通过经验、通过选择，我们取得了进步。

而在我看来，那不是进步；那只是感受的变化，感受越来越微妙，越来越精细，但依然是感受，所以是肤浅的。我们只不过是改换了我们欲望的对象：起初是一顶帽子，现在变成了神，我们认为我们从中取得了巨大的进步。也就是说，我们以为通过这个感受逐渐精炼的过程，我们可以找到真理、神、永恒是什么。我说通过逐渐变换欲望的对象，你永远无法找到真理。但是如果你明白只有通过即刻的觉察、即时的洞察，整个智慧才能显现，那么这种逐渐改变欲望对象的想法就会消失。

而我们在做什么？我们认为："我昨天不同，我今天也不同，我明天还会不同"，所以我们将目光转向不同、变化——而不是洞察。拿超脱的想法来举例。我们对自己说："两年前我非常依恋，现在我不那么依恋了，几年后我会更加不依恋，直到最后达到一种完全超脱的状态。"所以我们以为通过经验可以不断带给我们震撼，从依恋成长到超脱，我们称之为进步和性格的发展。

在我看来，这不是进步。如果你用自己的整个存在洞察到依恋的含义，那么你就不会再朝向超脱迈进。仅仅去追求超脱，无法揭示依恋的肤浅，只有当头脑和内心不再通过超脱的想法来逃避时，才能理解依恋的肤浅。这种理解无法由时间带来，而只存在于这个领悟中，即除了短暂的欢愉外，依恋本身之中就有痛苦。于是你问我："难道时间不能帮我洞察到这一点吗？"时间不能。使你洞察的，要么是欢愉转瞬即逝的无常，要么是依恋中强烈的痛苦。如果你全然觉察到这一点，那么你就不再困在这样的想法中，即你与几年前不同，而以后还会更加不同。带来进步的时间就变成了虚幻的观念。

觉察与时间无关

换句话说，我们以为通过选择我们可以进步、我们能够学习，通过选择我们能够改变。我们多半选择我们想要的东西。在比较式的选择中，没有满足可言。不能满足我们的东西，我们称它不重要，能满足我们的东西我们认为是重要的。于是我们不断地被困在这种矛盾的选择中，我们希望能从选择中学习。因而，选择就只不过是对立面的运作，是在对立面之间的计算，而不是持久的洞察。所以，我们从我们认为不重要的东西走向我们认为重要的东西，而后者回过头来也会变得不重要。也就是说，我们从想要帽子——我们先前认为帽子很重要但现在变得不重要了——到想要我们认为重要的东西，最后只会发现那也变得不重要了。所以，我们认为通过选择我们会实现丰足的行动和完满的生命。

正如我说过的，对我来说，觉察或者洞察与时间无关。时间无法给你对经验的洞察，它只能让你在面对经验时变得更聪明、更狡猾。但是如果你彻底洞察你正经历的事情并充分体验它，那么这种从不重要转向重要的想法就会消失，因而头脑将自身从时间能带来进步这样的观念中解放了出来。

你寄希望于时间来改变你。你对自己说："通过累积经验，比如从想要一顶帽子到想要神，在这个过程中，我能学到智慧，我能得到领悟。"产生于选择的行动中没有洞察，选择是计算，是对不完整行动的记忆。也就是说，你现在部分地面对经验，带着宗教偏见，带着社会或者阶级划分的偏见，而这个被破坏了的头脑，在面对生活时，就制造了选择，它没有给你全然的了解。但是如果你自由地、开放地、简单地面对生活，那么选择就会消失，因为你完整地活着，没有制造对立面之间的冲突。

问：你说的充分地、开放地、自由地活着是什么意思？请给出一个实例。也请用实例解释一下，在努力去充分地、开放地、自由地活着的过程中，人要如何意识到妨碍自由的那些障碍，人如何通过充分意识到它们而从中解放出来。

克：假设我是个势利的人，并且我没有意识到这一点；也就是说，我有阶级偏见，当我面对生活时，我没有意识到这种偏见。我的头脑已被阶级分别的想法扭曲了，我自然无法开放地、自由地、简单地理解生活、面对生活。或者再举个例子，如果我在成长过程中被灌输了强烈的宗教信条或者经受了某种特殊的训练，我的思想和感情被破坏了；在这种充满偏见的背景下，我前去面对生活，这种偏见自然妨碍了我对生活的完整理解。我们被困在这样一种背景之中，那背景中充满了传统和错误的价值观，充满了阶级分别和宗教偏见、恐惧和歧视。带着这个背景，带着那些根深蒂固的外在或内在的准则，我们试图前去面对生活，试图去理解。从这些偏见中产生了冲突、短暂的欢愉和痛苦。但是我们没有意识到这一点，没有意识到我们是某些传统模式的奴隶，是社会和政治环境的奴隶，错误价值观的奴隶。

而若要把你自己从这种奴役中解放出来，我说，不要试图去分析过去，即那个传统背景，你成为了那个传统背景的奴隶并且对其毫无意识。如果你是个势利的人，不要试图去发现你在行动结束之后是否还是一个势利的人。全然觉察，你没有意识到的势利会通过你说的话和你做的事运作起来；此时你就可以摆脱它，因为这觉察的火焰创造出一种强烈的冲突，它会消除势利。

就像我那天所说的，自我分析是破坏性的，因为你越多地分析自己，行动就越少。只有当事件结束时、逝去时，分析才会进行，然后你从智力上回头去看那件事情，试图从智力上分析它、理解它。领悟则不存在于死去的事物中。而是，如果你在行动中全然觉察，不是作为一个只进行观察的旁观者，而是一个全然沉浸在行动中的行动者——如果你全然觉察到那行动而不从中抽离，那么自我分析的过程就不存在。它之所以不存在，是因为你此时在全然地面对生活，你此时没有与经验分离，而在那觉察的火焰中,你让残害你头脑的所有偏见、所有错误的准则都运作起来;你通过彻底意识到它们,从而让自己摆脱了它们,因为它们制造出烦恼和冲突,而正是通过那冲突本身,你获得了解放。

我们抱持着一种观点,认为时间能带给我们领悟。在我看来,这只不过是个偏见,是个障碍。假设你此刻思考一下这个观点——不是接受它,而是好好考虑并试着去发现它是否正确。然后你会发现你只能在行动中去检验,而不是通过推理。那么你就不会问我说的话是不是正确——你会在行动中检验。我说时间无法带给你领悟;当你把时间当做一个逐渐展现的过程时,你就是在制造障碍。你只能通过行动检验这一点,只有在经验中你才能看到这个观点本身是否具有任何价值。但是如果你试图把它当做得到其他东西的手段,那么你就抓不住它深刻的含义。

时间是个展现过程的观点是人为培植出来的拖延方法。你不去面对你遇到的事情,是因为你恐惧;你不想去充分地面对经验,要么是因为你的偏见,要么是因为你想拖延。

如果你踝关节错位了,你不能逐渐让它正位。认为借助许许多多不断增加的经验,通过快乐和痛苦的累积我们能够学习的这种想法,是我们的偏见、我们的障碍之一。而要发现这个想法是否正确,你必须行动;只是坐下来讨论它,你永远都无法发现。只有在行动中,通过看到你的头脑和内心是如何反应的,而不是朝向某个特定目标去塑造它们、推动它们,你才能发现;然后你就会看到它们在根据积累起来的偏见进行反应。你说:"十年前我是不同的,今天我也不同,而十年后我会更加不同",但是用你会变得不同、你会逐渐学习这种观点来面对经验,就妨碍了你理解它们,妨碍了即刻的全然的洞察。

问:你能否也用实例说明自我分析是如何具有破坏性的?你关于这一点的教诲来自于你自己的体验吗?

克：首先，我没有研究过哲学或者圣书。我告诉你们的是我自己的体验。经常有人问我是否学习过圣书、哲学以及其他此类的著作。我没有。我告诉你们的是对我来说真理和智慧是什么，而这些需要学识渊博的你们自己去发现。我认为我们的不幸恰恰存在于我们称为学习的这个积累过程之中。当头脑被知识、被学习负累时，头脑就残废了——不是说我们不可以去阅读，而是智慧是买不来的，它必须在行动中被体验。我想这解答了问题的后半部分。

我会换个方式来回答这个问题，我希望这样能解释得更清楚一些。你为什么以为必须分析你自己？因为你没有充分活在经验中，那经验在你内心制造了困扰。所以你对自己说："下次面对它的时候我必须准备好，所以让我来看看已经过去了的那件事情，我要从中学习，这样我就能充分面对下一次经验，那时它就不会困扰我了。"所以你开始分析，而这是个智力过程，所以不是完全正确的；由于你没有彻底理解它，你说："我从过去的经验中学到了某些东西；现在，我用那点知识来面对下一次经验，从中我可以学到更多。"于是你永远都没有充分活在经验本身之中，这个学习和积累的智力过程始终在进行着。

这就是你每天都在做的事情，只是没有意识到而已。你不想和谐地、完整地面对生活，而是认为通过分析你能学会和谐地面对它；也就是说，你希望通过一点点地往头脑的仓库里添加，就能变得充实，能够充分地、完整地面对生活。但是通过这个过程你的头脑永远无法自由，它也许会被填满——但是永远不会自由、开放、简单。而妨碍你简单开放的正是这种不停分析过去的事情的过程，而这个过程必然是不完整的。只有在经验本身的运动中才可能有完全的领悟。当你身处巨大的危机中，必须行动时，你就不会再去分析，你就不会再去计算：你把那一切都放在一边，因为那一刻你的头脑和内心处于创造性的和谐中，此时就有真正的行动。

问：关于宗教的、仪式的和神秘主义的练习你有什么看法？这里只涉及一些对人类有所帮助的活动。你对它们的态度只是完全无所谓呢，还是反对呢？

克：在我看来，进行这样的练习是白费力气。当你说"练习"时，就意味着遵循一种方法、一种训练，你希望那些能带给你对真理的领悟。关于这一点我说了很多，我没有时间再详细地深入来讲了。遵循一套训练的这整个想法让头脑和内心变得僵硬和固守一贯。你在制定了一套行动方案之后，想要与之保持一致，你对自己说："我必须这么做，我不能那么做"，而你对那套戒律的记忆在生活中指导着你。也就是说，因为对宗教条规和经济状况心怀恐惧，你带着这些方法和教条的面纱局部地面对经验。你带着恐惧面对生活，这制造出偏见，所以理解就不完整，冲突从中产生。而为了克服这些冲突，你找到了一个方法、一套戒律，根据它们来判断"我必须"和"我不能"。所以，你建立起某种一贯性、某种准则，并通过不断的记忆根据这些准则来约束自己，而你称之为自我修炼、神秘练习。我说，这种自我修炼、练习，这种根据某种模式不断进行的调整，或者根据某个准则不进行调整，都不能解放头脑。你不能对自己说："我必须觉察，我必须觉察。"觉察来自于强烈而彻底的行动。当你经受强烈的痛苦，当你极其享受，在那一刻你用全然的觉察而不是分裂的意识来面对生活，那么你就在完整地面对一切，而其中就有自由。

至于宗教仪式，这个问题依我看来非常简单。仪式只是美化了的感受。你们中的某些人也许不赞同这个观点。你知道，宗教仪式就像世俗的炫耀排场一样：一个国王上朝议事的时候，观看者会深受震撼和吸引。大多数人去教堂的原因是为了找到慰藉，为了逃避，为了剥削和被剥削；如果你们中的一些人听了我在之前的五六天中讲的内容，你就会理解我对仪式的态度和做法。

"你对它们的态度只是完全无所谓呢，还是反对呢？"我的态度既不是无所谓也不是反对。我说它们必定永远是剥削的种子，因此它们是不智慧的和邪恶的。

问：既然你不寻求追随者，那么你为什么要让人们离开他们的宗教信仰并听从你的建议呢？你准备好接受这种建议的后果了吗？或者你的意思是不是人们需要指导？如果不是，那你究竟为什么要宣讲？

克：对不起，我从未制造过追随者这种事情。我没有对任何人说过："离开你的教会并追随我。"那只不过会让你进入另一个教会、另一个牢笼。我说通过追随他人你只会变成一个奴隶、一个不智的人；你会变成一部机器、一个模仿的机器人。通过追随他人，你永远不能发现生命是什么，永恒是什么。我说对他人的一切追随都是破坏性的、残忍的，会导致剥削。我关心的是播下种子。我不是在要求你们追随我。我说对别人的追随本身就是对生命、对永恒发生的破坏。

换句话说，通过追随别人，你就毁掉了发现真理和永恒的可能性。你为什么要追随？因为你想要被指导，你想要被帮助。你认为你理解不了，于是你求助于别人并学习他的技巧，然后你变成了他的方法的奴隶。你变成了剥削者和被剥削者，然而你希望通过不断地练习那个方法能够放飞创造性的思考。通过这种追随你永远无法放飞创造性的思考。只有当你开始质疑追随这个想法本身，质疑建立权威并膜拜它们的想法时，你才能发现什么是真实的，而真理将解放你的头脑和内心。

"你的意思是不是人们需要指导？"我说人们不需要指导，他们需要觉醒。如果你被引向某些正直的行动，那些行动就不再正直，它们只是模仿出来的、逼迫出来的。但是如果你自己通过质疑、通过不停的觉察发现正确的价值观——你只能亲自去做到这一点，而无法依靠别人——那么这整个追随和指导的问题就失去了意义。智慧不是一件可以通过指导、通过追随、通过阅读书籍得来的东西。你无法间接地学到智慧，而这却是你试图去做的事情。所以你说："指引我，帮助我，解放我。"但是我说，当心帮助你、解放你的人。

"你究竟为什么要宣讲？"这很简单：因为我不得不这么做，同时也因为存在着太多的苦难、太多转瞬即逝的快乐。对我来说，存在着一种永恒的发生，那是狂喜；我想要说明这种混乱的存在可以变成有序而智慧的合作，其中的每个人都不会受到剥削。而这不能通过某种东方哲学、通过坐在树下、退避生活来实现。恰恰相反，当你在巨大的悲伤或者快乐中完全清醒时、彻底觉察时，通过此时你发现的行动就可以实现这一点。这种觉察的火焰消除了自我制造的所有障碍，这些障碍破坏了摧毁了人类的创造性智慧。但是大多数人在经历痛苦时，立即会去寻找解药，或者试图通过记忆抓住稍纵即逝的快乐。于是他们的头脑在不停地逃避。但是我说，变得觉察，你自己就可以把头脑从恐惧中解放出来，而这自由就是对真理的领悟。

问：你对真相的体验是不是这个时代所特有的？如果不是，那为什么过去没有出现呢？

克：真相、永恒当然并非受时间所限。你的意思是问数个世纪以来人们是不是没有努力去追寻真相。在我看来，正是那追寻真理的努力本身妨碍了他们去领悟。

问：你说痛苦不能带给我们领悟，而是只能唤醒我们。如果是这样的，那么为什么我们完全清醒的时候痛苦并没有止息？

克：就是这么回事。我们在痛苦中并没有完全清醒。假设有人去世了，那么会发生什么？你立刻想要消除那悲伤，所以你接受某个观点、某个信念，或者你去寻找娱乐。那么发生了什么？存在着真正的痛苦，清醒地认识到了某种挣扎和震惊；而为了克服那震惊、那痛苦，你接受了诸如转世之类的观念，或者相信存在来生，或者相信能与死者进行交流。这些都是逃避的方式。也就是说，当你意识到存在着冲突和挣扎，你称之为痛苦；但是你立刻想要消除那挣扎、那清醒的意识，你渴望通过观念、理论或者解释来忘怀，而那只不过是一个被再次催眠的过程。

所以这就是生活中每天进行的过程：通过生活的冲击、通过经验你被唤醒，这导致了痛苦，而你要得到安慰；于是你指望人们、观念和解释来给你安慰、满足，而这制造了剥削者和被剥削者。但是如果在那种尖锐质疑的状态也就是痛苦中，在那种兴趣被唤醒的状态中，如果你彻底面对经验，那么你就会发现你制造出的人类所有的庇护和幻象的真实价值和意义，对它们的理解本身就会将你从痛苦中解脱出来。

问：去除我们的忧虑、苦恼和怨恨并到达幸福和自由的最短途径是什么？

克：没有最短的路；而是怨恨、忧虑和苦恼它们自己解放了你，如果你不试图通过想要自由和幸福去逃避它们。你说你想要自由和幸福，因为怨恨和苦恼很难承受。所以你只不过是在逃避它们，你不明白它们为何存在；你不理解你为什么有忧虑，你为什么有苦恼、怨恨、悲痛、苦难和转瞬即逝的快乐。而因为你不理解，你想要知道走出困惑的最短途径。我说，当心指给你最短出路的人。没有走出痛苦和烦恼的路，除了穿越那痛苦和烦恼本身。这不是一句冷冰冰的话；如果你好好想想的话，你会明白的。在你停止逃避的那一刻你就会理解；你必然会理解，因为那时你不再纠缠于解释。当所有的解释都停止，当它们不再具有任何意义时，真理就会来临。而你在寻找解释，你在寻找最短的路、最快的方法，你求助于练习、仪式以及最前沿的科学理论。这些都是逃避。但是当你真正理解了逃避的虚幻，当你全然面对在你内心制造冲突的东西时,那东西本身就会解放你。

现在,生活在你内心制造了巨大的困扰——占有、性和仇恨等诸多问题。所以你说:"让我找到一种更高级的生活、神圣的生活、不占有的生活、有爱的生活。"但是你想要这样一种生活的努力本身只不过是对这些困扰的逃避。如果你觉察到逃避的谬误——只有在冲突时你才能理解这一点——那么你就会发现你的头脑已习惯于逃避。而当你停止逃避时,当你的头脑不再寻找解释时——解释只不过是麻醉药,那么你想要逃避的那件事情本身就揭示了它自己的全部含义。这种领悟就将头脑和内心从悲伤中解放了出来。

问:你究竟是否相信塑造人类命运的神的力量?如果不相信,那么你是个无神论者吗?

克:认为存在着可以塑造人类的神这个信念,是人类的障碍之一;但是我这么说并不意味着我是个无神论者。我认为,说自己相信神的人是无神论者,而不仅仅是那些不相信神的人,因为这两种人都是信仰的奴隶。

你不能相信神;只有当没有了解时,你才会相信神,而通过追求,你无法获得了解。而当你的头脑真正地摆脱了所有价值观——正是价值观变成了自我意识的中心——那么神就存在。我们有个观念认为某个奇迹会改变我们,我们认为某种神圣或者外在的影响会在我们内心和世界上带来改变。我们带着这种希望生活了数个世纪,而这就是世界的问题所在——彻底的混乱和行为的不负责任,因为我们以为会有别人为我们代劳一切。抛弃这个错误的想法并不意味着我们必须走向其反面。当我们让头脑摆脱了对立面,当我们看到这个信念——即认为会有别人来照顾我们——的谬误时,一种新的智慧就在我们内心被唤醒了。

你想知道神是什么,真理是什么,永恒的生命是什么;所以你问我:

"你是个无神论者还是个有神论者？如果你相信神，那么告诉我神是什么。"我说描述真理或者神是什么的人，对他来说真理并不存在。当真理被放入语言的牢笼中时，真理就不再是活生生的现实。但是如果你理解了你所抱持的错误价值观，如果你把自己从中解放出来，那么就存在着永恒的真相。

问：当我们知道了我们的生活方式不可避免地会引起别人的反感并在他们的头脑中产生彻底的误解时，如果我们要尊重他们的感受和观点的话，那么我们应该怎样行动？

克：这个问题看起来太简单了，我不觉得有什么困难。"为了不至于打扰别人，我们应该怎样行动？"这就是你想了解的问题吗？那样的话恐怕我们就完全不应该行动了。如果你完整地生活，你的行动也许会带来麻烦；但是更重要的是：要去发现什么是正确的，还是只是不去打扰别人？这似乎太简单了，几乎不需要回答。你为什么想要尊重别人的感受和观点？你是不是害怕自己的感受被伤害、害怕你的观点被改变？如果人们持有的观点与你不同，只要通过质疑它们、通过与它们积极发生联系就可以发现它们正确与否。如果你发现这些观点和感受不正确，那么你的发现也许会为那些抱有这些观点的人带来困扰。那么你该怎么办？为了不伤害你的朋友们，你应该服从他们或者向他们妥协吗？

问：你认为简陋的食物与实现你对生命的看法之间有任何关系吗？你是个素食主义者吗？（笑声）

克：你知道，幽默不是针对个人的。我希望大家笑的时候提问者并没有受到伤害。如果我是个素食主义者，那又怎么样？解放你的并不是吃进你嘴里的东西，而是对正确价值观的发现，从中就可以产生完整的行动。

问：你所传达的信息，即不为所动的疏离感和超脱，已在各个时代的很多信仰中向少数被选中的弟子宣讲过了。现在所有的社会行为中，不可避免地存在着相互依赖的关系，那么是什么让你认为这个信息现在适合人类社会中的每一个人？

克：很抱歉，我从未说过人应该远远地漠不关心、人应该超脱；恰恰相反。所以请先理解我说的话，然后再看看这些话是否具有任何价值。

我们来看看超脱的问题。你知道，数个世纪以来，我们一直收集、积累，以使自己安全。从理智上你也许看到了占有的愚蠢，并对自己说："我要超脱。"或者，你没有看到它的愚蠢，所以你开始练习超脱，而这只不过是另一种收集和积累的方式。因为如果你真的洞察了占有的愚蠢，那么你就从超脱及其对立面中解脱了出来。其结果不是冷漠的无所作为，而是完整的行动。

你知道，我们是律法的奴隶。如果明天通过一条法律规定我们不许占有财产，那么我们会极不情愿地被迫遵守它。其中也存在着安全，不占有的安全。所以我认为，不要去玩弄立法，而是去发现你被其奴役的事情本身——也就是占有欲。发现它真正的意义——它如何带给你社会分别和权力，如何导致了空虚而肤浅的生活，而不逃到超脱中去。如果你没有理解财产的意义就放弃它们，那么在不有中你会同样空虚——禁欲主义和超脱中的安全感，变成你的庇护所，在冲突出现时你就退避其中。只要存在恐惧，就必然会去追求对立面；但是如果头脑将自己从恐惧的根源本身——也就是自我意识、"我"、局限的意识之中解放出来的话，那么就有了完整和圆满的行动。

（在弗隆纳塞特伦第四次演说，1933年9月12日）

PART 04

印度 1933—1934 年

唤醒探索的真正愿望

通神学会的代理主席——沃林顿先生亲切地邀请我来阿迪亚尔做一些讲话。我很高兴接受这个邀请，也很感谢他的友好，我希望这种友好能继续下去，尽管我们也许抱有截然不同的观点和想法。

我希望你们听我讲话时都能不抱偏见，希望你们不要以为我试图攻击你们的学会。我想做的完全是另外一回事。我想唤醒你真正去探索的愿望——我想这是一个老师唯一能做的。这就是我唯一想做的事情。如果我能唤醒你内心的这种渴望，我就完成了我的使命，因为从那渴望中就可以诞生智慧，那智慧摆脱了所有体系和组织化的信仰。这智慧超越所有妥协的思想和错误的调整。所以在这些讲话的过程中，你们中属于各种学会或者团体的人请将这一点谨记在心，即我非常感激通神学会及代理主席邀请我来这里讲话，我也不是在攻击通神学会。我对攻击不感兴趣。但我认为，为了人类社会的福利而存在的组织是必要的，而建立在宗教希望和信仰基础上的社团是非常有害的。所以尽管我的讲话也许听起来很刺耳，请记得我不是在攻击任何特定的社团，而是我反对所有这些错误的组织，尽管它们声称在帮助人们，但实际上是一个巨大的障碍，它们只是不断进行剥削的手段。

当头脑被信念、观点和明确的结论——我们称之为知识并将其变得神圣——塞满时,思想的无限运动就停止了。这正是发生在大多数头脑之中的事。我们所谓的知识只不过是积累,它妨碍了思想的自由运动,然而我们却紧抓住它不放并崇拜这些所谓的知识。所以头脑陷入并被困在了知识中。只有当头脑从所有这些积累、信念、理想、原则和记忆中解脱出来,才会有创造性的思考。你不能盲目地抛弃积累,只有当你理解了它,你才能从中解脱出来。此时就有了创造性的思考,此时就有了永恒的运动。此时头脑与行动便不再是分离的。

而你所追求的信仰、理想、美德和神圣理念——你称之为知识,它们妨碍了创造性的思考,因而使思想不断成熟的过程终止下来。因为思想并不意味着对某种既定观点、习惯和传统模式的追随。思想是批判性的,它是独立于继承的或者获取的知识而存在的一种事物。当你仅仅是接受某些观点和传统,你就没有在思考,而此时存在着缓慢的停滞。你对我说:"我们有信仰,我们有传统,我们有原则;它们不正确吗?我们必须要除掉它们吗?"我不会说你们必须除掉或者不除掉它们。实际上,你乐于接受必须除掉或者不除掉这些信念和传统的想法,正是这些想法,妨碍了你去思考;你已经处于一种接受的状态中,因而你没有能力去质疑。

我是在对个体讲话,而不是对组织或者个人的团体讲话。我讲话是把你当做一个个体,而不是抱有某些信念的一群人。如果我的讲话对你来说能有任何价值的话,那就请试着自己去思考,而不是用集体的意识来思考。不要沿着你之前遵循的老路来思考,因为它们不过是形式微妙的慰藉。你说:"我属于某个社团、某个组织。我向那个组织做出了承诺,并从中得到了某些利益。我怎么能抛开这些制约和承诺来思考呢?我该怎么办?"我说,不要用承诺的方式来思考,因为它们妨碍你去创造性地思考。仅仅去接受,就不可能有自由的、流动的创造性思考,而这种思考本身就是最高的智慧,本身就是幸福。我们崇拜并努力通过阅读书籍获取的所谓知识，妨碍了创造性的思考。

但是，不要因为我说这些知识和这种阅读妨碍创造性的思考，就立即走向其反面。不要说："我们是不是根本不能去阅读？"我谈这些事情，是想告诉你它们内在的意义，我不是想督促你们走向反面。

如果你的态度是接受，那么你就会生活在对批判的恐惧中，当质疑来临时——它必然会来临——你就会小心翼翼地、孜孜不倦地摧毁质疑。而只有通过质疑、通过批判，你才能完满；生命的意义就在于完满，而不是去积累、去成就，我很快就会解释这一点。生活是一个探索的过程，不是追求某个特定的目标，而是释放人类创造性的能量、创造性的智慧；这是一个永恒的运动过程，不会被信仰、观念体系、教条或者所谓的知识所束缚。

所以当我谈到批判时，请不要做盲目的拥护者。我不属于你们的社团，我不抱持你们的观念和理想。我们在这里探究，而不是偏袒某方。所以请敞开心扉去理解我要说的话，如果你必须要偏向某方的话，请在这些讲话结束后再采取立场。你为什么要偏向某方？属于某个特定的团体，能给你一种舒适感、安全感。你认为，因为你们很多人抱有某些观念或者原则，所以你们会得到成长。但是现在，请试着不去采取立场。试着不被你现在所属特定团体的倾向所左右，也不要试着站在我这边。在这些讲话的过程中，你需要做的只是审视、批判、质疑，去发现、去探索、去理解你面前的问题。

你们习惯于对抗，而不是批判。当我说"你们"的时候，请不要以为我抱着一种高高在上的态度。我说，你们没有习惯于批判，缺乏这种批判的态度，你们希望在精神上得到发展。你认为通过摧毁质疑、通过除掉怀疑，就能进步，因为有人告诉你那是精神进步所必需的品质之一；你因而被剥削了。但是在小心翼翼地摧毁质疑的过程中，在你抛开批判的过程中，你仅仅发展出了对抗。你说："这些经文是我这方面的权威"，

唤醒探索的真正愿望　255

或者"导师们这么说过",或者"我读过这个。"换句话说,你抱有某些信念、某些教条、某些原则,你用它们来反对任何与之相矛盾的新情况,你想象自己在思考,自己具有批判性和创造性。你的立场就像一个仅仅在对抗中行动的政治党派一样。如果你真的具有批判性和创造性,那么你就永远不会仅仅去反对,你就会关心现实。但是如果你的态度只是反对的话,那么你的头脑就不会与我相遇,你就不会理解我想传达的意思。

所以当头脑习惯于对抗,当它被精心训练过,通过所谓的教育、通过传统和信念、通过宗教和哲学体系获得这种对抗的态度时,它自然没有能力去真正地批判和质疑。但是如果你想理解我的话,这些品质是你首先需要具备的。请你们不要对我说的话关闭心门。真正的批判是想要探索发现的愿望。只有当你想要发现一件事情的内在价值时,批判的能力才会存在。但是你们不习惯这一点。你们的头脑被巧妙地训练用来建立价值观,但是通过那个过程,你永远无法理解一件事情、一个经验或者一个观点的内在意义。

那么,在我看来,真正的批判存在于试着去发现事物本身的内在价值,而不是从外在赋予事物某种品质。只有当你想从某个环境、某个经验中有所得,当你想要得到或者拥有权力或快乐时,才会赋予其某种品质。而这破坏了真正的批判。你的愿望被赋予价值的行为扭曲了,因此你无法清晰地看到。你没有试着去看到花朵原有的完整的美,而是透过有色眼镜去看,所以你永远无法如实看到它。

如果你想体验、享受和欣赏生命的无限,如果你真的想理解它,而不只是鹦鹉学舌般地重复别人教你、灌输给你的东西,那么你的第一项任务就是去除束缚着你的诸多扭曲。我向你确认这是最艰巨的任务之一,因为这些扭曲是你的训练、你的成长环境的一部分,你很难将自己从中解脱出来。

批判的态度需要摆脱对抗的想法。例如,你对我说:"我们相信大师;

你不信。对此你怎么说？"这并不是一种批判的态度，而是一种幼稚的态度，但是请不要认为我说话刻薄。我们在讨论某些观点本身从本质上是否正确，而不是你是否从这些观点中得到了什么，因为你所得到的或许只是扭曲和偏见。

通过这一系列讲话，我的目的是唤醒你自己真正的批判能力，这样对你来说导师就变得不再必要，这样你就会觉得不再需要讲座、布道，这样你就可以自己认识到什么是真实的并完满地生活。当再也没有导师，当人觉得再也不需要向他的邻居宣讲什么时，这个世界将会变成一个更加幸福的所在。但是，只有当作为个体的你们真的觉醒了，当你们深深质疑，当你们在悲伤之中真的开始质询时，那种状态才能到来。而现在你们停止了对痛苦的感受。你们用解释、用知识窒息了自己的头脑，你们硬起了心肠。你们不关心感受，只关心信仰、观念，只关心所谓神圣的知识，所以你们极度匮乏，你们不再是人类，而只是机器。

我看到你们摇头了。如果你们不同意我说的话，请明天向我提问。把你们的问题写下来递给我，我会回答它们。但是今天上午我只讲话，我希望你们能跟上我要说的话。

生活中没有安静的栖身之处。思想没有安静的栖身之处。但是你却在寻找这样一个栖身之所。你从各种各样的信仰和宗教中，寻找这样的栖身之处，在这个寻找的过程中，你不再具有批判性，不再随着生命流淌，不再享受生命，你的生活不再丰足。

如我所说，真正的探索——不同于追求某个目标，或者寻求帮助，或者追求获益——真正的探索会带来对经验的内在价值的了解。真正的探索就像一条迅速流动的河流，在这种运动中有领悟和永恒的发生。而寻找指引则只会导致短暂的慰藉，而这意味着问题的堆积及其解决办法的增多。那么你在寻找什么？你想要其中的哪一个？你是想要去探索去发现，还是想要找到帮助和指引？你们大多数人想要得到帮助，能够暂时缓解痛苦,你们想要治疗症状而不是发现痛苦的根源。"我在受苦,"你说,"给我一个摆脱痛苦的办法。"或者你说:"这个世界处于混乱之中。给我一个能够解决问题并带来秩序的体系。"

因此,你们大多数人在寻找短暂的慰藉、暂时的庇护,而你们却称之为追寻真理。当你谈论服务、谈论领悟和智慧时,你只是从舒适的角度进行思考。只要你仅仅想要减轻冲突、挣扎、误解、混乱和痛苦,你就像一个只医治疾病症状的医生。只要你只关心找到慰藉,你就没有在真正地探索。

现在让我们完全坦诚地来面对。如果我们真的坦诚,我们可以走得很远。让我们坦承你所追求的一切不过是安全和舒适,你想从不停的变化中找到安全,解除痛苦。因为你内心不足,你说:"请给我丰足。"所以你所谓的追寻真理实际上是试图找到痛苦的解药,而那与真相无关。在这样的事情中,我们就像孩子一样。有危险的时候我们跑到母亲那里,母亲就是信仰、古鲁、宗教、传统和习惯。我们从这里得到庇护,因而我们的生活始终是受限的生活,从来没有一刻拥有深刻的领悟。

现在你也许赞同我的话,说:"你很正确,我们追求的不是真理,而是慰藉,那慰藉能带来暂时的满足。"如果你满足于此,那么就没什么要说的了。如果你抱着这种态度,我也没什么好说的了。但是,感谢老天!并不是所有的人都抱着这种态度。并不是所有人都达到了这样一种状态,即满足于自己称为知识的狭隘经验,而那只不过是停滞。

那么,当你说"我在追寻"时,你的意思是你在探寻未知。你想要得到未知,那就是你追求的目标。因为已知对你来说非常糟糕、令人不满、毫无意义并且充满了悲伤,你想要发现未知,因而探问:"真理是什么?什么是神?"从中就产生了这个问题:"谁能帮我到达真理?"正是在试图发现真理或者神的过程中,你制造了古鲁、导师,他们变成了你的剥削者。

请不要对我说的话光火,请不要对我说的话心存反对的偏见,请不要以为我是出于个人嗜好才这么说的。我只是在指出你被剥削的根源,就是你追求某个目标、某个结果;而当你理解了这个根源的谬误,那理解本身就能解放你。我不是在要求你听从我的教导,因为如果你想领悟真理的话,你就不能追随任何人;如果你想领悟真理的话,你就必须彻底独立。

在你对未知的探索中,你感兴趣的最重要的一件事情是什么?"告诉我彼岸有什么",你说,"告诉我人死后会发生什么。"对这些问题的回答我们称之为知识。所以当你探询未知时,你找到了一个能给你令人满意的解释的人,而你从这个人或者他给你的理念中找到庇护。所以那个人或者那个理念变成了你的剥削者,而你自己要为那剥削负责,而不是那个剥削你的人或者理念。从这种对未知的探询中产生了一种想法,即认为有个能带领你走向真理的古鲁。从这种探询中产生了关于真理是什么的困惑,因为你在对未知进行探索的过程中,每个老师、每个向导都给你一套关于真理是什么的解释,那解释自然取决于他自己的偏见和观点;但是你希望通过那些教导学到真理是什么。你对未知的探索只不过是一种逃避。当你知道了真正的根源,当你理解了已知,那么你就不会去探询未知了。

追求关于真理的理念的多样性和多元化,并不能带来领悟。你对自己说:"我要去听这个老师讲,然后再去听别人讲,然后再去听另一个人讲,这样我就能学到真理各个不同的方面。"但是通过这个过程你永远不会理解。你所做的只不过是逃避;你试图发现带给你最大满足的东西,给你最多满足的人你将其奉为你的古鲁、你的理想、你的目标。所以你对真理的追寻已经停止了。

请不要以为我把这种追寻的无益展示给你看,只是我的聪明狡黠而已:我在解释全世界以宗教之名、以政府之名、以真理之名在进行着的剥削的原因。

未知不是你要关心的东西。当心向你描述未知、真理或者神的人。这种对未知的描述给你一种逃避的手段;而且,一切描述都与真理不符。在那逃避中没有理解,没有完满。逃避中只有例行公事和腐朽。真理无法被解释或者描述。它存在着。我说存在着无法被诉诸语言的美:如果诉诸语言,它就被破坏了,它就不再是真理。但是通过询问,你无法知道这美、这真理;只有当你理解了已知,当你领会了你眼前的事物的全部意义时,你才能知道它。

所以你在不停地寻找逃避,你赋予这些逃避的企图以各种灵性名称,通过宏伟响亮的语言使其显得高尚;这些逃避能暂时满足你,直到下一次痛苦的风暴来临并吹垮你的避难所。

现在让我们放下这未知,让我们自己来关注已知。暂且放下你的信仰、你对传统的盲从、你对《薄伽梵歌》①的依赖、你的经文和你的大师们。我不是在攻击你最钟爱的信仰和你最钟爱的社团:我是在告诉你如果你想要了解我所说的真理,你就必须试着没有偏见地去倾听。

我们通过各式各样的教育体系——或许是大学里的训练,或者是追随某个古鲁,或是依赖以传统和习惯为形式的过去——而这些导致了现在的不完整,通过这些教育体系,我们被鼓励去获得、去崇拜成功。我们的整个思想体系,以及我们的整个社会结构,都基于获益的想法。我们将目光投向过去,是因为我们无法理解现在。而要理解现在,也就是经验,头脑就必须摆脱过去的传统和习惯的重负。只要过去的重负压在我们身上,我们就无法理解,我就无法完整地采撷每个经验的芬芳。所以,只要追求获得,就必然会有不完整。我们的整个思想体系都基于求取的想法,这不仅仅是我在理论上的假定,这是个事实。而我们社会结构的

---

① 印度教的重要经典,印度两大史诗之一的《摩诃婆罗多》的一部分。它是唯一一本记录神而不是神的代言人,或先知的言论的经典。

核心观念也是求取、成就和成功。

但是,不要因为我说过你追求获得的想法不会带来完满的生活,就因此按照其反面来思考。不要说:"我们是不是一定不能追寻?我们是不是一定不能去获取?我们是不是一定不能去成功?"这表明了一种非常局限的思维方式。我想让你做的,是质疑求取的想法本身。如我所说,我们这个世界的整个社会、经济和所谓的宗教结构都基于这种求取的想法:从经验中收获,从生活中收获,从老师那里收获。而从这种收获的想法中,你逐渐在自己内心培植出恐惧的概念,因为在寻找收获的过程中,你始终处于害怕失去的恐惧中。所以,因为内心有对失去的恐惧,害怕失去机会,于是你制造出了剥削者,不管那剥削者是从道德上、精神上指导你的人,还是你紧抓住不放的一个观念。你恐惧,于是你想要勇气,所以勇气就变成了你的剥削者。观念变成了你的剥削者。

你想要取得成功和收获的尝试,只不过是一种远离和逃避不安全的手段。当你说到收获时,你想的是安全;建立起安全的概念之后,你想找到一种方法来获得和保持那种安全。难道不是这样吗?如果你批判地考虑和审视你的生活,你会发现它是建立在恐惧之上的。你总是在寻求收获;在找到你的安全后,把它们作为理想建立起来之后,你转而求助于能够给你方法和计划的人,你依照它们去实现和捍卫你的理想。因此你说:"为了实现那安全,我必须以某种方式行动,我必须追求美德,我必须服务和服从,我必须追随古鲁、上师和体系,我必须学习和练习以得到我想要的。"换句话说,由于你想要安全,于是你找到了能帮你得到你想要的东西的剥削者。所以,作为个体,你们建立起宗教作为安全的庇护,作为传统行为的准则;因为害怕失去,害怕错过你想要的东西,于是你们接受了宗教提供的这些指导或理想。

在你建立起宗教理想之后——它们实际上就是你的安全庇护,你必须遵守特定的行为方式、练习、仪式和信仰,以实现那些理想。在努力实现它们的过程中，就产生了宗教思想中的分裂，导致教会分立、派系和教条。你有你的信仰，另一个人有他的信仰；你抱持自己特定形式的宗教，而另一个人抱守着他的；你是个基督教徒，另一个人是个穆斯林，再一个人是个印度教徒。你们有这些宗教纷争和分别，但是你们说着兄弟之爱、宽容和统———并不是说思想和观念必须不统一。你们说的宽容只不过是头脑的狡猾发明；这种宽容只表明了你想要紧紧抓住自己的特质、自己局限的想法和偏见，并允许别人去追求他自己的那些东西。这种宽容中没有智慧的多样性，而只有一种感觉优越的冷漠。这种宽容是彻底错误的。你说："你继续你自己的方式，我继续我的；但是让我们保持宽容、友爱。"当存在真正的兄弟之情和友爱时，当你心中有爱时，你就不会谈论宽容。只有当你对你确信的事、你的地位、你的知识感觉优越时，只有此时你才会谈论宽容。只有当存在分别时，你才会宽容。随着分别的消失，就不会再谈论宽容。这时你们不会谈论兄弟之爱，因为此时你们内心深处确是兄弟。

所以，作为个体的你们，建立起了充当你们的庇护的各种宗教。并不是上师建立起了这些组织化的宗教来剥削人们的。而是由于你们的不安全，由于你们的困惑，由于你们缺乏理解，你们自己建立起宗教来充当你们的向导。在建立起宗教之后，你们就去寻找古鲁、上师，寻找大师来帮助你们。

不要认为我在试图攻击你钟爱的信仰；我只不过是在陈述事实，不是为了让你接受，而是让你去审视、去批判、去验证。

你有你的导师，另一个人有他特定的向导；你有你的救主，另一个人有他的救主。从这种思想和信仰的划分中，就产生了各种体系的价值观之间的矛盾和冲突。这些争执让人类互相对立；但是因为我们把生活理性化了，我们不再公然地互相争斗：我们试图保持宽容。请想一想我说的话。不要只是接受或者拒绝我的话。若要客观地、批判地审视，你就必须抛开你的偏见和个人癖性,开放地面对整个问题。

全世界的宗教都让人类互相疏离。每个人都在追求自己的小小安全,只关心自己的进步;每个人都想要成长、扩张、成功和成就,所以他接受能为他实现进步和成长提供帮助的任何导师。这种接受的态度带来的结果是,批判精神和真正的探询消失,停滞状态出现。尽管你沿着思想和生活狭隘的日常轨道活动着,但是真正的思考、完满的生活已经不复存在,只剩下防御性的反应。只要宗教分离着人类,就不可能有兄弟之爱,正如只要存在着国家之分——国家之分必然导致人类的冲突——就不可能有兄弟之爱。

宗教及其信仰、训练、诱惑、希望和惩罚,迫使你向着正确的行为、向着兄弟之情、向着爱努力。而由于你是被迫的,你要么会服从宗教设置的外在权威,要么开始发展出并遵循你自己内在的权威,将其作为对抗外在权威的一种反应,而这都是一回事。哪里有信仰,哪里有对某个理想的追随,哪里就不可能有完整的生活。信仰意味着没有能力去理解现在。

但是不要就此转向对立面,说:"我们不能有信仰吗?我们根本不可以有理想吗?"我只是把信仰的根源和本质展示给你看。因为你无法理解生活迅捷变化的运动,因为你无法领会快速流动的生活的意义,你认为信仰是必需的。由于你依赖于传统、理想、信念或者大师,你没有活在现在,也就是永恒中。

你们很多人以为我说的话非常消极。不是的,因为当你真的看到了谬误所在,那么你就会理解正确的东西。我想做的只不过是将谬误所在展示给你,这样你也许就会发现真实。这不是消极。相反,这种对创造性智慧的唤醒,是我唯一能给你的积极帮助。但是你也许不认为这是积极的;只有我给你一套戒律、一个行动方案和一套新的思想体系,你也许才会认为我是积极的。但是我们今天不能深入探讨这些了。如果你明天或者后面几天里想问这方面的问题,我会试着去回答。

个体们出于求取的目的,把他们自己组织在一起,由此建立起社会,但是这并没有带来真正的统一。这个社会变成了他们的牢笼、他们的模子,然而每个人却想要自由地成长和成功。所以每个人都变成了社会里的剥削者,反过来又被社会所剥削。社会变成了他们欲望的顶点,政府变成了实现那个欲望的工具,拥有最强大的获取和占有能力的那些人被授予荣誉。同样愚蠢的事情也发生在宗教中:宗教权威认为完全服从其教条和信仰的人是真正的宗教人士。宗教授予那些拥有美德的人荣誉。所以,在我们想要占有的欲望中——同样,我不是在提倡相反的事情,而是在探究导致占有欲的根源本身——在我们对占有的追求中,我们建立了一个我们不知不觉成为了其奴隶的社会。我们变成了那部社会机器中的螺丝钉,接受了它所有的价值观、传统、希望和渴望以及既定的观念,因为是我们制造了社会,它帮助我们得到我们想要的。所以无论是政府还是宗教建立起来的秩序,都熄灭了探寻、探索和质疑。因此,我们在占有中越是团结,我们就越倾向于国家主义。

归根结底,国家是什么?是为了经济上的便利和自我保护,并剥削与之类似的其他群体而生活在一起的一群人。我不是个经济学家,但这是一个显而易见的事实。从这种贪得无厌中产生了"我的家庭"、"我的房子"、"我的国家"这些概念。只要这种占有欲存在,就不可能有真正的兄弟之爱或者真正的国际主义。你的疆界、你的习俗、你的关税壁垒、你的传统、你的信仰、你的宗教将人与人分离开来。这种求取、分裂、安全和保障的心态制造了什么?制造出了各个国家;而只要有国家主义,战争就必然存在。国家的职能正是为战争做准备,否则它们就不是真正的国家。

这就是全世界正在发生的事,我们发现我们自己已经处于另一场战争的边缘。每份报纸报道的都是国家主义和分裂精神。在美国,在英国,在意大利,几乎所有国家都在说什么?"先要保证我们自己和我们自己的安全,然后我们再去考虑全世界。"我们似乎没有意识到我们的处境都是相同的。人们不能再像几个世纪以前那样互相分离了。我们不应该以分离的方式进行思考,但是我们却坚持抱着国家主义和阶级意识来思考,因为我们依然紧紧抓住我们的财产、我们的信仰。国家主义是场疾病,它不能带来世界的统一或者人类的统一。我们无法通过渴望得到健康,我们必须首先把我们自己从疾病中解脱出来。教育、社会、宗教助长了国家之间的分离,因为它们每一个都在寻求增长、获益并想进行剥削。

而从这种想要增长、获益和剥削的欲望中,我们建立起无数的信仰——关于死后重生、转世和不朽的信仰——我们找到了借助我们的信仰来剥削我们的人。请理解我这么说并不是指向某个特定的领袖或者导师,我不是在攻击你们的任何一个导师。攻击任何人都完全是浪费时间。我对攻击任何一个特定的领袖都不感兴趣,我生活中有更重要的事情要做。我想作为一面镜子,清晰地呈现存在于社会和宗教中的扭曲和欺骗。

我们的整个社会和智力结构都建立在获得和成就的观念之上;而当头脑和内心被求取的想法困住时,就不可能有真正的生活,就不可能有生命的自由流淌。难道不是这样吗?如果你将眼光不停地投向未来、成就、收益和希望,你怎么能全然地活在现在呢?你怎么能智慧地作为一个人行动呢?当你始终把目光锁定在遥远的未来,你怎么能在完满的现在中思考或者感受呢?通过我们的宗教,通过我们的教育,我们被变得一无是处;而当我们意识到那空虚,我们想要求取和成功。所以我们不停地追寻上师、古鲁和体系。如果你真的理解了这一点,你就会行动,你不会只是从智力上来探讨这件事。

在对收益的追求中,你对现在视而不见。在你对收益的追求和对过去的依赖中,你无法完全理解当前的经验。于是那经验留下疤痕、记忆,那是未被完整面对的经验,而从那不断增长的不完整中产生了"我"的意识、自我。你对自我的划分只不过是在追求获得的过程中对自私的肤浅改良。本质上，自我根植于那不完整的经验中、记忆中。无论如何成长如何扩张，它依然是自私的核心。因此，当你追求获得、追求成功时，每个经验都在增强自我意识。我们改天再探讨这一点。在这次讲话中，我想尽可能多地表达我的想法，这样在后面的讲话中我就有时间来回答你们的问题。

当头脑困在过去或者未来中，它就无法理解当前经验的意义。这显而易见。当你将目光投向收益，你就无法理解现在。而由于你无法理解现在，也就是经验，经验就在头脑中留下疤痕和不完整性。你没有从那经验中解脱出来。这种自由和完整的缺乏，产生了记忆，而记忆的增加只不过是自我意识、自我。所以当你说"让我通过经验来获得自由"，那么实际上你的做法只是在增加、强化、扩张那个自我意识、那个自我，因为你把获得和积累看做是得到幸福、领悟真理的手段。

在你的头脑中建立起"我"的意识之后，你的头脑喂养这个意识，从中产生了你死后是否会重生、你是否可以寄望于转世这样的问题。你想明确知道转世是否是一个事实。换句话说，你利用转世的想法作为一种拖延的手段，从中获得安慰。你说："通过进步，我能获得理解；我今天没有理解的，明天会理解。所以让我得到确实存在转世的保证。"

所以你抱守着这种进步的想法，这种得到的越来越多直到完美的想法。这就是你所谓的进步，得到的越来越多，积累的越来越多。但是对我来说，完美是圆满，而不是这种进步式的积累。你用"进步"这个词表示积累、获得、成就，那就是你对进步的基本想法。但是完美并不存在于进步中，它是圆满。完美无法通过经验的累加实现，而是经验本身、行动本身中的圆满。脱离了圆满的进步只能导致极度的肤浅。

这种逃避体系盛行于当今的世界上。你关于转世的理论让人变得越来越肤浅，因而他说："既然我今天无法圆满，我将来会做到的。"如果你无法在这一生中圆满，你就在总是还有来世这样的想法中得到慰藉。从中就产生了对来生的探问，并认为获得最多知识——那不是智慧——的人会达到完美。但是智慧不是积累的结果，智慧不是个人财产：智慧是自发的、即刻的。

当头脑通过求取来逃避空虚时，那空虚便会增强，你没有一天、没有一刻能说："我真正地活过了。"你的行动始终是不完整、不完满的，因而你寻求延续。在这种愿望下，发生了什么？你变得越来越空虚、越来越肤浅、轻率和盲目。你接受提供给你安慰和保证的人，而且作为一个个体，你把他变成了你的剥削者。你变成了他的奴隶，他的体系、他的理想的奴隶。这种盲从的态度中没有完满，只有拖延。因而你需要认为你能延续，需要相信转世，从中产生了进步和积累的想法。无论你做什么，都没有和谐，没有意义，因为你不停地从求取的角度来思考。你认为完美是一个目标，而不是圆满。

如我所说，完美存在于领悟中、对经验的意义的全然理解中；而那领悟即是完满，即不朽。所以你需要全然觉察你现在的行动。自我意识从肤浅的行动和无尽的剥削中得以增强，剥削从家庭、丈夫、妻子和孩子们开始，延伸到社会、理想和宗教，因为它们都基于这种获得的想法。你追求的实际上是占有，即使你也许没有意识到这一点，没有意识到你在剥削。我想说明，你的宗教、你的信仰、你的传统、你的自我修炼都基于获得的想法。它们只不过是正确行为的诱导物，从中产生了剥削者和被剥削者。如果你追求占有，那就有意识地去追求它，而不是虚伪地遮遮掩掩。不要说你在追求真理，因为真理不是以这种方式到来的。

在我看来，这种不断成长的想法是错误的，因为成长的东西不是永恒的。可曾有事实证明你拥有的越多，你理解的就越多？理论上也许是如此，但实际上并不是这样。一个人积累财产并占有它，另一个人积累知识并被其束缚。两者有什么区别呢？这种累积性的成长过程从一开始就是肤浅的、谬误的，因为能够生长的东西不是永恒的。那个是幻觉，是个错误，其中毫无真实性可言。但是如果你在追求这种累积性成长的想法，那就全心全意地去追求。然后你会发现它是多么肤浅、多么徒劳、多么虚假。而当你洞察了它的谬误，你就会懂得真理。没有什么是需要替代的。那么你就不会再去寻找真理来代替谬误，因为在你直接的洞察中，谬误不复存在。在那了解中，存在着永恒。于是就有了幸福和创造性的智慧。于是你会自然地、完满地生活，就像花儿一样，而其中就有不朽。

（在阿迪亚尔[①]第一次演说，1933年12月29日）

[①] 印度南部城市，通神学会印度总部的所在地，通神学会在那里发现了克里希那穆提。

信仰束缚了思想

正如我昨天所说的,当思想被信仰束缚时,就变得残废而无用了,然而我们的大部分思想正是基于信仰、基于某个特定信念或者理想的反应。所以我们的思想从来不是真实的、流动的,从来不具有创造性。它始终被某个特定的信念、传统或者理想紧紧钳制。只有当思想处于不停的运动中,未被过去或者未来捆住手脚时,人才能领悟真理,拥有那持久的领悟。这太简单了,以至于我们常常视而不见。伟大的科学家在研究中是没有目标的;如果他仅仅在寻找一个结果,那么他就不再是一位伟大的科学家。所以我们的思想必须也是如此。但是我们的思想被信仰、教条和理想残害了、束缚了、包围了,所以没有创造性的思考。

请在你们自己身上应用我说的话,那么你很容易就能理解我的意思。如果你只是把它当做一场娱乐来听,那么我的话将毫无意义,只会带来更多的困惑。

你的信仰以什么为基础?我们的大部分理想是在什么基础上建立起来的?如果你好好思考一下,你会发现要么信仰的动机是获得、得到奖赏的想法,要么信仰作为一种诱惑物、一种向导和模式而存在。你说:"我要追求美德,我要以这种或那种方式行动,以获得幸福;我要发现真理是什么,以战胜困惑和苦恼;我要为人们服务,以得到上天的祝福。"

但是把行动当做为了将来获得某物的手段,这种态度,在不停地残害你的思想。

又或者,信仰基于过去产生的结果。你要么有外来的强加在你身上的原则,要么发展出内心的理想,并依照那理想来生活。外在的原则由社会、传统和权威所施加,它们都以恐惧为基础。你始终把这些原则当做你的标准:"我的邻居会怎么想?","公众舆论会怎么认为?","圣书或者上师们是怎么说的?"要么你发展出内在的准则,而那只不过是对外在准则的一种反应而已;也就是说,你基于对经验的记忆、基于反应发展出内在的信仰、内在的原则,借以在生活的运动中指导自己。

所以信仰要么属于过去,要么属于未来。也就是说,当存在需求时,欲望制造出未来;而当你现在根据已有的经验来指导自己时,那标准是属于过去的,它已经死去。所以我们发展出对现在的抗拒,并称之为意志。而在我看来,只有缺乏理解时,才会存在意志。我们为什么需要意志?当我理解经验并充分活在其中时,我不需要与之斗争,我不需要抗拒它。当我完全理解了经验,就不再有仿效和调整的想法,或者想要抗拒它的愿望。我完全理解了它,因此从它的重负下解脱出来。你得好好想想我说的话,我的话并没有听起来那么令人困惑。

信仰基于获得的想法,以及通过行动收获结果的愿望。你追求收获,你被一套套信仰所塑造,这些信仰基于获得的想法、基于对奖赏的追求,你的行动是那追求的结果。如果你处于思想运作中,而不去追求一个结局、一个目标或者奖励,那么就会产生结果,但你不会在乎结果是什么。如我所说,追求结果的科学家不是一个真正的科学家;深入探索的科学家不关心他得到的结果,尽管这些结果也许有益于世界。所以去关注行动本身的运作,在那关注中就有真理的狂喜。但是你必须觉察到你的思想受制于信仰,你只不过是在根据某些信仰体系行动着,你的行动被传统所残害。在这自由的觉察中就有完整的行动。

举例来说，假设我是个学校老师。如果我试图把某个特定的行为作为目标来塑造学生的智慧，那就不再是智慧了。学生如何运用他的智慧，是他自己的事。如果他是智慧的，他会正确地行动，因为他的行动不是出自获益、奖赏、诱惑和权力的动机。

若要了解这种思想的运动、行动的这种不完整性——行动永远不会像标准和理想那样是停滞的——那么头脑就必须从信仰中解放出来，因为寻求奖赏的行动无法理解它自身的完整、它自身的圆满。然而你的大多数行动都是建立在信仰之上的。你相信大师的指引，你相信理想，你相信宗教信条，你相信社会的既定传统。但是带着那个信仰的背景，你永远都不会理解，你永远都不会知道完整的行动。现在你没有意识到这些扭曲头脑的负担。完全觉察到这些负担，那觉察本身就能把头脑从所有扭曲中解放出来。

现在我来回答提出的一些问题。

问：世世代代以来人们都认为在真理降临心灵之前，质疑是需要被摧毁的束缚，这一点也得到了经文的证实和很多老师的认可。而你却正相反，你似乎以截然不同的眼光来看待质疑。你甚至把它称作珍贵的药膏。这些互相矛盾的观点中，哪一个才是正确的？

克：让我们在这次讨论中先把经文放在一边，因为当你开始引经据典地支撑你的观点时，请相信魔鬼也能从经典中找到篇章支持恰恰相反的观点！在《奥义书》[①]中，在《吠陀经》[②]中，我相信都能找到与你所说

[①] 印度古代哲学典籍，最早出现于公元前9世纪左右，据传是佛教思想的源头，是用散文或韵文阐发印度教最古老的吠陀文献的思辨著作。——译者

[②] 印度教的著名经典。在印度传统中，有关宇宙的神秘知识称为吠陀，意思相当于知识、知道、智慧、智力、思想和看到真理的人。印度那些记述吠陀知识精华的圣书，都称为《吠陀经》。《吠陀经》中包含了戏剧、历史、深奥的哲学，以及有关礼仪的简单课程、军事礼节的介绍和乐器的用法等。——译者

的经典教诲正相反的观点:我确信能够找到写着人应当质疑的篇章。所以我们不要向彼此引经据典,那就像互相朝对方的脑袋扔砖块一样。

正如我所说的,你的行动基于信仰和理想,这些是你继承来的或者取得的。它们没有真实性。信仰永远不是鲜活的真相。对于活生生的人来说,信仰是不必要的。

由于头脑被诸多信仰、原则和传统以及谬误的价值观和幻象所残害,你必须开始质疑它们、怀疑它们。你们不是孩子。你们不能随便接受提供给你或者强加给你的一切。你必须开始质疑权威的基础本身,因为那是真正批判精神的开始;你必须质疑才能自己去发现传统价值观的真正意义。这种质疑,诞生于强烈的冲突,它本身就能解放头脑,并带给你自由的狂喜,从幻象中解脱出来的狂喜。

所以首先要做的事情是质疑,而不是紧紧抱持着你的信仰。但是剥削者却乐于敦促你不要质疑,把质疑当做一种障碍。你为什么会害怕质疑?如果你满足于事情现在的样子,那就继续照常生活下去。比如你满足于你的仪式;你也许抛弃了旧的,接受了新仪式,但是两者到最后都是一回事。如果你满足于它们,那么我的话就不会打扰你停滞不动的安宁。但是我们来这里不是为了被束缚被限制的,我们来这里是为了智慧地生活,而如果你想要这样生活,你必须做的第一件事就是质疑。

现在我们所谓的教育无情地摧毁了创造性的智慧。宗教教育充满权威地灌输给你各种形式的恐惧的概念,阻止你进行质疑和怀疑。你也许抛弃了买拉波尔①的旧宗教,但是你皈依了一个有着很多"不能做"和"要去做"的规定的新宗教。社会通过强大而活跃的公众舆论的力量,同样阻挠你去质疑;你说如果你站起来反对这种公众舆论,舆论就会压扁你。就这样,在所有方面,质疑都遭到打击、摧毁和抛弃。但是,只有当你

---

① 印度泰米尔纳德邦的首府金奈南部的一个繁荣的文化中心区。

开始去质疑、去怀疑社会和宗教从古至今包围着你的价值观时，你才能发现真理。

所以不要把我说的话与经文中的话做比较，通过那种方式你永远都不会理解。比较无法带来领悟。只有当我们拿起一个观点并深入检视它本身，不进行相对的比较，而只是想要发现它内在的价值时，我们才会理解。

我们来举个例子。你知道早婚是这里的习俗，而且这几乎变成了神圣之举。那么，你难道不应该质疑这个习俗吗？如果你真的爱你的孩子们，你就会质疑这个传统习惯。但是公众舆论是如此强大地支持早婚，以至于你不敢反对它，所以你从未坦诚地质询过这种迷信的做法。

同样，你抛弃了某些仪式，并采用新的仪式。那么你为什么放弃旧的仪式呢？你放弃它们，是因为它们无法满足你；你采用新仪式，因为它们更有前途，更有诱惑力，它们带给你更大的希望。你从不说："我要弄清楚仪式的内在价值，无论它们是印度教的、基督教的，还是任何其他信仰的仪式。"要发现它们的内在价值，你就必须抛开它们提供的希望和诱惑，批判地审视这整个问题，就不能有这种接受的态度。只有当你想要得到，当你在寻求慰藉、庇护和安全时，你才会接受，而在对安全和舒适的追求中，你把质疑变成了需要加以摒弃和摧毁的束缚和幻象。

想要真实地生活并彻底领悟生命的人，必须懂得质疑。不要说："质疑到底有尽头吗？"只要你痛苦，只要你还没有发现正确的价值观，质疑就要存在。而要了解正确的价值观，你必须开始质疑，开始批判地审视传统和权威（你的头脑就是从传统和权威中受到训练的）。但是这并不意味着你的态度就要是一种不智的反对。在我看来，质疑是珍贵的药膏。它治愈苦难中人的创伤，它能产生有益的影响。只有当你不是为了进一步求取或者替代，而是为了理解而去质疑时，领悟才能到来。哪里有获得的欲望，哪里就不再有质疑。哪里有求取的欲望，哪里就有对权威的接受——不管是一个人、五个人还是一百万人的权威。这种权威鼓励接受，并把质疑称为束缚。因为你不停地在寻找舒适和安全，你就会找到让你相信质疑是束缚并需要将其摒弃的剥削者。

问：你说人不可能同时为民族主义和兄弟之爱而工作。你的意思是不是说：1. 我们属于这个尚未独立的国家并坚定地相信兄弟之爱的人，应该停止取得自治的努力？还是：2. 只要我们试图摆脱外国的奴役，我们就应该停止为实现兄弟之爱而工作？

克：我们不要从附属国家和剥削国家的视角来看这个问题。当我们称自己为附属国，我们就是在制造剥削者。我们暂时不要以这种方式来看问题。在我看来，解决一个眼前的问题不是重点所在，因为如果我们充分理解了我们为之努力的最终目的，那么在为之而努力的同时，我们就能够不太费力地解决眼前的问题。

现在请跟上我要说的话；这些话对你们来说可能很新鲜，但是请不要因此而拒绝接纳。我知道你们大多数人都是国家主义者，同时你们也想为兄弟之爱而努力。我知道你们想同时保有国家主义和兄弟之爱的精神。但是请先把这种国家主义的态度暂且放在一边，从另一个视角来看这个问题。

就业和饥饿问题的最终解决办法，是世界或者人类的统一。你说印度有数百万人在挨饿和受苦，你说如果你们赶走了英国人，你们就能找到喂饱饥饿人民的途径和方法。但是我说，不要从这个视角来解决问题。不要只考虑印度眼下的苦难，而是考虑全世界更多人在忍饥挨饿这整个问题。数百万的中国人因为缺乏食物而奄奄一息。你们为什么不想想这些？"不，不，"你说，"我的首要责任在国内。"中国人也是这么说的："我的首要责任在国内。"那也是英国人、德国人、意大利人所宣称的，每个国家主义者都这么说。但是我说，不要从这个角度来看问题——我不会称之为狭隘或者宽阔的视角。我说,考虑全世界饥饿问题的整体根源,而不是为什么某个特定的人群没有足够的食物。

是什么导致了饥饿?是缺乏为整个人类所做的有组织的规划。难道不是这样吗?世界上的食物是足够的,有些非常有效的方法可以用来分发食物和衣服以及让人们就业。所有这些东西都是足够的。那么是什么阻碍了我们智慧地使用这些东西?阶级划分、民族划分、宗教和派系的划分——所有这些都阻碍了智慧的合作。你们每个人的内心都想要求取,每个人都被占有的本能所控制。这就是你为什么无情地累积,你把遗产赠与你的家人,而这变成了世界的祸根。

只要这种想法存在,那么就没有哪个智慧的体制能够令人满意地运行,因为没有足够多智慧的人明智地使用这个体制。当你谈到国家主义的时候,你的意思是:"我的国家,我的家庭,以及我自己是首要的。"通过国家主义,你永远无法实现人类的统一、世界的统一。国家主义的荒谬和残酷是毫无疑问的,但是剥削者们却利用国家主义来实现他们自己的目标。

你们谈论兄弟之爱的那些人,内心里通常是抱持国家主义态度的。作为概念或者现实的兄弟之爱指的是什么意思?当你抱有某套教条式的信仰,当你抱有宗教分别之心时,你的内心怎么可能真正拥有兄弟般的爱?而那正是你在各种社会中、各色团体中所做的事情。当存在这些分别时,你是根据兄弟之爱的精神在行动吗?当你的头脑充满着阶级之分,你怎么可能懂得那种精神?当你仅从你的家庭、你的民族、你的神的角度来考虑时,怎么可能存在统一或者兄弟之爱?

只要你仅仅试图解决眼前的问题——在这里是印度的饥饿问题——那么你就会面临不可逾越的困难。没有哪个过程、哪个体系、哪种革命能够立即扭转那种局势。立刻把英国人赶走,或者把白人的政府机构换成棕色人种的政府机构,并不能喂饱印度数百万忍饥挨饿的人。只要存在剥削，饥饿就会存在。而你们，每个人都参与这种剥削，因为你渴望权力，而权力产生分别，因为你想让自己在精神上和物质上都能安全。我说只要剥削的想法存在，就必然存在饥饿。

或者，情况也许是这样的：你也许被无情地驱使着接受了另一套观念，采纳了一种新的社会秩序，不管你是否愿意。现在，剥削、占有以及增加你的财产，持有、积累、储存和继承财产是传统，也被认为是合法的。你拥有的越多，你进行剥削的权力就越大。为了认可你的财产、你的权力，政府尊重你，授予你头衔和垄断权，你被称为"爵士"，你变成了一个印度之星高级勋爵士，Rao 阁下。这就是你的物质生活中发生的事情，而你所谓的精神生活中存在着完全相同的情况。你获取精神上的荣誉、精神上的头衔，你开始进行弟子、大师和古鲁之间的划分。宗教体系及其剥削者和传教士之间进行着同样的权力争斗，有着同样的占有欲，同样残酷骇人的剥削。而这被认为是精神上的、道德的。你们是现存的这个体系的奴隶。

现在另一种体制迅速发展起来，叫做共产主义。这种体制必然会出现，因为占有的那些人在其剥削中是如此冷漠、如此无情，那些感觉到这种残酷和丑陋的人，必须找到某种抵抗的方式。所以他们开始觉醒、反抗，他们会把你们迅速推入他们的思想体系，因为你们冷酷无情。（笑声）

不，不要笑。你们没有意识到你们狭隘的占有体制所带来的骇人残酷。一种新体制出现了，不管你们愿不愿意，你们会被剥夺财产；你们会像绵羊一样被赶向不占有，就像现在你们被驱使着占有一样。在那个体制中，荣誉被赋予那些不占有的人。你们会成为那个新体制的奴隶，就像你们是旧体制的奴隶一样。一种体制强迫你去占有，另一种则强迫你不占有。也许新体制会使大众、劳动人民受益；但是如果你们每个人是被迫接受这些的，那么创造性的思维就停止了。所以我说，要带着理解自发地行动,从占有及其对立面——不占有中解脱出来。

但是你们丧失了去真实感受的所有能力。这就是你们为什么要为国家主义而奋斗——却不关心国家主义的诸多内涵。当你们被阶级分别所占据,当你们奋起保卫你们所拥有的,你们作为个人和集体实际上都在被剥削着,而这种剥削必然会导致战争。现在这一点在欧洲不是显而易见吗?每个国家都继续囤积武器,却谈论着和平并出席裁军会议。(笑声)

你们以另一种方式在做着同样的事情。你们谈论兄弟之爱,却抱有社会等级观念;宗教偏见分离了你们,社会习俗变成了残酷的障碍。人类的统一始终被你们的信仰、理想和偏见所破坏。当你内心没有感受到兄弟之爱,当你的行动与人类的统一背道而驰,当你不停地追求你自己的自我扩张、自我荣耀,你怎么能够谈论兄弟之爱呢?如果你不追求你自私的个人目标,你的意思是不是说,你将皈依承诺给你内心和世俗奖赏的组织?那就是你们的宗教、你们精心选择的组织、你们的政府所做的事情,你为了自己的自我扩张、自我荣耀而归属于它们。

如果你们理解了这整个国家主义的问题,如果你们真正地思考这个问题,并因而真正地行动起来,那么你们就可以创造出一个世界的统一体,而那将是唯一能够真正解决眼前饥饿问题的出路。但是对你们来说,沿着这样的思路来思考很难,因为你们多年来都被训练沿着传统的窠臼思考。你们的历史、你们的杂志、你们的报纸都强调国家主义。你们被政治剥削者训练不要听取称国家主义为弊病的人、说国家主义不是统一世界的途径的人的话。但是你不能把目标和手段分开;目标与手段直接相关,而不是与之相分离。目标是世界统一,为全体人类所组织的规划,尽管这并不意味着个人的平均主义。而如果你没有自发地、智慧地行动,那么就会产生一种了无生气的、机械化的平均主义。

我不知道你们中有多少人感受到了这些事情的紧迫性和必要性?目标是人类的统一,你们对此滔滔不绝地谈论;但是你们只是嘴上说说却没有意愿，也没有智慧的行动；你们不去感受，你们的行动否定了你们的语言。目标是人类的统一，为全体人类进行有组织的规划，而不是去局限人类。目的不是迫使人们沿着任何一个特定的方向思考，而是帮助人们变得智慧，这样人们就能丰足地、创造性地生活。但是必须要为人类的福利进行有组织的规划，而只有当民族主义和阶级分别以及剥削不复存在时，这些才能实现。

先生们，你们中有多少人极其迫切地感觉到需要这样的行动？我非常清楚你们的态度。"印度有数百万人在挨饿"，你们说。"难道解决眼前的问题不重要吗？"但是即使是关于这个问题你们又在做什么呢？你们说要做些事情，但是你们实际上做的是，为如何组织你们的计划、采用什么体制和谁来当领袖这些问题争论不休。你们心里就是这么想的。你们并不是真的关心全世界那饥饿的数百万人。这就是你们为什么会谈论国家主义。如果你们把这个问题当做一个整体来解决，如果你们真的对整个人类有感情，那么你们就会看到人类采取整体行动的巨大必要性，而只有当你们不再从国家、阶级和宗教的角度来谈论的时候，这种行动才可能发生。

问：你是否依旧断然否认你是通神学文化的原产物？

克：你说的通神学文化是什么意思？你来看这个问题与之前那个国家主义的问题有着怎样的联系。你问"难道不是我们的社会、我们的宗教、我们的国家将你培养出来的吗？"然后紧跟着的下一个问题就是："你为什么不对我们心怀感激？"

智慧不是任何社团的产物，尽管我知道社会和团体喜欢利用智慧。如果我赞同我是"通神学文化的原产物"，无论那说的是什么意思，你会说："看看他是个多么伟大的人！是我们造就了他，所以追随我们和我们的观点吧。"（笑声）我知道我这么说显得非常直率，但是你们很多人就是这么想的。不要笑。你们太容易笑了,你们笑得很肤浅,说明你们没有深切的感受。我希望你们好好想想你们为什么会问我这个问题,而不是我是不是通神学文化的产物。

文化是普世共享的。真正的文化是无限的,它不属于任何一个社团、任何一个国家、任何一个宗教。一个真正的艺术家既不是印度教徒也不是基督教徒,既不是美国人也不是英国人,因为受传统或者国家主义局限的艺术家,不是真正的艺术家。所以我们不要讨论我是不是通神学文化的产物。我们来思考一下你们为什么问这个问题,那更重要。

因为你抱守着自己特定的信仰,你说你的道路是唯一的路,比其他所有的路都好。但是我说真理无路可循。只有当你从这种道路的想法中解脱出来时——道路不过是不可靠的幻象——你就开始智慧而创造性地思考了。

我不是在攻击你们的学会。你们十分友好地邀请我来这里讲话,我不是在滥用这种善意。你们的学会就像世界上成千上万的其他社团一样,每个社团都抱持着自己的信仰,每一个都认为:"我们的道路是最好的,我们的信仰是正确的,其他信仰都是错误的。"古代的时候,信仰不同于公认的正统信仰的人,会被烧死或者折磨。现在我们变得所谓宽容了,也就是说,我们变得理性化了。这就是宽容的含义。

你们问我这个问题,因为你们想向自己确认你们的文化、你们的信仰是最好的,你想将其他人引入那信仰、那文化。现在德国人认为应该建立一个只有日耳曼民族的国家,只应有一种文化。你们以另一种方式说着完全一样的话。你们说:"我们的信仰能解决世界上的诸多问题。"这也是佛教徒和伊斯兰教徒说的话,这也是罗马教廷和其他组织说的话:"我们的信仰是最好的,我们的体制是最宝贵的。"每个派别和团体都相信它们自己的优越性,从这样的信仰中产生了因毫无意义的事情而起的分裂、争吵和宗教战争。

对于一个丰足而完满地活着的人来说，对于一个真正有文化的人来说，信仰是不必要的。他是创造性的。他具有真正的创造性，那创造性不是对某个信仰进行反应的产物。真正有文化的人是智慧的。他身上没有思想和感情的分裂，所以他的行动是完整的、和谐的。真正的文化不是属于某个民族的也不是属于某个团体的。当你理解了这一点，就会有真正兄弟之爱的精神，你就不会再从天主教或者新教、印度教或者通神学的角度来思考。但你是如此关心自己所拥有的东西，并为进一步求取而进行斗争，以至于你造成了分别，从中产生了剥削者和被剥削者。

我知道，你们中的一些人已经对我所说的话和我将要说的话关上了心门。这一点明明白白地写在了你们的脸上。

听众：我们质疑你，仅此而已。

克：你们应该质疑我，这一点非常正确。我很高兴你们能质疑。但是你们没有质疑。如果你们真的在质疑的话，你们怎么会问我这样一个问题——我是不是通神学文化的产物？思想不应被局限、被塑造，然而我知道这却是正在发生的事情；而你们必定无法如实接受事物的现状。只有当你们满意、满足的时候，你们才接受。当经受痛苦时，你们就不肯接受。痛苦时，你们开始质疑。那么你们为什么不去质疑呢？难道不是从一开始我就请你们去检视、去挑战我说的一切吗？这样你们才能变得智慧并充满人性的关爱。你们实现对生命的那种智慧的理解了吗？我请你们提问、质疑，不仅仅是质疑我说的话，而且也要质疑过去的价值观以及那些你们身陷其中的事物。

质疑带来持久的领悟，质疑本身不是一个目标。只有通过怀疑，通过质询诸多的幻象、传统的价值观和理想，才能揭示真实。如果你知道自己是真心实意地在这么做，那么你也会知道质疑这项品质持久的重要性。头脑和内心将自己从占有欲中解放出来了吗？如果你真的清醒地意识到质疑的智慧，占有欲的本能就会被彻底摧毁，因为那本能是众多苦难的根源。那里面没有爱，只有混乱、冲突和悲伤。如果你真的质疑，你就会发现占有本能的谬误。

如果你在批判、在质疑，那么你为什么还要坚持仪式？现在不要把一种仪式跟另一种仪式比较以决定哪种更好，而是弄清楚仪式究竟有没有价值。如果你说："我进行的仪式令我非常满意"，那么我就没什么要说的了。你这么说只能表明你不知道质疑为何物。你只关心得到满足。仪式分离了人们，每个信奉者都说："我的是最好的。它们比其他仪式具有更强大的精神力量。"这就是每个宗教、每个宗教派别或团体所坚称的，世世代代以来因这些人为的分别纷争四起。这些仪式和其他类似的无谓障碍将人与人分离开来。

我可以说点儿别的吗？如果你质疑，也就是说，如果你十分渴望有所发现，那么你就必须放开那些你紧紧抱持的东西。抱守着已有的那些东西，你就不可能有真正的了解。你不能说："我需要坚持这个偏见、这个信仰、这项仪式，同时我也要审视你所说的话。"这怎么可能？这样一种态度不是质疑的态度，不是智慧的批判态度。这说明你只是在寻求替代品。

我想帮你真正地理解生命的完满。我不是让你追随我。如果你满足于你生活现在的样子，那么就请继续这样的生活。但是如果你不满意，那么就试试我说的话。不要接受，而是开始智慧地批判。若要完满地生活，你就必须摆脱你身陷其中的扭曲和幻象。若要发现仪式的真正意义，你就必须批判地、客观地审视它；而要做到这一点，你就不能被它引诱、不能陷入其中。这是显而易见的。检视仪式所表现出来和未表现出来的方面，深深地怀疑、质询和思考这些。当你开始摒弃过去，你就会在自己内心制造冲突，从那冲突中必然产生领悟带来的行动。而你害怕放弃过去，因为摒弃的行动会带来混乱；从那行动中可能会产生仪式毫无意义这样一个判断，而这个判断会与你的家庭、你的朋友、你过去的主张相悖。这一切的背后潜藏着恐惧，所以你只是从理性上进行质疑。你就像一个紧抓着自己所有的财产、观念、信仰和家庭不放却在大谈不占有的人一样。他的思想与他的行为毫无关系。他的生活是虚伪的。

请不要以为我说话很刻薄；不是的。但我也不想通过动之以情或者情绪化的方式，来唤醒你去行动。事实上，我对唤醒你去行动不感兴趣；当你理解了，你会唤醒自己去行动。我感兴趣的是向你指出世界上在发生着什么。我想让你清醒地意识到你周围存在的残酷、骇人的压迫和剥削。宗教、政治和社会在剥削你，你被它们所局限，你被迫走向某个特定的方向。你们不是人类，你们只是机器上的螺丝钉。你们忍辱负重，屈服于环境的残酷，而实际上你们每个人都有改变这一切的可能性。

先生们，是该行动的时候了。但是仅仅通过推理和讨论，无法产生行动。只有当你有强烈的感受时，行动才能产生。只有当你的思想和你的感情和谐地联结在一起时，真正的行动才能发生。但是你把自己的感情和思想分离开来，因为从两者的和谐中产生的行动必然会制造你不愿意面对的冲突。但是我说，把你自己从社会和传统的错误价值观中解放出来吧，作为一个个体完整地生活。我这么说的意思不是个人主义。当我谈到个体性，我指的是，对正确价值观的领悟将你从正在摧毁你的社会、宗教机器中解放出来。若要成为真正的个体，行动必须诞生于创造性的智慧，没有恐惧，不被幻觉所困。

你可以做到这一点。当你变得有创造性和智慧时，你可以完满地活着——不只是你，还有你周围的人们。但是现在你追求获得，不停地追求权力。你被诱惑物、被信仰、被替代品所驱使。其中没有幸福，其中没有创造性的智慧，没有真理。

（在阿迪亚尔第二次演说，1933年12月30日）

领悟安全才能终结恐惧

如果人能找到一种绝对的安全保障，那么他就会无所畏惧。如果人能对一切都非常确定，那么恐惧就会完全消失，不管是对现在还是对未来的恐惧。因此我们总是在有意无意地寻找安全，寻找最终变成我们独占之物的安全。存在着物质上的安全，在现有的文明状态中，一个人可以通过他的狡黠、他的聪明、通过剥削积累物质上的安全。他可以通过这种方式使自己在物质上安全，情感上他转而向所谓的爱寻求安全，而这所谓的爱多半只是占有；他转而对家庭、朋友和国家进行自我中心而情绪化的区分。于是就会不停地从观念和信仰中寻找心理安全，从对美德、体系、确定性和所谓知识的追求中寻找心理安全。

所以我们不停地将自己围挡起来；通过占有，我们在自己周围建起安全、舒适的围墙，试图感觉到保障、安全和确定。这就是我们不停在做的事情。但是尽管我们把自己保护在知识、美德、爱和占有的安全围墙后面，尽管我们建立起诸多的确定性，可我们只不过是在沙滩上建造房子，因为生活的波涛不停地拍击它们的基础，将我们如此辛苦精心搭建的大厦暴露无遗。经验一个接一个地到来，摧毁之前所有的知识、所有的确定性，我们所有的安全都被一扫而光，就像被风吹散的谷壳一样。所以，尽管我们认为自己是安全的，我们依然不停地生活在对死亡的恐惧、对变化和失去的恐惧、对革命的恐惧以及对令人痛苦的不确定性的恐惧中。我们时常觉察到思绪的转瞬即逝。我们建立起无数的围墙,我们在围墙背后寻找安全和舒适,但是恐惧依然噬咬着我们的内心和头脑。所以我们不停地寻找替代品,那替代品变成了我们的追求、我们的目标。我们说:"这个信仰已经证明没有价值,所以我要转向另一套信仰、另一套观念、另一套哲学。"我们的质疑只走到了替代品就停止了,而不是质疑信仰本身。提出问题的并不是质疑精神,而是想要得到安全的渴望。所以你对真理的所谓追寻,仅仅变成了对更持久的安全的追求,并且你接受任何能提供给你绝对的安全、确定性和舒适的人作为自己的老师和向导。

大多数人的情况就是这样。我们想要得到,然后我们去追求。我们试图分析别人建议的替代品,来取代我们已知的安全,这安全慢慢被生活经验所蚕食、所侵蚀。但是恐惧并不能被替代行为消除,扔掉一套信仰用另一套来取代行不通。只有当我们发现我们抱持的信仰的真正价值,以及我们的占有本能、我们的知识、我们建立起来的安全的真正意义,只有在这领悟中,我们才能终结恐惧。领悟并非来自于寻找替代品,而是来自于质疑,来自于真正与传统相冲突,来自于质疑社会、宗教和政治的既定观念。毕竟,恐惧的根源是自我和对自我的意识,它们产生于缺乏了解。因为缺乏了解,我们寻找安全,因而就加强了那局限的自我意识。

只要自我存在,只要有"我的"这个意识,就必然有恐惧;而只要我们想要替代品,只要我们不理解我们周围的事物、我们所建立起来的事物、传统的遗留物以及我们从中寻求庇护的习惯、观念和信仰,这个自我就会存在。而只有当我们与这些传统和信仰相冲突时,我们才能理解它们,发现它们的真实意义。我们无法从理论上、智力上理解它们,而只有在完满的思想和情感中也就是行动中才能理解。

在我看来，自我代表着缺乏洞察，而这制造了时间。当你充分理解了一个事实，当你毫无保留地彻底地理解了生活中的经验，时间就停止了。但是，如果你不停地寻求确定性和舒适，如果你的头脑困在安全的窠臼中，你就无法彻底地理解经验。若要理解经验的全部意义，你就必须质疑，你就必须怀疑你建立起的安全、传统和习惯，因为它们阻碍了彻底的了解。从那质疑中，从那冲突中——如果那是真正的冲突——产生了解；在那了解中，自我意识、局限的意识消失了。

你必须弄清楚你在寻找什么，是安全还是了解。如果你追求安全，你会在哲学、宗教、传统和权威中找到安全；但是如果你想要了解生活——而生活中没有安全和舒适可言，那么就会有持久的自由。只有通过在行动中觉察，你才能发现你在寻找什么；仅仅通过质疑行动，你无法弄清楚这一点。当你质疑并分析行动时，你就终结了行动。但是如果你觉察，如果你在行动中满怀热情，如果你为之付出你的整个头脑和身心，那么那行动就会揭示出你在寻找的是舒适和安全，还是那无限的领悟，那领悟即是永恒生命的运动。

问：贝赞特博士[1]在她的自传中写道，当她遇到她的大师时，她的生命第一次从风暴步入了平静。从此以后，她辉煌的生命具有了内在的动力，她不停地无私奉献给她的大师，这一点在为他服务的喜悦中表露无遗。你自己在诗篇中也表达了与至爱相联结以及无论在何处看到他的脸时那种无法言表的喜悦。在贝赞特博士和你自己的伟大生命中，大师的影响是如此显而易见，那么在其他的生命中难道不是同样重要吗？

克：换句话说，你问我大师是否必要，我是否相信大师，他们的影

---

[1] 安妮·贝赞特（1847-1933），布拉瓦茨基夫人去世后，安妮·贝赞特继任通神学会的主席，并成为通神学理念最有影响力的人物。1909年起成为克的监护人，也是克最亲密的一位母亲、老师和朋友。——译者

响是否有益,以及他们是否存在。这就是整个问题,不是吗?很好,先生们。那么,无论你们是否相信大师——而你们中的一些人确实相信大师——请不要对我要说的话关闭心门。要开放,并批判。我们来全面地检视一下这个问题,而不是讨论你我是否相信大师。

首先,若要领悟真理,你必须独立,彻底地、完全地独立。根本没有大师、没有老师、没有古鲁、没有体系、没有自我修炼能够为你揭开遮住智慧的面纱。这是显而易见的,不是吗?我们甚至不需要讨论这一点。没有人能强迫你,没有体系能促使你把自己从占有的本能中解放出来,除非你自己自发地领悟,在那领悟中就有智慧。没有大师、没有古鲁、没有老师、没有体系能够迫使你实现那样的领悟。只有你自己经历的痛苦能够让你看到导致冲突的占有欲的荒谬,领悟从那痛苦中产生。但是当你想要从那痛苦中逃脱时,当你寻找庇护和慰藉时,你就必然会想要大师,你就必然拥有哲学和信仰,你就会转而求助于宗教这样的安全庇护所。

所以在有这种领悟的背景下,我来回答你的问题。让我们暂且忘记贝赞特博士说过什么、做过什么,或者我说过什么、做过什么。我们把那些放在一边。不要把贝赞特博士牵涉到讨论中;否则,无论你们之中赞同她观点的人,还是不赞同的那些人,你们的反应都会变得情绪化。你们会说是她把我抚养长大的,会说我不忠诚,以及类似的话来表达你们的不满。我们暂且把所有那些都放在一边,非常简单、非常清晰地来看这个问题。

首先,你们想知道大师是否存在。我说,他们是否存在,本身意义甚微。现在请不要以为我在攻击你们的信仰。我知道我在对着通神学会的会员讲话,而在这里我是你们的客人。但是你们问了我一个问题,我在很简单地回答这个问题。所以我们来考虑一下你们为什么想知道大师是否存在。"因为,"你们对自己说,"大师可以像灯塔的信号灯指引水手一样指引我们走出混乱。"但是你们这么说,说明你们只不过是在寻找一个安全的港湾,你们害怕像大海一样辽阔开放的生活。

或者,你问我这个问题,也许是因为你想增强你的信仰,你想让你的信仰得到证明和进一步的证实。先生们,本身是玩具的一件东西,即使被千万人证明了是美丽的,依然还是个玩具。你对我说:"我们的老师给了我们信仰,但是现在你在那信仰之上投下了疑云。所以我们想知道大师是否存在。请增强我们相信他们存在的信念,告诉我们你自己是否得到过他们的指引。"

如果你只是想要增强自己的信仰,那么我就不能回答你的问题,因为我不抱有信仰。信仰只不过是权威、盲目、希望和渴望,它是一种剥削手段,无论是在这儿、在罗马教廷,还是在其他任何宗教中都一样。它是强迫人们去行动的手段,无论那行动是正直的还是邪恶的。增强信仰并不能带来领悟;相反,正是对那信仰的质疑并弄清楚信仰的意义会带来领悟。如果你真的能每天见到大师,那又能有什么不一样呢?你还是会抱持着你的偏见、你的传统、你的习惯;你还是会完全受控于你的残忍,你固执的、狭隘的信仰,你爱的匮乏以及你对国家的骄傲感,但是这些你会偷偷地牢牢锁住保护起来。

然后从第一个问题中就产生了第二个问题:"你质疑大师们的那些信使吗?"我质疑一切,因为人只有通过质疑才能有所发现,而不是通过把自己的信仰寄托在某种东西上。但是你们小心翼翼地偷偷避开质疑,你们把它当做束缚抛弃了。

接着你还会说:"如果我能与大师们取得联系,我就能发现他们对人类有什么计划。"你的意思是指一个社会计划、为人类的物质幸福所做的计划吗?或者你指的是为人类的精神幸福所做的计划?如果你回答"两者都包含",那么我说人类无法通过别人作为媒介来实现精神幸福。精神幸福完全掌握在他自己的手里。没有人能就此为别人计划什么。每个人必须自己去发现,自己去理解;完整存在于圆满中,而不是进步中。但是如果你说:"我们要为人类的物质幸福找到一个计划",那么你就必须去学习经济学和社会学。那么为什么不把哈罗德·拉斯基①、凯恩斯、马克思或者列宁作为你的大师呢?他们每个人都为人类的幸福提出了一套计划。但是你不想要那些东西。当你寻找大师时,你想要的是庇护所和安全的港湾;你想保护自己免遭痛苦,让自己远离混乱和冲突。

我认为不存在庇护和慰藉这样的东西。你可以人为地、从智力上制造出一个避难所。因为你们世世代代都在这么做,你们失去了创造性的智慧。你们被权威束缚,被信仰、被错误的传统和习惯残害了。你们的内心干涸而冷酷。这就是你们为什么会支持残忍的思想体系中的所有规矩,而这些东西导致了剥削。这就是你们为什么鼓励国家主义,你们为什么缺乏兄弟之爱。你们谈论兄弟之爱,但是只要你们的内心被阶级分别所束缚,你们所说的话就毫无意义。你们对所有这些观念如此深信不疑,而你们有什么,你们是什么?不过是不停回响着词句的一具具空壳而已。你们失去了感受美和爱的所有能力,你们支持错误的体制、错误的想法。你们那些相信大师并追随这些大师的体系、计划和信使的人,你们是什么?你们进行着剥削行为,你们抱有国家主义,你们虐待妇女和儿童,你们欲壑难填,你们就像那些不相信大师、不相信他们的计划和信使的人一样残忍。你们只不过是建立起新的传统、新的信仰来代替旧的;你们的国家主义就像以前一样残忍,你们只不过为你们的残忍和剥削找到了更为狡猾的辩词而已。

只要头脑陷在信仰中,就不存在了解,不存在自由。所以对我来说,大师是否存在,与行动、与完满毫无关系,而我们关心的应该是行动和完满。即使他们的存在是事实,那也完全不重要;因为若要了解,你就

---

① 哈罗德·拉斯基(1893–1950),英籍犹太人,是英国的政治学家、教育家、工党成员,后来成为工党的理论家。——译者

必须独立,你就必须完全自主、彻底坦诚,摆脱一切安全的庇护。这就是我在讲话的引言中所说的意思。你必须弄清楚你究竟是在寻找安全和舒适,还是在寻求了解。如果你们真正地检视自己的心,你们大多数人会发现自己是在寻找安全、舒适和庇护所,在那个寻找的过程中,你们用哲学、古鲁、自我修炼的体系来武装自己;你们就是这样不停地阻挠和局限思想。在努力逃避恐惧的过程中,你们用信仰把自己牢牢围护起来,因而增强了你们自己的自我意识和自我中心,你们只不过变得越来越机巧、越来越狡猾。

我知道所有这些事情以前我都用不同的方式讲过了,但是显然我的话没有产生效果。你们要么想要理解我说的话,要么满足于你们自己的信仰和痛苦。如果你们满足于那些,那你们为什么还要邀请我到这里来讲话?你们为什么要听我说?不,从根本上讲,你们并不满足。你们也许会表白说自己是满足的,你们也许会加入某些组织,执行新的仪式,但是你们内心感到一种不确定性,内心有一种从不停歇的痛苦,你们从来都不敢去面对。然而你们却寻找替代品,你们想知道我能否给你们新的庇护,这就是你们为什么会问我这个问题。你们想让我支持那些你们并不确定的信仰。你们想要内心的稳定感,但是我告诉你们根本不存在这样的稳定性。你们想让我给你们确定和保证。我说你们的书本里、你们的哲学里有成百上千种这样的确定和保证,但是它们对你们来说毫无价值;它们不过是让你们失望至极的灰烬,因为你们自己的内心没有领悟。我向你保证,只有当你开始质疑,当你开始质询你从中获得慰藉、从中寻求庇护的那些避难所本身时,你才能够领悟。

但是,这意味着你必然要与你已建立起来的传统和习惯发生冲突。也许你已经抛弃了原来的传统、原来的古鲁和原来的仪式,并用新的来代替。那又有什么区别呢?除了更排外这一点以外,新的传统、古鲁和仪式与旧的完全一样。通过不断地质疑,你会发现传统、古鲁和仪式真正的内在价值。我不是要求你们抛弃仪式并停止追随大师。那是非常低级和不智的观点，你是否执行仪式或期望得到大师的指引，并不重要。但是只要缺乏了解，就会存在恐惧和悲伤，而仅仅试图通过仪式和大师的指引来掩盖那恐惧、那悲伤，并不能解放你。

你们以前问过我这个问题，你们去年问了我同样的问题。你们每次都问这个问题，因为你们想从我的回答中得到庇护，你们想感觉到安全，并停止怀疑。而我也许与你们的信仰相矛盾，我也许会说大师不存在。然后另一个人过来告诉你大师是存在的。我说，质疑这两个回答，两个都要质疑，不要只是接受。你们不是孩子，不是模仿别人动作的猴子；你们是人类，不要被恐惧制约。你们应该智慧而富有创造力，但是如果你追随某个老师、某种哲学、某套练习或者自我修炼的体系，你怎么可能富有智慧以及创造力呢？只有对于不断地处于思想运动中的人、和谐地行动的人来说，生活才是丰足的。这样的人内心有慈爱和体贴。行动和谐的人会用智慧的体制疗愈这个世界正在溃烂的伤口。

我知道我今天说的话之前已经说过了无数次，我说了一遍又一遍。但是你们没有感受到这些事情，因为你们用解释来敷衍你们的痛苦，你们从这些解释和信仰中寻求庇护和慰藉。你们关心的只是你们自己，你们自己的安全和舒适，就像那些为政府中的职位而努力奋斗的人一样。你们用不同的方式做着同样的事情，你们关于兄弟之爱和真理的言辞毫无意义，它们不过是空洞无物的高谈阔论。

问：据说贝赞特博士的遗憾之一，是你没能实现她对你成为"世界导师"的期望。坦白地说，我们中的一些人也有着同样的遗憾和失望感，我们认为这种感觉并非毫无合理性。对此你有什么要说的吗？

克：我没什么要说的，先生们。（笑声）当我说"没有"时，我的意思是就消除你们的失望或者贝赞特博士的失望而言，我没什么好说的——如果她真的失望的话,因为她经常向我表达与此正相反的意思。我来这里不是要为自己辩解,我对为自己辩解毫无兴趣。问题是,如果你们失望的话,那是为什么?你们本以为把我装进了某个笼子里,但是因为我不适合那个笼子,你们自然感到失望。对于我应该怎么做、怎么说、怎么想,你们有先入为主的想法。

我说存在着不朽和永恒的发生。关键不是我知道,而是确实存在。当心那些说"我知道"的人。永恒的生命是存在的,但是若要领悟它,你的头脑就必须摆脱关于它是什么的一切先入为主的观念。关于神、关于不朽和生命,你们有先入为主的观念。"书上是这么写的,"你说,或者"有人是这么跟我说的。"于是你构造出真理的形象,你描绘出神和不朽的图画。你想抱守那个形象、那幅图画,如果有任何人持有与你不同或不相符的观念,你就会对他感到失望。换句话说,如果他没有变成你的工具,你就对他感到失望。如果他不剥削你——你因为想要安全而制造了剥削者——那么你就会对他失望。你的失望并非基于关心、基于智慧或者深切的爱,而是基于你自己制造出来的某种意象,无论那意象有多么荒谬。

你会发现有些人会告诉你我令他们失望了,他们会创立一套观点,坚称我辜负了他们。但是我觉得,一百年后,你们失望与否并不重要。留存下来的将是我谈到的真理,而不是你们的幻想或者失望。

问:你认为男人或者女人享受非法的性行为是种罪恶吗?一个年轻人想要戒除这种非法的快乐,他认为这种快乐是错误的。他不停地试图控制自己的想法,但是没有成功。你能为他指出一条实用的快乐之道吗?

克:对于这样的事情没什么"实用的方法"可言。但是让我们来考虑一下这个问题,我们来试着理解它,但不是从某个行为是不是罪恶这个视角来理解。在我看来，不存在罪恶这回事。

为什么性变成了我们生活中的一个问题？为什么存在着如此之多的扭曲、歪曲、抑制和压抑？因为我们心理上和感情上都极度饥渴，因为我们自身不完整，因为我们只不过变成了模仿的机器，而我们唯一剩下的一种创造性的表达方式，我们唯一可以从中找到快乐的事，就是那件我们称为性的事情，难道不是这样吗？我们从心理上和情感上都不再是完整的个体。我们不过是社会、政治和宗教中的机器。作为个体的我们已经被恐惧、仿效和权威无情地、彻底地摧毁了。我们没有通过社会、政治和宗教渠道释放我们的创造性智慧。因此，我们作为个体所剩的唯一创造性的表达方式就是性，我们自然对它赋予了极大的重要性，我们极度重视这件事情。这就是为什么性变成了一个问题，不是吗？

如果你能够释放创造性的思维和感情，那么性就不再是个问题。若要完全地、彻底地释放那创造性的智慧，你就必须质疑思想本身的习惯，你就必须质疑我们生活于其中的传统本身，以及那些已然变得自动、自发并成为了无意识的本能的信仰本身。通过质疑，你进入冲突中，而那冲突以及对它的理解将唤醒创造性的智慧；在那种质疑中，你会逐渐将创造性的思维从仿效、权威和恐惧中解放出来。

这是问题的一个方面。这个问题还有另一个方面，与食物和锻炼以及热爱你所做的工作有关。你们失去了对工作的热爱。你们变成了某个体系中的小职员、奴隶，为了十五个卢比或者一万个卢比而工作，而不是出于对你所做工作的热爱。

至于非法的性行为，我们先来考虑一下你们说的婚姻意味着什么。多数情况下，婚姻只不过是通过宗教和法律对占有欲的合法化。假设你爱一个女人，你想要与她生活在一起，想要占有她。现在社会中有不计其数的法律帮助你去占有，有各种各样的仪式将这种占有合法化。你认为某种行为在婚前是罪恶的，在举行过结婚的仪式后你就认为其合法了。

也就是说，在法律将你的占有合法化以及在宗教认可你的占有之前，你认为性行为是非法的、罪恶的。

只要有爱、有真爱，就不存在罪恶、合法或者非法的问题。但是，除非你真的深入思考过这个问题，除非你付出真正的努力不去误解我说的话，否则这个说法会导致各种各样的困惑。我们对很多事情都心存恐惧。在我看来，性问题的消失并不仅仅在于立法，而是在于释放创造性的智慧，在于完整的行动中，不把头脑和内心分离开来。只有在完整而圆满的生活中，这个问题才会消失。

正如我之前试图说明的那样，你们无法一边培养国家主义，一边谈论兄弟之爱。我认为是希特勒把兄弟之爱的想法逐出了德国，因为他说兄弟之爱与民族主义相对立。但是在这里你们却想同时培养两个。你们的内心是主张民族主义和占有的，你们有阶级分别，而你们却谈论普遍的兄弟之爱，谈论世界和平，谈论生命的统一和一体。只要你们的行为中有分别，只要思想、感情和行动之间没有密切的联系，没有对那种密切联系的全然觉察，就会有不计其数的问题，这些问题控制着我们的生活，成为经久不衰的腐朽源头。

问：关于摆脱一切遵从、一切领导和权威的必要性，你所说的话对我们中的一些人来说是有益的教诲。但是社会，或许还有宗教，以及它们的机构和英明的政府，对于绝大多数人类来说是必不可少的，因而也是有益的。我是从多年的经验中得出这个说法的。你是否不同意这个看法？

克：对你来说是毒药的东西，对另一个人也是毒药。如果宗教信仰和权威对你来说是谬误的，那么对每个人来说都是谬误的。如果你像提问者那样对待人们，那么你就会在他们身上培养并保有一种奴隶心态。那就是我所说的剥削。那是贪得无厌或者资本主义的态度："对我而言有益和有用的东西，对你来说是危险的。"所以你把那些受缚于权威和宗教信仰的人变成了奴隶。你不去建设新的组织、新的体制来帮助这些奴隶解放自己，不再成为新组织和新体制的奴隶。

我现在不是在反对组织，但是我坚持没有组织能够将人类引向真理。然而所有的宗教社团、派别和组织都建立在这样一个理念之上，即人类可以被引向真理。未被国家和阶级分别所分裂的组织，应当为实现人类的福利而存在。这是最根本的事情，它将解决每个人当前面临的迫切问题，剥削的问题和饥饿的问题。

你也许坚持认为，以人们的现状来看，他们必然受制于权威。但是如果你洞察到权威在扭曲、残害着人们，那么你就会奋起反抗权威，你就会找到新的教育方式来帮助人们解放自己，摆脱分别这种诅咒。但是当你从一个狭隘、自私、偏执的视角来看待生命时，你不可避免地会问上面这样一个问题；你问这个问题，因为你害怕那些在你的权威之下的人会不再服从你。为劳苦大众所做的这种考虑，是非常肤浅的、错误的；它产生于恐惧，必然会导致剥削。但是如果你真正洞察了权威和遵从传统的意义，依照某种模式塑造自己的意义，按照某种原则或理想局限自己的头脑和内心意味着什么，那么你就会智慧地帮助人们从它们的桎梏下解脱出来。于是你就可以看到它们的肤浅，看到它们不仅对你自己和少数人具有破坏作用，而且对整个人类都是如此。因此你会帮助释放人们——无论是你自己还是别人身上的创造力；你将不再坚持这种人为制造的人与人之间高低贵贱的分别。但是这并不意味着存在着或者将会存在平等，没有这种事情，而只有完满的人类。但是由于头脑以为自己是分离的，因而制造出分别，这样的头脑是剥削的头脑，是残酷的头脑，智慧必然永远都会反抗这样的头脑。

（在阿迪亚尔第三次演说，1933年12月31日）

什么是真正的满足

（一名听众向克里希那穆提献上花环，并祝他新年快乐。）

克：谢谢你。我都忘记新年到了。我也祝你们所有人新年快乐。

今天上午我想简要地讲一讲人如何才能亲自去发现什么是真正的满足。世界上的大多数人都身陷某种不满中，他们不停地寻求满足。也就是说，他们对满足的寻找只是在寻找不满的反面。而不满足、不满来自于空虚感、孤独感、无聊感，当你有这种不满时，你想要填补你生命中的空白和空虚。当你不满时，你不停地寻找某种东西来代替导致不满的东西，寻找可以作为替代品并带给你满足的东西。你把目光投向一系列的成就、一系列的成功，来填补你头脑和内心中那令人痛苦的空虚。这就是你们大多数人试图去做的。如果内心恐惧，你就寻找勇气，希望勇气能带给你满足和快乐。

在这个追求对立面的过程中，深切的感受被逐渐摧毁。你变得越来越肤浅，越来越空虚，因为你对满足和快乐的整个概念只不过是寻找替代品。大多数人渴望得到的是相反的东西。你渴望成功，于是就去追求精神理想，或者想让世俗的头衔加诸于身，而这两者实际上完全是一回事。

我们来举个例子，也许可以让问题更清晰；尽管在多数情况下，例子具有迷惑性，会破坏理解，因为它们无法给抽象的事物带来清晰的洞察，而人若洞察了抽象的事物本身，就可以切入实际的问题中。假设我想要某种东西，并且通过不懈的努力，我最终得到了它。但是这种拥有并没有带来我所希望的满足，它没有带给我持久的快乐。所以我改变主意想要别的东西，并拥有了它。但即使是这种新东西也没有带给我永久的满足。于是我把目光转向爱和友谊，然后转向某些观念，最后我转而寻找真理或者神。这个逐渐变换欲望对象的过程，被称为迈向完满的进化和成长。

但是如果你真正思考一下这个问题，你会发现这个过程只不过是寻求满足的过程，因而是空虚和肤浅不断加剧的过程。如果你认真考虑，你会发现这就是你们的生活内容。你的工作和环境中没有喜悦，你恐惧，你嫉妒别人拥有的东西。从中产生了挣扎，从挣扎中产生不满。然后，为了克服那不满并得到满足，你走向相反的那一面。

同样，当你想要的东西从所谓短暂的、不重要的东西转移到永恒的、重要的东西上时，你所做的，只不过是改换了从中得到满足的对象以及想要得到的目标。起先那是个具体的东西，而现在是真理。你只是改换了你欲望的对象，因而变得更加肤浅、虚荣和空虚。生活变得令人不满、肤浅和短暂。

我不知道你是否同意我说的话，但是如果你愿意思考、讨论并质询这个问题，你就会发现，你对真理的渴望只不过是想要得到快乐和满足，只不过是在渴望安全和保障，就像我在这些讲话中说到的那样。这种渴望中永远不会有真相。这渴望是肤浅的、被动的，它只会导致狡猾、空虚以及深信不疑的信仰。

存在着一种真正的饥渴，一种真正的渴望，它不是想要对立面，而是想要了解人深陷其中的事物本身的根源所在。而你们不停地寻找对立面：害怕时，你寻找勇气作为恐惧的替代品，但是那替代品并没有将你从恐惧中真正解放出来。你本质上依然是恐惧的，你只不过是用勇气的概念去掩盖那本来的恐惧。追求勇气或者美德的人，其行为是肤浅的，但是如果他试着智慧地去理解这种对勇气的追求，他就会被引向发现恐惧的根源本身，而这会把他从恐惧及其对立面中解放出来。

举例来说，当你有身体上的疼痛时，你首先关心的是什么？你想要立即消除疼痛，不是吗？当时你不会想到你原来没有疼痛的时刻是怎样的，或者你以后没有了疼痛的时候会怎样。你只关心能够立刻消除疼痛。你想要相反的情况出现。你是如此关注那疼痛，你想要从中解脱。当你的整个生命被恐惧所消耗时，你抱着同样的态度。当这样的恐惧出现时，不要逃离它，用你的整个存在彻底地面对它，不要试图培养勇气。只有这样你才能理解恐惧最本质的根源，进而将头脑和内心从恐惧中解放出来。现代文明促使你训练自己的头脑和内心不去深切地体会和感受。社会、教育和宗教鼓励你去争取成功，给你获取的希望。在这个追求成功和获取的过程中，在这个获得成就和心灵成长的过程中，你孜孜不倦地、小心翼翼地破坏了智慧以及深刻的感受。

当你十分痛苦时，比如你深爱的人逝去之时，你有什么反应？你是如此之深地陷入你的情感和痛苦之中，以至于在那一刻你因痛苦而瘫痪。然后发生了什么？你渴望你的朋友能回到你身边。所以你想尽一切办法想要再次接触到那个人。研究来世、相信重生、借助灵媒——你通过这一切试图再次联络到你失去的朋友。那么发生了什么？你身处悲伤中时头脑和内心所具有的敏锐，就这样变得迟钝继而消逝了。

请尽量把我说的话理解清楚。即使你相信来生，请你也不要对我说的话关闭头脑和内心。

你想再次拥有已然逝去的朋友。而正是这愿望本身破坏了洞察的敏锐和完满。因为，毕竟，痛苦是什么呢？痛苦是唤醒你、帮助你理解生命的震撼。当你经历死亡，你感觉到彻骨的寂寞，无依无靠，你就像被夺去了拐杖的人。但是如果你即刻想通过安慰、陪伴和安全的形式找回拐杖，你就使那震撼失去了原有的意义。当另一次震撼来临，你会再次经历同样的过程。所以，尽管你一生中有无数经验，有无数次痛苦震撼本应唤醒你的智慧和领悟，你却因为想要并追求舒适而逐渐钝化了那些震撼。

于是你用转世的概念和对来生的信仰作为某种麻醉剂。你转向这种观念的行为之中没有智慧。你只不过是在寻求逃避和解除痛苦的方法。当你谈论转世，你不是在帮助别人真正去理解痛苦的根源，你不是在帮助他从悲伤中解脱，你只是给他提供了逃避的手段。如果另一个人接受了你提供给他的慰藉和逃避，他的感觉就会变得肤浅而空洞，因为他从转世的概念中找到了庇护。因为有了你给他的这种温和的保障，他不再深切地感受到有人逝去了，因为他钝化了自己的感受，他抑制了自己的思想。

所以在这种对满足和舒适的追寻中，你的思想和感情变得肤浅、贫瘠和琐碎，而生命变成了一个空壳子。但是如果你看到了替代行为的荒谬，洞察了满足以及成就感的虚幻，那么思想和感情就有了巨大的深度，行动本身就揭示了生命的意义。

问：针对不同的个人特质，有多种多样的冥想和自我修炼的体系与之相适应，而这些体系都试图单独或同时培养头脑或者情感，使其变得敏锐，因为一个工具的用途和价值的大小取决于它的利钝。那么：1. 你是否认为所有这些体系都无一例外地有害无益？ 2. 你如何应对人们性情气质上的差异？ 3. 心的冥想对你来说有什么价值？

克：我们来区分一下专注和冥想。当谈到冥想的时候，你们大多数人说的仅仅是学习专注的技巧。但是专注不会带来冥想的喜悦。想一想在你们所谓的冥想中发生的是什么，那只不过是训练头脑将注意力集中于某个特定的物体或者想法上的过程。除了你刻意选择的那一个想法或意象外，你将其他的所有想法或者意象排除到头脑之外；你试图让头脑集中于那一个想法、画面或者词语之上，而那只不过是思想的收缩和对思想的限制。当这个收缩过程中出现其他的思绪时，你驱散它们，把它们扫在一旁。于是你的头脑变得越来越狭隘，越来越缺乏弹性，越来越不自由。

你为什么想要专注？因为你把等待着你的诱惑和奖赏看做是专注的结果。你想成为一名信徒，你想找到大师，你想提升灵性，你想领悟真理。所以你的专注对于思想和感情极具破坏性，因为你从获益、从逃避混乱的角度来看待冥想和专注。你们那些多年来一直练习冥想和专注的人，此刻来想一想这个问题。你强迫自己的头脑去适应某个特定的模式，去遵从某个特定的形象或者想法，去根据某个特定的习性或者偏见来塑造自身。而所有的信仰、理想和习性都取决于个人的好恶。你的自我修炼，你所谓的冥想，只不过是试图获得某种回报的过程。而这种获得某种回报的保证，这种寻找奖赏的做法，也造就了规模庞大的教会和宗教社团：这些组织向忠诚信守它们的戒律的追随者们，承诺了奖赏和报偿。

如果存在控制，就不存在心的冥想。当你在探索中着眼于获益或者报偿时，你的探索就已经停止了。拿科学家的情况举例来说——这里指的是一个伟大的科学家，而不是伪科学家。一个真正的科学家不停地进行试验，但并不是为了得到什么结果。在他进行探索的过程中，确实有某些我们称为结果的东西，但是他不会被那些结果束缚，因为他在不停地试验。正是在这试验的过程本身之中，他找到了喜悦。那是真正的冥想。冥想不是寻找某个结果、某个副产品。那样的一个结果，只不过是那狂喜而永恒的伟大探索的伴生事物和外在表达。

所以，不要驱逐出现的每个想法，就像你在进行所谓的冥想时所做的那样，而是当想法产生时，试着去理解每个想法的意义并活在其中；

一整天都去这么做，而不是在一天中特定的时段、特定的钟点或者时刻才这么做。在那觉察中，你会理解每个想法的根源和意义。那觉察会将头脑从对立面、从狭隘和肤浅中释放出来；那觉察中有自由，有完满的思想。头脑处于永恒的运动中，没有局限，其中有来自冥想的真正喜悦，其中有鲜活的宁静。但是当你寻求结果，你的冥想就变得肤浅而空洞，就像你的行为那样。

你们中的很多人都冥想了很多年。那对你们来说有什么助益呢？你把自己的思想从行动中驱逐了出去。在寺庙中、在神殿中、在冥想小教堂中，你们用猜想出的真理和神的形象填满自己的头脑，但是当你们回到这个世界上，你们的行为中丝毫没有显示出你们想要实现的那些品质的影子。你们的行为恰恰相反，你们残忍，你们剥削，贪得无厌，并具有破坏性。所以在这个寻求奖赏和报偿的过程中，你把思想和行动区别开来，你分裂了两者，所以你所谓的冥想是空洞的，没有深度，没有深刻的感受，也没有伟大的思想。

如果你始终觉察，在每个想法和情感产生的时候完全觉察，在那火焰中你的行动将是思想和感情和谐的产物。那就是喜悦，是来自真正冥想的安宁，而不是这个自我修炼的过程，扭曲着训练头脑去遵循某种特定的态度。这样的训练，这样的扭曲只意味着腐朽、乏味、陈规陋习和毁灭。

问：在上周的通神学大会上，有几个领袖和贝赞特博士的仰慕者在讲话时对她给予了极高的赞誉。你对这位同时又是你的母亲和朋友的伟大人物，有着怎样的赞誉和看法？在作为你和你弟弟监护人的这些年以及之后的若干年中，她对你的态度是怎样的？你难道不对她的指引、训练和照顾心怀感激吗？

克：沃林顿先生友好地请我就这个问题说点什么，但是我告诉他我不想说。请不要通过"监护人"、"感激"等等这些词语来指责我。先生们，我能说些什么呢？贝赞特博士是我们的母亲，她照看我们，她关心我们。但是有一件事她没有做。她从来没有对我说："这么做"或者"不要这么做"。她完全让我自主。好了，通过这些话我已经给予了她至高无上的赞誉。（喝彩）

你们知道，是追随者摧毁了领袖，而你们摧毁了你们的领袖。当你追随某个领袖时，你在剥削那个领袖；当你如此频繁地使用贝赞特博士的名字时，你只不过是在剥削她。你在剥削她和其他的导师。你对一个领袖所能做的最大伤害就是追随他。我知道你们明智地点头表示同意。让我来引用她的名字，并将她的记忆神圣化，这样我就可以剥削你们，因为你们想要被剥削；你们想被当做工具来利用，因为那要比你们自己去思考容易多了。你们都是螺丝钉，是机器的零件，被剥削者所利用。宗教以上帝之名利用你们，社会以法律之名利用你们，政客和教育者也利用和剥削你们。所谓的宗教老师和向导以仪式之名、以大师之名剥削你们。我只不过是在唤醒你们看清这些事实。对于这些事实，你们可以做想做的事，那并不是我关心的事情，因为我不属于任何社团，而且我可能再也不会到这里来。

听众：*但是我们想让你来。*

克：请不要为此变得情绪化。如果我再也不来了，也许你们中的某些人会很高兴。

听众：*不是的。*

克：请等一下。我并不希望你们请我回来或者不让我回来。那完全无关紧要。

先生们，这两件事情是完全不同的：你们所想和所做的，与我所说和所做的。这两者无法结合在一起。你们的整个体系是建立在剥削、建立在对权威的追随、建立在宗教信仰和信念之上的。不仅仅只有你们的体系如此,整个世界的体系都是如此。我无法帮助你们那些满足于这个体系的人。我想帮助那些渴望突破、渴望了解的人。你们自然会排斥我,因为我反对你们坚信珍贵、神圣和有价值的一切。但是你们的排斥对我来说完全不重要。我不从属于这里或者任何一个地方。我重申一次:你们所做的和我所做的,是完全不同的事情,两者没有任何共同之处。

但是我回答了关于贝赞特博士的那个问题。人类的头脑昏沉懒散。它被权威塑造和控制,变得如此迟钝、僵化和局限,以至于自身无法独立。但是人若要自己独立,唯一的出路就是领悟真理。那么你们真的从根本上对领悟真理感兴趣吗?不,你们大多数人并非如此。你们只关心捍卫你们现在抱守的体系,关心找到替代品,关心寻求舒适和安全;在那个寻找的过程中,你们剥削别人,同时自己也受到剥削。其中没有幸福,没有丰足,没有完满。因为你遵循这样的生活方式,所以你不得不选择。当你把生活建立在过去的权威或者对未来的希望之上,当你用过去的某种伟大之处或者某个领袖过去的观念来指导自己的行动时,你就没有在生活;你只不过是在模仿,你的行为就像机器上的螺丝钉一样。这样的一个人是多么可悲!对他来说,生命中没有幸福,没有丰足,只有肤浅和空虚。这一点在我看来是如此清晰,我很奇怪为什么这个问题会被一次又一次地提出。

问:关于大师的存在和仪式的价值问题,你已经说得很清楚了。我可以直言不讳地问你一个问题吗?你是没有任何保留地向我们揭示你内心的真实想法吗?抑或这种无情地表明你的观点的方式,只是为了检验我们对大师的热爱和对我们所属的通神学会的忠诚?请坦率地说出你的回答,即使那回答可能会伤害到我们。

克：你们认为我是怎样的？我对你们做出的不是仓促的反应，我告诉你们的是我真实的想法。如果你们想把我的话当成一种检验，来增强和巩固你们原有的信仰，那么我爱莫能助。我坦诚地、直率地告诉你们我的想法，没有任何掩饰。我不想让你们以这种或那种方式行动，我不想引诱你们加入任何社团或者采用某种特定的思维方式，我不在你们眼前悬挂一个奖赏。我坦率地告诉你们大师并不重要，大师的概念对于真正在探索真理的人来说不过是个玩具。我不想攻击你们的信仰，我知道我在这里是个客人；我只不过是在坦陈自己的观点，就像我以前反复表述过的那样。

我认为，无论是在买拉波尔、在罗马还是这里，哪里有邪恶，哪里就会有仪式。但是为什么还要继续讨论这个问题呢？你们知道我的观点，我已经反复讲过很多次了。就我对大师和仪式的观点，我给你们讲了很多理由。但是因为你们想要大师，因为你们喜欢执行仪式，因为这样的仪式能给你们某种权威感、安全感和独特感，所以你们继续执行这些仪式。你们在盲目的信仰、盲目的接受中继续这些仪式，你们行为的背后没有理性，没有真正的思想或者感情。但是那样的话，你永远都无法领悟真理，你永远不会懂得悲伤的止息。你也许能够实现忘怀、忘却，但是你永远不会发现悲伤的根源和因由并从中解脱出来。

问：你明确谴责头脑的虚伪态度以及从中产生的这种感情和行为。但是因为你说你不评判我们，而你似乎在某种程度上认为我们中某些人的态度是虚伪的，所以你能否说说是什么给你留下了这样一种印象？

克：事情很简单。你们谈论兄弟之爱，然而你们却是国家主义者。我说那是虚伪，因为国家主义和兄弟之爱无法共存。同样，你们谈论人类的统一，从理论上谈论这个问题，然而你们却有自己特定的宗教、特定的偏见和阶级分别。我说那是虚伪。又或者，你转向自我颂扬，巧妙的自我颂扬,而不是你称之为世俗之人庸俗的自我颂扬,他们追求奖赏、认可与政府的赞誉。你们也是世俗之人,而你们的自我颂扬也没什么两样,只是更加微妙一些。你们带着你们的分别、你们的密会、你们的排外,也在试图变成贵族,试图得到荣誉和地位,只是在另一个圈子里进行着而已。我说那是虚伪。那是虚伪,因为你们假装开放,你们谈论兄弟之爱和人类的统一,而与此同时你们的行为与你们嘴上说的恰恰相反。

无论你是有意地还是无意地这样做,都不重要。事实是你确实这么做了。如果你有意识地这么做,对自己的兴趣有完全清醒的意识,那么至少你做得不虚伪。所以你知道你在做什么。如果你说:"我想美化自己,但是由于我在这个世界上无法获得奖赏和荣誉,我就试着到另一个圈子里去获取这些;我要成为一名信徒,我要这样和那样的称号,我要被尊称为具有优秀品质和美德的人",那么至少你是彻底诚实的。那么你就有希望发现这个过程是没有任何结果的。

但是现在你想同时做两件互不相容的事情。你占有欲强,同时你又在谈论从占有欲中解脱。你谈论宽容,然而你却变得越来越排外,以期"帮助整个世界"。这些都是语言,没有深度的语言。这就是我所说的虚伪。你这一刻在谈论对大师的爱,对理想、对信念、对神的尊崇,而下一刻你的行为又骇人地残酷。你们的行为是剥削、占有以及国家主义的行为,是虐待妇孺、残杀动物的行为。你对这一切都不敏感,然而你却谈论慈悲。那难道不是虚伪吗?你说:"我们没有注意到这些状况。"是的,那正是它们得以存在的原因。那么为什么还要谈论爱呢?

所以对我来说,你们有自己的社团和集会,你们在其中谈论信仰和理想,那都是些虚伪的集会。难道不是这样吗?我这么说不是刻薄,正相反,你们知道我对于这个世界的状况有着怎样的感受。你们本可以有所帮助,你们说你们想要提供帮助、你们试图去帮助,可是你们变得越来越狭隘,越来越偏执,派系四起。你们已经停止了呐喊、哭泣和欢笑。

情感对你们来说毫无意义。你们只关心不停地去获取，获取知识，而知识令人窒息，它们只不过是理论上的东西，是盲目的空虚。知识与智慧毫无关系。智慧是买不到的，它是自然的、自发的、免费的。它不是你可以从你的古鲁和导师那里用训练的价钱能买到的商品。我认为智慧与知识无关。然而你追求知识，在追求知识和获益的过程中，你失去了爱，失去了所有对美的感受、所有对残忍的敏感。你变得越来越麻木不仁。

这也给我们带来了另一个问题——印象和反应的问题，我们也许稍后会讨论这个问题。你们在加强自我意识和局限。当你说"我做这件事，是因为我喜欢它，因为它能带给我满足和快乐"，那么我是完全支持你的，因为这样你就能有所了解。但是如果你说"我在追求真理，我想帮助人类"，如果你同时在增强你的自我意识和荣耀感，那么我就会说你的态度和你的生活是虚伪的，因为你在通过剥削别人来获取权力。

问：依你看来，真正的批判排除了单纯的反对，也就是说排除了所有的吹毛求疵、挑剔或者破坏性的批评。那么你所说的批判，是否就是针对正在考虑的事情的纯然思考？如果是这样，那么要如何唤起或者培养真正的批判精神或者纯然的思考？

克：若要唤醒这种并非反对的真正的批判精神，首先你必须知道你并没有真正的批判性，你没有在清晰地思考。这是首先要意识到的。要唤醒清晰思考的能力，首先我必须知道我的思考不具有开放性。换句话说，我必须明白我的想法和感受是什么。只有此时我才知道我是在正确地还是错误地思考。难道不是这样吗？当你说你有批判精神，你只不过是在通过偏见、通过个人好恶、通过情绪化的反应来进行反对。在那种状态下，你说你在清晰地思考，你在批判。但是我说，若要智慧地批判，你必须摆脱这种个人偏见和个人对抗。若要有智慧的批判精神，首先你必须意识到你的思想是被支配的，是狭隘的、偏执的和个人化的，尽管你还没有意识到这些束缚。所以你首先必须觉察到这一点。

你来看这些听众的热情是如何减退的。要么你们累了,要么你们对这个话题不太感兴趣,因为你们深信仪式和大师。你们没有看到批判的重要性,因为你们怀疑和质询的能力已经被教育、宗教和社会制约破坏掉了。你们害怕质疑和批判会摧毁你们如此精心搭建起来的信仰大厦。你们知道质疑的波涛会侵蚀你们在信仰的沙滩上建造起来的房子。你们害怕怀疑和质询。这就是你们的兴趣和热情减退的原因。但是行动需要热情,如果没有这种热情,无论在物质领域还是在思想和感情领域——它们是一体的,你都将无所作为。

所以首先你必须觉察到你在从一己的角度进行思考,你的思想被好恶、被快乐和痛苦的反应所左右。比如你对自己说:"我喜欢你的样子,所以我会追随你的教导。"或者,另一个人说:"我不喜欢他的信仰,所以我不会听他的。我甚至不想去搞清楚他说的话本身是不是有任何价值,我就是反对他。"或者,还有一个人说:"他是个充满权威的导师,因此我必须服从他。"由于存在这样的思想和这样的态度,你就慢慢地但稳稳当当地摧毁了所有真正的智慧感、所有创造性的思考。你们变成了机器,你们唯一的行为就是例行公事,你们唯一收获的是乏味和腐朽。而你询问你为什么受苦,并想通过一套行为规则来逃避那痛苦。

问:你生活中的规则和原则是什么?它们想必是基于你自己关于爱、美、真理和神的概念的,那么那些概念是怎样的?

克:我生活中的规则和原则是什么?没有。请批判地、理智地跟上我说的话。不要反对地说:"难道我们不应该有规则吗?否则我们的生活会一团糟。"不要用对立面的方式来思考。用心想一想我的话本身内在的含义。你们为什么想要规则和原则?你们有如此之多的原则,你们根据它们来塑造、控制和指导自己的生活,你们为什么需要它们?你们为什么想要规则？"因为"，你回答说，"我们的生活中不能没有它们。没有规则和原则的话，我们会完全为所欲为；我们可能会暴饮暴食或者沉溺于性，过多地去占有我们不该拥有的东西。我们必须要有规则和准则来指导我们的生活。"换句话说，若要在尚未理解之时就约束你自己，你就必须要有这些原则和规则。这就是你们的生活中人为搭建起来的整个结构——约束、控制、压抑——因为在这些结构背后是想要求取、安全和舒适的想法，而这导致了恐惧。

但是不追求占有的人，没有困在奖赏的承诺或者惩罚的威胁中的人，不需要规则；试着充分体会和了解每一个经验的人，不需要原则和规则，因为只有局限的信仰才要求遵从。当思想未被束缚、不受局限，那么它自己会知道永恒。你试图去控制思想，去塑造和引导它，因为你建立起了一个你希望达成的目标或者结论，而那目标始终是你所希望的样子，尽管你也许称之为神、完满或者真相。

你问我关于神、真理、美和爱，我的概念是什么。但是我说，如果有人描述真理，如果有人告诉你真理的本质，当心那个人。因为真理无法描述，真理无法用语言衡量。你点头表示同意，但是明天你又会试图衡量真理并寻找对它的描述。你对生命的态度基于这样一个原则，即铸造某个模式然后再把自己塞进那个模子。基督教提供给你一种模式，印度教提供另一种，伊斯兰教、佛教、通神学会则提供另外一些模式。但是你们为什么想要某种模式？你们为什么抱持先入为主的观念？你所知道的一切是痛苦、苦难和转瞬即逝的快乐。但是你想要逃避它们；你不去试着了解痛苦的根源和深度，而是，为了寻求慰藉将目光转向它们的对立面。在悲伤之中，你说神是爱，神是公正的、仁慈的。你们从心理上和情感上将目光转向了爱和公正这些理想，并根据那些模式来塑造自己。但是只有当你不再有占有欲，你才能领悟爱；所有悲伤因占有而生。然而你的整个思想和感情体系都基于占有，所以你怎么可能懂得爱呢？

所以你首先关注的是将头脑和内心从占有欲中解放出来，而只有当占有欲对你来说变成了毒药，只有当你深切体会到那毒药导致的巨大痛苦时，你才能做到这一点。而你却试图从那痛苦中逃脱。你想让我告诉你我关于爱和美的理想是什么，这样你就可以把它变成另一个模式、另一个标准，或者把我的理想与你的理想相比较，期望能从中得到领悟。领悟并不能由比较得来。我没有理想，没有模式。美与行动不是分离的。真正的行动就是你整个生命本身的和谐。这句话对你来说意味着什么？除了空洞的词语以外，毫无意义，因为你的行动是不和谐的，因为你想的是一回事，做的却是另外一回事。

你可以发现永恒的自由、真理、美和爱，这些都是一体的，是同一种东西，只有当你不再追寻它们的时候，你才能发现它们。请试着理解我说的话。我的意思只有在它被无限领悟的时候才是微妙的。我说正是你们的追寻破坏了你们的爱，破坏了你们对美、对真理的感受能力，因为你们的追寻不过是对冲突的一种逃避和逃离。而美、爱、真理以及对神性的领悟，无法从对冲突的逃避中发现，它就存在于冲突本身之中。

（在阿迪亚尔第四次演说，1934年1月1日）

真理是一种不断的完满

今天上午我讲的内容需要很细致的思考；我希望你们能倾听，或者至少能试着去理解我要说的话，不是用反对的态度，而是用理智的批判精神。我要讲的这个问题，如果得到了彻底的探究和了解，就会给你带来一种全新的生活视野。同时我也请求你们不要用对立面的方式来思考。当我说到确定性是一种障碍，不要认为你们必须因此变得不确定；当我说到保证的无益，请不要认为你需要去寻求不安全。

当你真正思考一下这个问题，你会发现头脑不停地寻找确定性和保证；它寻找某个目标、某个结论或者生命的某种意义带来的确定性。你问："是否存在某种神圣的计划，是否有命中注定，是不是不存在自由意志？我们能否通过实现那个计划、通过努力去理解它，用那个计划来指导我们自己？"换句话说，你们想要保证和确定性，这样头脑和内心可以根据它来塑造自己，可以遵从它。而当你探询到达真理的途径时，你实际上寻找的是保证、确定性和安全感。

当你谈到真理之路，那就意味着那真理、那鲜活的真相并没有在眼前，而是在遥远的某处，在未来的某个地方。而对我来说，真理是完满，但是没有任何道路通向完满。所以至少在我看来，你们所陷入的第一个幻觉，即是对保证和确定性的这种渴望，对道路、方法和生活模式的这种寻找，你们希望依照这些方式达到既定的目标，也就是真理。你们确信真理只存在于遥远的未来，而这种信念意味着模仿。当你探问真理是什么，你实际上是想要被告知通往真理的道路。然后你想知道追随哪个体系、哪个模式、哪套戒律可以帮助你走上真理之路。

但是对我来说，不存在通向真理的道路；真理无法通过任何体系、任何道路来领悟。道路意味着目标，一个静态的结果，因而意味着头脑和内心被那个目标所制约，这必然需要训练、控制和占有欲。这种训练、这种控制变成负担，它剥夺了你的自由，并在日常生活中制约着你的行动。探求真理就意味着某个你在追寻的目标、某个静态的结果。而你对某个目标的追求表明你的头脑在寻求保证和确定性。要实现这种确定性，头脑需要可以遵循的一条道路、一套体系和一个方法，而你认为通过自我修炼、自我控制和压抑来制约头脑和内心，就能找到这种保证。

但是真理是无法通过遵循任何道路来领悟的真相。真理不是对头脑和内心的制约和塑造，而是一种不断的完满，行动中的完满。你对真理的追寻，意味着你相信存在通往真理的道路，而这是你所陷入的第一个幻觉，其中就有模仿和扭曲。请不要说："如果没有目标和意义的话，生活会陷入混乱。"我想把这个观念的谬误解释给你听。我说每个人都必须亲自去发现真理是什么，但是这并不意味着每个人都必须为自己铺设一条道路，或者每个人都必须走上一条只属于自己的道路。完全不是这样的意思，而是，每个人都必须亲自去领悟真理。我希望你们能看出这两者之间的区别。当你要去了解、去探索、去体验生活时，道路会变成障碍。但是如果你非得要为自己劈出一条道路不可的话，那就只是多了一种个人观点，一个狭隘的、有限的视角。所以说对道路的寻找产生于无知和幻觉。但是当头脑柔韧灵活，从信仰和记忆、从社会的局限中解脱出来时，在那行动中、在那灵活性中，就有了生命的无限运动。

就像我那天说过的，一个真正的科学家，是一个在不停试验却不心怀某个结果的人。他不寻求结果，结果只不过是他研究的副产品。所以当你在探索和试验时，你的行动仅仅成为了这种运动的副产品。寻求结果的科学家不是真正的科学家，他并没有真正地在探索。但是如果他在探索中没有想得到什么的想法，那么尽管他的研究也许会有成果，但是这些成果对他来说是次要的。而你们关心结果，所以你们的探索不是鲜活的，没有生气。你在寻找某个目标、某个结果，所以你的行为变得越来越局限。只有当你在探索中没有想要得到成功和成就的愿望时，你的生命才会变得持久自由和丰足。这并不意味着你的探索中没有行动、没有结果，而是意味着行动和结果不是你首先考虑的事情。

就像河水浇灌岸边的树木一样，这种探索的运动滋养你们的行动。合作的行动，联结在一起的行动，就是社会。你们想创造一个完美的社会。但是这样完美的社会不可能存在，因为完美不是一个目标、一个要达成的结果。完美是圆满，处于不停的运动中。社会无法实现某个理想，人类也办不到，因为社会就是人们。如果社会试图根据某个理想塑造自身，如果人们试图根据某个理想生活，就不可能有真正的完满，这两者都在腐朽。但是如果人处于这种完满的运动中，那么他的行动就将是和谐的、完整的，他的行动就不仅仅是对某个理想的仿效。

所以在我看来，文明不是一项成就，而是一种不停的运动。各个文明达到某个高度，并存在一段时间，然后衰落，因为在这些文明中没有人类的完满，只有对于某种模式的不断仿效。只有当头脑和内心处于这种不停的完满和探索运动中时，完整和圆满才存在。现在不要说："探索永无止境吗？"你不再寻找某个结论、某种确定性，所以生活不再是一系列的累积，而是一场持续不断的运动和完满。如果社会只是在达成某个理想，那么社会很快就会腐朽。如果文明只是组织成团体的一群个人的成就，那么它就已经处于腐朽的过程中了。但是如果社会和文明是这种完满中的不停运动，那么它就能够持久，它将成就人类的完善。

在我看来，完满不是通过进步这个观念来成就某个目标、某个理想或者某个绝对真理。完满是思想、感情进而是行动的圆满——这圆满任何时候都可以存在。因此完满不受时间所限，不是时间的结果。

好了，先生们，这里有很多问题，我会试着尽量确切地回答它们。

问：如果明天爆发战争，兵役法立即生效，强迫你拿起武器，你是否会像1914年通神学会的领袖们那样，入伍并呐喊："武装起来，武装起来！"？还是你会公然反抗战争？

克：我们不必去关心通神学会的领袖们在1914年做了些什么。只要存在国家主义，就必然会存在战争。只要有几个主权政府，就必然会有战争。那是不可避免的。我个人不会参与任何战争活动，因为我不是一个国家主义者，没有阶级之见，也没有占有欲。我不会加入战争，也不以任何方式提供帮助。我不会加入任何治愈伤员仅仅是为了把他们送回战场让他们再次受伤的组织。但是我会在战争威胁到来之前对这些事情有所领悟。

现在，至少暂时没有真正的战争发生。当战争来临，强大的宣传攻势会席卷而来，针对敌方捏造的谎言会四处散播；爱国主义和仇恨被煽动起来，人们在对他们祖国应有的热爱中失去了理智。"神站在我们这边，"他们叫道，"而魔鬼在敌人那边。"历经多少个世纪，他们叫喊着这些同样的话语。双方都以上帝之名而战，双方都有牧师在祈求神赐福于己方的军队，那真是个绝妙的主意！他们甚至会求神保佑轰炸机，他们被那制造战争的恶疾——国家主义和他们自己的阶级或个人的安全彻底吞噬了。所以当我们处于和平状态时——尽管"和平"一词用来形容全副武装的暂时停战状态显得很怪异——当我们在任何情况下都没有在战场上实际地互相残杀时，我们可以理解什么是战争的根源，并将我们自己从那些根源中解放出来。如果你的领悟和你的自由是清晰的，清晰地了解自由的一切含义——你可能会因为拒绝服从狂热的战争而被枪杀——那么当那个时刻到来时，无论你怎样行动，都将是正确的。

所以问题不是战争来临时你会怎么做，而是为了防止战争你现在在做什么。你们总是因为我的否定态度对我大喊大叫，可是你们现在做了什么事情来消除战争的根源本身呢？我讲的是所有战争的真正根源，而不仅仅是眼前因为每个国家都在囤积军备而不可避免即将发生的战争。只要存在国家主义精神、阶级分别观念以及特性和占有欲，战争就必然存在。你阻止不了。如果你真的面对着战争的问题——就像你们现在面临的这种情况，你就必须采取明确的行动，明确的、积极的行动；通过行动你将帮助唤醒智慧，而智慧是唯一能够阻止战争的因素。但是要做到这一点，你就必须把自己从"我的神，我的国家，我的家庭和我的房子"这种疾病中解脱出来。

问：恐惧，特别是对死亡的恐惧，其根源是什么？究竟是否可能彻底除去那种恐惧？即使常识反对恐惧，认为死亡是不可避免的，是完全自然发生的事情，可为什么恐惧依然普遍存在？

克：对于始终完满的人来说，对死亡的恐惧是不存在的。如果我们每天、每时每刻都是真正完整的，那么我们就没有对明天的恐惧。但是我们的头脑在行动中制造出不完整，因此产生了对明天的恐惧。我们被宗教、社会训练得不完整，学会了拖延，而这充当了我们逃避恐惧的手段，因为我们还有明天可以去完成我们今天没有完成的事情。

但是请等一下。我希望你们既不从你们传统的背景——无论那传统是现代还是古老——也不从你们对转世的信念的角度看待这个问题，而是十分简单地来看。那么你们就会领悟真理，将你们从恐惧中彻底解放出来。在我看来，转世的想法只不过是拖延。尽管你可能对转世深信不疑，可当某人去世时你还是会感到悲伤和恐惧，或者对自己死去的恐惧。

你也许会说："我会活在彼岸；我会更加快乐，会比我在这里做得更好。"但是你的话不过是无力的语言。它们无法止息你心中始终存在着的痛苦恐惧。所以让我们来解决恐惧这个问题，而不是转世的问题。当你理解了恐惧是什么，你就会发现转世这个问题完全不重要，我们连讨论它的必要都没有。不要问我这一世残疾或者失明的人死后会怎么样。如果你理解了核心问题，你就能够智慧地看待此类问题了。

你害怕死亡，因为你的每一天都不完整，因为你的行动从来都不完满。难道不是吗？当你的头脑陷入信仰——对过去或者未来的信仰中时，你就无法充分理解经验。当你的头脑充满偏见，你就不可能在行动中彻底理解经验。于是你说你必须通过明天来完成那行动，因而你害怕明天不会到来。但是如果你现在就完成你的行动，那么无限就会展现在你眼前。是什么妨碍你完满地生活？请不要问我如何使行动完满，那是消极对待生活的方式。如果我告诉你如何去做，那么你就只会把行动变成模仿，那其中没有完满。你需要做的，是去发现是什么妨碍你圆满地、无限地活着；你会发现，那是某个虚幻的目标和确定性，你的头脑深陷其中，陷在达成某个目标的幻觉中。如果你不停地把目光投向未来，在未来实现、获得、成就或者征服，那么你现在的行动就必然是局限的、不完整的。当你根据你的信仰或者原则行动时，你的行动必然是局限的、不完整的。当你的行动基于信仰时，那行动便不完满，它只是信仰的结果。

所以我们的头脑中有很多障碍；有被社会培植出来的占有本能，还有不占有的本能，同样也是被社会培植出来的。当存在遵从和仿效，当头脑被权威所围限时，就不可能有完满，从中产生对死亡的恐惧，以及很多隐藏在潜意识中的其他恐惧。我回答清楚了吗？我们再来应对这个问题时，要采用不同的方式。

问：记忆是如何产生的，记忆的不同种类是什么？你说过："现在包含着整个永恒。"请详细解释一下这句话。它的意思是不是说，对于完全活在现在的人来说，过去和未来在主观上没有真实性？过去的错误，或者理解上的差距——如果可以这么说的话，能否在始终不停继续的现在得到调整或者补救？在这现在中，关于未来的想法毫无立足之地。

克：如果你明白了之前的回答，你就会理解记忆的根源，你就会发现记忆是如何产生的。如果你不理解某个事件，如果你没有彻底体会某个经验，那么该事件或经验的记忆就会在你脑中挥之不去。当你遇到一个你无法彻底了解的经验，你看不清它的意义，你的大脑就会回过头去看那个经验，于是记忆产生了。换句话说，记忆产生于不完整的行动。而由于你拥有许多层次的记忆，这些记忆来自于不完整的行动，于是形成了你称为自我的自我意识，而那只不过是一系列的记忆，是没有真实性的幻象，无论在记忆本身的层面上，还是在更高的层面上都没有实质意义。

记忆有很多种类。例如，有对过去的记忆，就像你回想起一幅美好的场景时那样。但是你们对这个问题感兴趣吗？我看到很多人在四处张望。如果你们对这个问题并不是真的感兴趣，那么我们讨论一下国家主义和高尔夫球或者网球好了。（笑声）

存在着与昨天的快乐相关的记忆。也就是说，你欣赏过一幅美丽的景色，你欣赏过日落或者水面上的月光。然后，比方说你到了办公室里，你的思绪回到那幅美景上去。为什么？因为当你身处不快和丑陋的环境中，当你的头脑和内心困在不快的事物中时，你的头脑倾向于自动地回到昨天快乐的经验中去。这是一种类型的记忆。你不去改变周围的条件，不去改造周围的环境，而是追溯着快乐经验的脚步而去，并歇息在那记忆之中，支撑并容忍着不快乐，因为你觉得无法改变它。于是过去得以逗留于现在。这一点我说清楚了吗？

然后还有一种记忆，无论它是快乐的还是不快乐的，会突然出现在你的脑海中,哪怕你不想让它出现。过去经历的事情不请自来地出现在你的头脑中,因为你对现在并没有充分的兴趣,因为你对现在不是完全敏感的。

另一种记忆与信仰、原则和理想有关。所有的理想和原则实际上都是僵死的,是过去的东西。当你无法充分面对或者理解生命的运动时,对于理想的记忆就会持续存在。你想用某个尺度来衡量那运动,想用某个准则来判断经验,你把按照那准则的尺度来行动叫做追求理想。因为你无法领悟生命之美,因为你无法完满地活在生命的美和壮丽之中,所以你想要一个理想、一个原则和一个可以仿效的模式,借以赋予你的生活某种意义。

还有对自我修炼的记忆,而那是意志。意志只不过是记忆而已。毕竟,你是通过记忆的形式开始训练自己的。"我昨天这么做了",你说,"我下定决心今天不这么做。"所以在绝大多数情况下,行动、思想和感情完全是过去的产物,它们基于记忆。所以这样的行动从来不是完满的。它总是留下记忆的疤痕,而很多这样的疤痕积累起来就变成了自我意识、"我",并一直妨碍着你去彻底地了解。这,即"我"这个意识,是个恶性循环。

所以我们有不计其数的记忆,对训练和意志、理想和信仰、有吸引力的快乐事物和不快的困扰的记忆。请跟上我说的话。不要被别人干扰。如果这些没有引起你的兴趣,如果你的思绪在四处游荡,你完全可以离开。我可以接着讲,但是如果你不听,我说的话对你来说将毫无意义。

我们不停地通过记忆这块面纱来行动,因此我们的行动总是不完整的。于是我们在进步这个观念中寻求舒适,我们认为通过数次轮回转世可以通向完满。所以我们从没有一天、从没有一刻是丰足的、完满的,因为这些记忆总是在阻挡、束缚、限制和妨碍我们的行动。

回到问题上来:"它的意思是不是说,对于完全活在现在的人来说,过去和未来在主观上没有真实性？"不要问我这个问题。如果你感兴趣，如果你想根除恐惧，如果你真的想丰足地活着，那就热爱你的头脑摆脱了过去和未来的那一天，然后你就会知道如何完满地活着。

"过去的错误，或者理解上的差距——如果可以这么说的话，能否在始终不停继续的现在得到调整或者补救？在这现在中，关于未来的想法毫无立足之地。"你们理解这个问题吗？因为我事先没有读过这个问题，我必须边说边想。你只能现在去弥补过去理解上的差距，至少我的看法是这样的。反省、分析过去的过程并不能带来领悟，因为你无法从死去的东西中获得领悟。你只能在鲜活的、活生生的现在获得领悟。这个问题打开了一个宽广的领域，但是现在我还不想深入讨论这个问题。只有在现在这一刻，在危机的时刻，在深刻而尖锐的质疑从完满的行动中诞生的那一刻，过去理解上的差距才能被弥合、被消灭；通过分析过去和审视你过去的行为无法做到这一点。

我来举个例子，希望能让你们明白这个问题。假设你怀有阶级之见，而你并没有意识到这一点。但是在阶级意识中受到的训练以及对它的记忆，依然伴随着你，依然是你的一部分。现在将头脑从那记忆或者训练中解放出来，不要将目光投向过去并说："我要审视我的行为，看看那行为是否受制于阶级意识。"不要这么做，而是，在你的感情和行动中保持充分觉察，然后这种阶级意识的记忆自己会突然出现在你的头脑中；在智慧被唤醒的那一刻，头脑就开始把自己从这种束缚中解放出来。

同样，如果你是残忍的——而大多数人没有意识到他们的残忍——不要去审视你的行为借以发现你是否残忍。那样的话你永远都不会发现，你永远都不会了解；因为此时的头脑不停地着眼于残忍而不是行动，因而是在破坏行动。但是如果你在行动中充分觉察，如果你的头脑和内心在行动中充分活跃，那么在行动的那一刻你就会看到你的残忍。这样你就会发现残忍真正的起因和根源，而不只是某些残忍的事情。但是你只能在完满的行动中做到这一点，这时你在行动中有充分的觉察。通过反省和审视或者通过分析过去的事件，无法弥合理解上的差距。这只有在行动发生的那一刻才可以做到，而这行动本身必定是不受时间所限的。

我不知道你们有多少人理解了这一点。问题其实很简单，我会试着更简单地解释一下。我不用哲学或者科技术语，因为我不懂任何术语。我用日常的语言来讲。

头脑习惯于分析过去和仔细研究行动，以了解行动。但是我说用这种方式你无法理解，因为这样的分析总是在限制行动。行动被限制的这种实例，行动几乎停止的情况，在印度和其他任何地方都随处可见。不要试图去分析你的行动。而是，如果你想发现自己是否有阶级意识、是否正直、是否国家主义者、是否偏执、是否被权威所束缚以及是否具有模仿性——如果你真的对发现这些障碍感兴趣的话，那么就充分觉察并意识到你正在做的事情。不要只是做个旁观者，不要仅仅从外在的角度客观地看待你的行动，而是从心理上和感情上都充分觉察，在行动的那一刻以你的整个存在来觉察。那么你就会发现，很多起妨碍作用的记忆会突然出现在你头脑中，阻止你去充分地、完满地行动。在那觉察中，在那火焰中，头脑将能够毫不费力地将自己从那些过去的障碍中解放出来。不要问我："如何做到？"去试试就好。你们的头脑总是想要一个方法，问如何做到这个或者那个。但是没有"如何"。去试验，你会发现的。

问：既然寺庙对"神的子民"①开放,可以帮助打破印度存在的形式众多的人与人之间分别的一种，你支持这个国家现在正狂热倡议的这项运动吗？

克：现在请明确一点，我不是在攻击任何个人。不要问"你是在攻

---

① 指印度社会最底层的"贱民"。"神的子民"是甘地为这部分民众所起的所谓"嘉名"。——译者

击甘地[①]吗?"等等诸如此类的问题。我不认为印度或其他任何地方的阶级分别问题,能够通过允许"神的子民"进入寺庙而得到解决。只有当不再有寺庙、不再有教堂,不再有清真寺以及犹太教堂时,阶级分别才能停止;因为真理和神不在石头中,不在雕刻出的神像中,也没有包含在四面围墙之中。真相不在任何一座寺庙中,也不在其中执行的任何一项仪式中。所以为什么还要费神去考虑谁进入谁不进入这些寺庙的问题呢?

你们大多数人微笑并表示同意,但是你们并没有感受到这些事情。你们没有感受到真相在任何地方、在你们身上、在所有事物中都是存在的。对你们来说,真相被人格化了,被局限、被束缚在了寺庙中。对你们来说,真相是一个符号,无论是基督教的还是佛教的符号,无论它是否与某个形象联系在一起。但是真相不是一个符号。真相没有符号。它就那样存在着。你们把它雕刻到神像中,用一块石头、一项仪式或者一个信仰来限制它。当这些东西不复存在时,人与人之间的争吵就会停止,就像当国家主义——它在数个世纪以来出于剥削的目的被培植起来——不复存在时,就不会再有战争。寺庙及其所有的迷信以及牧师这些剥削者,都是你们制造出来的。牧师不能靠他们自己存在。牧师可以作为一种谋生的方式存在,但是那种情况在经济状况发生变化时很快就消失了,牧师们改变了他们的天职。所有这一切,寺庙、国家主义、剥削和占有欲的起因和根源,就在于你想拥有安全和舒适的渴望。你出于自身的占有欲,制造出了无数的剥削者,无论他们是资本主义者、牧师、导师还是古鲁,于是你被他们剥削。只要这种占有欲、这种自我安全存在,就会有战争,就会有阶级分别。

仅仅通过讨论、谈话或者组织,你们是无法除掉毒药的。当你们作为个体清醒地意识到所有这一切事情的荒唐、谬误和可怕,当你们在内

[①] 甘地(1869-1948),印度民族运动领袖。——译者

心真正地感受到这一切的可怕残忍时，只有此时，你们才能创造出不再成为其奴隶的组织。而那正是全世界正在发生着的事情。看在老天的份上，对这些事情觉醒吧，至少你们那些在思考的人醒来吧！不要发明新的仪式、建造新的寺庙、成立新的秘密社团。它们只不过是另一种形式的排外。只要这种排外的想法存在，只要你们在寻求获益或者安全，就不可能有领悟和智慧。智慧与进步不成比例。智慧是自发的、自然的，它无法从进步中产生，它存在于完满中。

所以，即使你们所有人，无论是不是婆罗门，都被允许进入寺庙，那也不会消除阶级分别。因为你们会在"神的子民"进入寺庙一个小时之后才进去，你们会更仔细或者更不仔细地洗刷自己的身体。那排外性的毒药，你们内心的那些溃疡，并没有根除，而没有人会为你们根除它。共产主义和革命也许会来临，扫除这个国家中所有的寺庙，但是那毒药会继续存在，只是换了一种形式而已。难道不是吗？不要点头表示同意，因为过一会儿你们就会去做与我所说的正相反的事情。我不是在评判你们。

解决所有这些问题，只有一个办法，那将是彻底的，而不是表面上的、治标不治本的。如果你们从根本上解决它们，就必然会有一场巨大的革命，父与子、兄与弟之间会势不两立。将会有一段刀兵相见、战火纷飞而不是和平的时期，因为存在着太多的腐朽和衰败。但是你们都想要和平，你们不惜一切代价想要安宁，任由所有这些导致溃烂的毒药在你们的头脑和内心中肆虐。我告诉你们，当一个人在探索真理时，他会反对所有这些残忍、障碍和剥削，他不会向你提供舒适，他不会给你带来和平。相反，他会拿起刀剑，因为他看到存在着太多谬误的体制和腐败的状况。这就是为什么我说如果你在探索真理，你就必须完全独立——那也许会与社会和文明对立。但不幸的是，真正在探索的人太少了。我不是在评判你们。我说的是，你们自己的行为会揭示出，你们是在建设而不是在摧毁那些阶级分别的围墙；你们是在保护它们而不是推翻它们，是在爱护它们而不是打破它们,因为你们在以这种或那种形式不停地追求自我美化、安全和舒适。

问:即使一个人属于上百个社团,他是不是也无法实现解放和真理,这种不停变化的永恒的生命运动?人若是保有与外界的所有联结,是否就无法拥有内在的自由?

克:领悟真理与任何社团都毫无关系。因此你可以属于或者不属于某个社团。但是如果你利用社团——无论是社会还是宗教团体——作为领悟真理的手段,那么你口中就只有灰烬。

"人若是保有与外界的所有联结,是否就无法拥有内在的自由?"那是可以的,但是那种做法中存在着欺骗、自欺、狡猾和虚伪,除非一个人极具智慧并始终觉察。你可以说:"我执行所有这些仪式,我属于各种社团,因为我不想打破与它们的联系。我追随古鲁,我知道这很荒谬,但是我想与我的家庭保持和睦,与我的邻居和睦相处,我不想为这个已经十分混乱的世界增添混乱。"但是我们生活在这样的欺骗中太久了,我们的头脑变得如此狡猾、如此虚伪,虚伪得难以觉察,以至于我们无法发现或者领悟真理,除非我们打破这些联结。我们将自己的头脑和内心变得如此迟钝,除非我们打破束缚着我们的联结,并因此制造出某种冲突,否则我们无法知道我们究竟是否自由。但是具有真正领悟的人——这样的人非常少——自己会去发现的。这时他想要保持或者打破的联结将不复存在。社会将唾弃他,他的朋友将离开他,他的社会关系将与他毫无关系;所有这些负面因素自己就会离他而去,他不需要去脱离这些因素。但是那个过程意味着智慧的觉察,意味着完满的行动,而不是拖延。而只要头脑和内心困在恐惧中,人就会拖延。

(在阿迪亚尔第五次演说,1934年1月2日)

真理是一种不断的完满 321

人无法通过任何组织找到真理

因为这是我在这里的最后一次讲话，我会先回答已经提出来的问题，然后再用一个简短的讲话来结束。但是在我开始回答问题之前，我想再次感谢代理主席沃林顿先生邀请我来阿迪亚尔讲话，感谢他的盛情邀请。

就像我在这些讲话一开始说的那样，我对攻击你们的学会毫无兴趣。我这么说，就不再重述我之前说过的话了。我认为所有的宗教组织对人们来说都是障碍，因为人无法通过任何组织找到真理。

问：通过建议和指导来保护和庇护无知者，还是让他们通过自己的经历和痛苦亲自去发现，尽管这可能需要他们用整个一生的时间来摆脱这些经历和痛苦的影响——哪一个是更明智的做法？

克：我会说哪个都不是；我会说去帮助他们变得智慧，而这是截然不同的一件事。当你想要指导和保护无知者，你实际上是提供给他们一个你为自己建造起来的庇护所。而如果采取相反的观点，也就是说，让他们在经验中徘徊，同样是愚蠢的。但是我们可以通过正确的教育来帮助别人——不是我们称之为教育的这种现代疾病，这种通过考试和进入大学的做法。我根本不会把那称为教育。那只是在残害头脑。但那是另一个问题。

如果我们能帮助别人变得智慧，那是我们唯一需要做的事。但那却是世界上最困难的事情，因为智慧不会提供远离生活中的挣扎和混乱的庇护所，也不会提供舒适，它只能产生领悟。智慧是自由的，未被束缚的，没有恐惧或者肤浅。只有当我们开始解放自己的时候，我们才能帮助别人从束缚着他的占有欲、诸多幻想和障碍中解放出来。但是我们有着这种想要改善大众的强烈想法，可我们自身却依然愚昧，依然困在迷信和占有欲中。当我们开始解放自己时，我们才能自然地、真正地去帮助别人。

问：我同意你的看法，即每个人都有必要去发现哪些是迷信，包括宗教也是如此；那么你认为一场朝着那个方向的有组织的运动是否有益和必要？特别是当缺乏这种运动时，强大的利益集团，即所有主要朝圣场所中的高层牧师，会继续剥削那些依然困在迷信和宗教教条与信仰中的人们。既然你不是个人主义者，那么你为什么不与我们待在一起并传播你的讯息，而是要周游各国然后再回到我们身边？那时你说过的话可能已经被忘掉了。

克：所以你得出了组织是必要的这个结论。我来解释一下我说的组织是什么意思。必须要有为人类的福利、人类的物质幸福而存在的组织，而不是为了带领人们走向真理而存在的组织。因为真理无法通过任何组织、任何道路、任何方法找到。仅仅通过某个组织来帮助人摧毁他的迷信、信仰和教条，并不能给他带来领悟。他只不过会制造出新的信仰来代替你摧毁的旧信仰。这就是全世界正在发生的事情。你摧毁一套信仰，人们会制造出另一套；你摧毁了一座寺庙，他们会建造起另外一座。

但是如果每个个体，从他们的领悟出发，在自己周围创造出智慧并带来领悟，那么组织就会自然而然地形成。而我们却先从组织开始，然后说："我们要如何生活并调整自己来适应这些组织的所有要求？"换句话说，我们把组织放在首位，个体放在其次。我从每个社团中都看到这样的情形：个体被击垮，而组织，那个你们都在其中工作着的神秘事物变成了一股力量，一股为剥削而存在的压倒性力量。这就是为什么我认为从迷信、信仰和教条中的解脱只能从个体开始。如果个体真的领悟了，那么通过他的领悟和那领悟带来的行动，他就能自然而然地创造出并非剥削工具的组织。但是如果我们把组织放在首位，就像大多数人所做的那样，我们就不是在摧毁迷信，而只是在制造替代品。

以占有的本能这个例子来说。法律认可并保护你对你的妻子、孩子和财产的占有，法律赞赏你。然后如果共产主义到来，就会赞赏一无所有的人。而在我看来，两种体制都是一回事；它们是同一种事物，表现为相反和对立的方式。当你被迫做出某个行动，被环境、社会或某个组织所塑造和定型，那行动中就没有领悟。你只不过是在变换导师。如果有些人对这些事情有真切的感受和智慧，那么组织会自然而然地产生。但是如果你只关心组织，你就破坏了那充满生机的感受、那智慧和创造性的思维，因为你不得不去为组织、为组织的收入着想，并顾及组织得以建立的信仰基础。你不得不去考虑所有这些责任，所以无论你还是组织都无法保持流动、活跃和灵活。你的组织对你来说比自由更加重要。如果你真正好好考虑一下这个问题，你会明白的。

少数几个人出于热情和旺盛的兴趣创造了组织，其他人进入这些组织并成为它们的奴隶。但是如果存在创造性的智慧——而这个国家中几乎不存在这种智慧，因为你们都是追随者，说"告诉我怎么做，要遵循怎样的训练和方法"，就像一大群绵羊一样——如果你们真的自由，如果你们拥有创造性的智慧，那么从中就会产生行动；你们会从根本上解决问题，也就是说，通过教育、通过学校、通过文学、通过艺术去解决，而不是像这样永无止境地谈论组织。若要有学校、有正确的教育，你们需要建立组织；但是如果个体，如果少数人真的觉醒、真的智慧，那一切都会自然而然地产生。

"既然你不是个人主义者，那么你为什么不与我们待在一起并传播你的讯息，而是要周游各国然后再回到我们身边？那时你说过的话可能已经被忘掉了。"这次我已经答应了要去其他的国家，南美、澳大利亚和美国。但是当我回来的时候，我想在印度长待一段时间。（鼓掌）请不要鼓掌。那时我想做一些非常不同的事情。

问：哪一个是首要的，个人还是组织？

克：这很简单。你们关心的是缝缝补补，也就是对国家主义、阶级分别、占有欲和传统遗产进行改良，就谁该进入寺庙而争论不休，在这里和那里做点改善工作，还是你们想要一次彻底的、根本的转变？那转变意味着从制造国家主义、恐惧、分别和占有欲的自我意识和局限的"我"中解脱出来。如果你从根本上洞察到这些东西的谬误，那么就会产生正确的行动。所以你需要理解并行动。像你们现在这样，你们只是在美化自我意识，我认为基本上所有的宗教社团都在这么做，尽管它们的教诲从理论上、从书本上看起来或许不尽相同。你们知道，经常有人告诉我说《奥义书》与我说的话相一致。人们告诉我："你说的话与佛陀、基督说的话完全相同"，或者，"从本质上讲，你教授的正是通神学的观点。"但是那些都是理论。你必须认真思考一下这个问题，你必须真的坦率、真的诚实。当我说"诚实"、"坦率"时，我的意思不是忠诚，因为一个傻瓜都可以忠诚。（回应一次打断）恳请你们跟上这一点。一个固执地坚信某个观点、某个信仰的疯子是忠诚的。大多数人是忠诚的，只是他们拥有无数个信仰。他们有很多信仰，而不是一个，他们想忠诚地坚守这些信仰。

如果你真的是坦率的、诚实的，你会发现你的整个思想和行动都基于这种缝缝补补，这局限的意识和自我美化，这种想要在精神或者物质世界中变成某个人物的渴望。如果你带着那种态度来行动和工作，那么你所做的必然是缝缝补补；但是如果你正确地行动，那么对你来说，这整个结构就都倒塌了。因为你想要自我美化，你想要安全，你想要保障，你想要舒适，所以你需要决定去做这件事还是那件事；你不能两件都做。如果你坦率地、诚实地追求安全和舒适，那么你就会发现它们的空虚。如果你真的诚实面对这种自我美化，那么你就会洞察它的浅薄。

但不幸的是我们的头脑并不清晰。我们偏执，我们受到了影响，传统和习惯束缚着我们。我们身上有无数的责任。我们有需要维持的组织。我们将自己献身于某些观念和信仰。经济因素在我们的生活中起着重要作用。我们说："如果我与同事和邻居的想法不一样，我可能会丢掉工作。那么我要如何谋生呢？"所以我们一如既往地生活下去。这就是我所说的虚伪，不去直面现实。

真实地洞察并行动，行动紧跟着洞察，它们密不可分。弄清楚你想要做什么，是缝缝补补还是完满的行动。现在你们把重点放在了工作上，因而关注的主要是缝缝补补的工作。

问：转世在很大程度上说明了生命中还是充满着神秘和谜团的。它通过另一些事物表明，在任何一世中被视若珍宝的个人关系，未必会在下一世继续。于是，陌生人会进入我们的关系，反之亦然；这揭示出人类灵魂之间存在着密切关系这个事实，如果恰当地理解了这个事实，将带来真正的兄弟之爱。因此，如果转世是自然规律，而你恰好知道事实确实如此；抑或，同样地，如果你恰好知道不存在这样的规律，那么你为什么不说出来呢？回答问题的时候，你为什么总是让这个极其重要而有趣的话题包裹在神秘的光环下呢？

克：我认为这个问题不重要，我认为它从根本上解决不了任何问题。我认为它无法让你了解那根本的、鲜活的、独特的统一，那统一并不是无差异的整齐划一。你说："我前世与某个人结婚，这一世跟另一个人结婚；难道这不能带来某种兄弟之爱或者慈悲和一体感吗？"这真是一种不可思议的思维方式！你宁愿要一种神秘的兄弟之爱，而不要现实中的兄弟之爱。你愿意因为关系而心怀着爱，而不是因为爱是自然的、自发的和纯粹的。你想抱有信仰，因为信仰给你慰藉。这就是为什么存在着如此之多的阶级分别和战争，以及为什么会如此频繁地使用"宽容"这个荒谬的词语。如果你们没有信仰的分别，没有各种理想体系，如果你们是真正完整的人类，那么就会有真正的兄弟之爱、真正的慈悲，而不是这件你们称为兄弟之爱的虚假东西。

转世的问题我回答过很多次了，现在我只简要地说一下。你们也许根本不思考我说的话，或者你们只是按照自己的喜好来审视一下。恐怕你们不会认真考虑的——尽管你们是否认真考虑也并不重要——因为你们深信某些观点，忠于某些组织，被权威和传统所束缚。

对我来说，自我，那局限的意识，是冲突的结果。它本身没有任何价值，它是个幻觉。它产生于了解的缺乏，这反过来又制造出冲突，从这种冲突中产生自我意识或者局限的意识。你无法通过时间来完善自我意识，时间不会将你从这自我意识中解放出来，因为时间只是拖延了解。你越是拖延某个行动，你就越是无法理解它。只有存在冲突时，你才会有清醒的意识；而在狂喜、在真正的洞察中，就有自发的行动，其中没有冲突。此时你不会意识到自己是一个存在、一个"我"。然而你却想要保护那累积起来的愚昧，你称之为"我"；你想要保护那积累起来的东西，这种认为通过积累可以不停增长的想法从中产生；你想要保护那个膨胀的中心，而那不是生命，而只是一个幻象。所以当你寄希望于时间带来完满，自我意识就只会增强。时间永远不会将你从那自我意识、那局限的意识中解放出来。解放头脑的，是行动中的彻底领悟；也就是，当你的头脑和内心和谐地行动，当它们不再偏执，不再受缚于某个信仰、某个教条、恐惧或错误的价值观，那么就会有自由。而那自由就是洞察的狂喜。

你们知道,如果你们中如此坚信转世的某个人来和我探讨这个问题,那将是非常有意义的一件事。我和很多人讨论过这个问题,但是他们只会说:"我们相信转世,这解释了很多事情",然后问题的探讨就此结束。与坚持自己的信仰、积极肯定自己的知识的人,是无法进行讨论的。当一个人说他知道时,事情就完了;然后你崇拜那个说"我知道"的人,因为他肯定的表述、他的确认给了你舒适和庇护。

你是否相信转世,在我看来是件微不足道的事情;那信念就像一个玩具,令人愉快,但它什么问题也解决不了,因为它只是一种拖延。它只是一种解释,而解释对于一个探索中的人来说就如同灰烬。但不幸的是,你被灰尘窒息了,你对一切都有解释。对于每一种痛苦,你都有一套符合逻辑的、适合的解释。如果某个人失明,你用转世的概念为他这一世的不幸命运作解释。你用转世和进化的概念把生活中的不平等给解释掉了。所以,你通过解释来应付关于人类的诸多问题,你的生命已经停止了。生命的完满与一切解释都不相容。对于一个身处巨大痛苦的人来说,解释就如同尘土和灰烬一样。但是对于寻求舒适的人来说,解释是必要的,解释太棒了。根本不存在舒适这种东西。只有领悟,而领悟不受信仰或确定性的束缚。

你说:"我知道转世是真实存在的。"好,可那又怎么样呢?转世,也就是积累、增长、求取的过程,只不过是努力的负担、努力的继续;而我说存在一种自发的生活方式,没有这种不停的挣扎,它来自于领悟,而领悟不是积累和增长的结果。这领悟、这洞察会降临不被恐惧和自我意识束缚的人。

问:在面对生活中的危险和考验时岿然不动的人,其做法与他的伙伴采取一系列行动的做法正相反,这样的人通常是具有坚定意志和优秀品格的人。英国和其他地方的公立学校都认为培养意志和品格很重要，这也通常被认为是开始生活时所应具备的最优秀品质，因为意志能够保证成功，而品格能够保证道德约束。关于意志和品格，你有什么看法，它们对于个体的真正价值是什么？

克：这个问题的前半部分正好是问题本身——"关于意志和品格，你有什么看法，它们对于个体的真正价值是什么？"——的背景。依我看来，没有价值。但是那并不意味着你必须没有意志、没有品格。不要用对立面的方式思考。你说的意志是什么意思？意志是抗拒的产物。如果你不了解某件事情，你就想征服它。所有的征服都只不过是奴役，因而是抗拒；从那抗拒中产生意志，即"我必须和我不可以"的想法。但是洞察和领悟将头脑和内心从抗拒中解放出来，进而从"我必须和我不可以"的斗争中解放出来。

这同样适用于品格。品格只是抗拒社会加诸于你的众多侵蚀的能力。你的意志力越强，自我意识、"我"就越强大，因为"我"是冲突的结果，而意志产生于抗拒，这抗拒制造出自我意识。抗拒是什么时候形成的？当你追求获取和收益，当你想要成功，当你追求美德，当存在仿效和恐惧的时候。

在你听来也许会觉得这一切很荒谬，因为你困在求取造成的冲突中，你自然会说："一个人如果没有意志、没有冲突、没有抗拒，那会变成什么样？"我说，那是活着的唯一方式，即没有抗拒，但这并不意味着不抵抗；这并不意味着没有决心、不果断、被到处呼来喝去。意志是谬误价值观的产物；当理解了什么是正确的，冲突就会消失，随之消失的还有抗拒，即所谓意志的培养。意志和品格的培养，就像有色玻璃一样阻碍了清晰的阳光，无法解放人类，它们无法带给人们领悟。相反，它们会局限人类。

但是一个有领悟的头脑，一个灵活、警醒的头脑——那并不意味着像聪明的律师那样狡猾的头脑，这类头脑在印度太盛行了，那是一种破坏性的头脑——灵活的头脑,我说的是,未被束缚、没有占有欲的头脑,对于这样一个头脑来说,不存在抗拒,因为它有了解;它洞察到抗拒的谬误,因为它就像水一样。水可以呈现出任何形态,但依然是水。但是你想被按照某个特定的模式塑造,因为你没有彻底的了解。我说,当你完满地、完整地行动,你将不再寻找任何模式并运用意志力去适应那个模式,因为在真正的领悟中有不停的运动,即永恒的生命。

问: 昨天你说记忆,即累积起来的行动的残余,催生了时间以及进步的概念。请特别针对进步对于人类幸福的贡献这个方面,更进一步地阐述一下这个观点吧。

克: 在机械科学的领域存在着进步,与机器、汽车、现代的方便用具以及征服太空有关的进步。但是我指的不是那种进步,因为机械科学方面的进步永远都是暂时的,其中永远不会有人类的完满。我必须简要地讲,因为我还有很多问题要回答。我希望我能说清楚;如果不能,我们以后再继续。

人类的完满不可能存在于机械方面的进步中。会有更好的汽车、更好的飞机、更好的机器,但是完满无法通过这个不断完善机械的过程来实现——不是说我反对机器。当我们谈到进步,即我们所说的个人成长时,我们指的是什么?我们指的是获取更多的知识、更多的美德,而那不是完满。这里所谓的美德也许在另一个社会中被认为是邪恶。社会培植出好和坏的概念。从本质上讲,没有好或者坏这回事。不要以对立面的方式思考。你们需要从根本上、从本质上思考。

在我看来,通过进步无法实现完满的行动,因为进步意味着时间,而时间不能带来完满。完满只存在于现在,而不是未来。是什么妨碍你完完全全地活在现在?是过去及其众多的回忆和障碍。

我换个方式来讲。当存在选择,就必然存在这种在重要和不重要的事物中选择的所谓进步；但是你拥有了那个重要的东西的那一刻，它就已经变得不重要了。所以我们继续选择，不停地从不重要的走向重要的，而重要的随后也会变得不重要，我们把这种替代称为进步。但完善是圆满，也就是头脑和内心和谐的行动。如果你的头脑被信仰、记忆、偏见或欲望所困，就不可能存在这样的和谐。由于你受困于这些事情，你必须摆脱它们，而只有当你作为一个个体发现它们的真实意义时，你才能从中解脱。也就是说，只有当你通过探询和质疑它们存在的价值发现了它们的真实意义时，你才能和谐地行动。

很抱歉我必须停止回答问题了。有很多问题是关于通神学会的，问我如果主席的位置可以给我的话，我会不会接受，如果我被选为主席的话，我的政策会是怎样的；一直致力于教化民众和提高道德水准的通神学会，是否应该解散；我会为英印联邦提出怎样的政策倡议，等等。我不打算接受通神学会主席的位置，因为我不属于那个学会。我对此不感兴趣——不是我认为自己有多优越——因为我不相信宗教组织，我也不想指导任何一个人。先生们，当我说我不想影响任何一个人时，请相信我说的话；因为想指导别人的愿望从本质上表明这个人有一个目标或目的，他认为所有人类必须像一群绵羊一样向那个目标进发。这就是指导的含义。而我不想督促任何人朝向某个特定的目标或结果进发；我想做的是帮助他变得智慧，而那是截然不同的事情。所以我没有时间来回答基于这些想法的数不清的问题。

因为已经很晚了，我想接着我在这五、六天中讲的内容继续讲下去，我自然会显得自相矛盾。真理是个悖论。我希望，你们那些智慧地理解了我所说的话的人能够领悟并行动，而不是把我当成你们行动的标准。如果我说的话对你们来说并不真实，那么你们自然会忘记的。除非你们真的理解了，除非你们认真考虑了我说的话，否则你们只会重复我的词句，把我的话记在心中，而那毫无价值。若要理解，首先需要质疑，不仅仅质疑我说的话,而且首先要质疑你们自己抱有的观念。但是你们把质疑当成了诅咒和束缚,当成了需要被驱逐、被消灭的魔鬼;你们把质疑变成了一件可恶的事情、一种疾病。但是在我看来,质疑完全不是这些;质疑是疗愈的药膏。

但是你们通常质疑的是什么?你们质疑别人说的话。质疑别人很容易。但是质疑你身陷其中、你坚持的东西本身,质疑你在追求、寻找的东西本身,要更加困难。真正的质疑不会屈从于替代品。当你质疑别人,就像在这几次讲话中的某一次中有人所说的那样:"我们质疑你",那表明你在质疑我所给予的东西,我所试图说明的东西。那非常正确。但是你的质疑只不过是在寻找替代品。你说:"我有了这个,但是我不满足。那东西,你提供的另一种东西能否满足我?若要搞清楚,我必须质疑你。"但是我没有提供给你任何东西。我说的是,质疑你手中、你脑中和心中的东西本身,这样你就不会再去寻找替代品。

当你寻找替代品时,就存在恐惧,因而冲突会加剧。当你恐惧时,你寻找恐惧的反面,也就是勇气,你前去获得勇气。或者,如果你发现自己不够友善,你就去培养友善,而这只不过是替代行为,是走向对立面。但是,如果你不去追求对立面,而是真正开始质询你的头脑所陷入的事物本身——恐惧、残忍、贪婪——那么你就会发现根源所在。而只有通过不断的质疑和探询,通过一种理智的批判心态,你才能发现根源。这心态是一种健康的态度,但是被告诫你要驱除质疑的社会、教育和宗教破坏掉了。质疑只不过是对正确价值观的探询,而当你自己发现了正确的价值观时,质疑就停止了。但是若要有所发现,你必须有批判精神,你必须坦率、诚实。

由于大多数人在寻求替代品,他们只会加剧自己的冲突。而这种冲突的加剧,连同逃避的欲望,我们称为进步,精神进步,因为对我们来说,替代或者逃避是进一步的获得、进一步的成就。所以我们所谓对真理的探索，只不过是试图找到替代品，追求更大的安全感和远离冲突的更安全的庇护所。当你寻求庇护时，你就是在制造剥削者，制造出来之后，你就被困在剥削的机器中，那机器说："不要这么做，不要那么做，不要质疑，不要批判。遵循这教诲，因为这是正确的，那是错误的。"所以当你谈到真理时，你实际上想要的是替代品；你想要平静、安宁、和平以及有保证的逃避之道，而出于这种渴望，你制造出虚假而空洞的机器——智力机器——来提供这种替代品，来满足这种需要。我的意思表达清楚了吗？

首先，你困在冲突中；因为你无法了解那冲突，于是你想要它的对立面，即平静和安宁，而那只是个头脑里的概念。出于那种需要，你制造出一台智力机器，那智力机器就是宗教；它与你的感受、你的日常生活是完全脱节的，因而只不过是一件虚假的事物。那智力机器也可以是社会，从智力上制造出来的一部机器，你已经成为了它的奴隶，你们被它无情地打败了。

你们制造了这些机器，因为你们身陷冲突之中，因为你们被恐惧和焦虑驱使着走向那冲突的对立面，因为你们寻求平静和安宁。想要对立面的渴望制造了恐惧，模仿从那恐惧中产生。所以你们发明了诸如宗教之类的智力概念，连同它们的信仰和标准、权威和训练、古鲁和大师，来带领你去追求你想要的东西，即舒适、安全、平静以及从这不断冲突中的逃避。你们制造了这部你们称之为宗教的巨大机器，这部智力机器没有任何意义；你们也制造了被称为社会的机器，因为你们在社会和宗教生活中想要舒适和庇护。在社会生活中，你受制于传统、习惯和不容置疑的价值观，公众舆论充当着你的权威；而不容置疑的观念、习惯和传统最终导致了国家主义和战争。

你谈论探索真理，但是你的探索只不过是寻找替代品，想要更大的安全感和确定性。所以你的探索在破坏你所追求的和平，那和平不是停滞的安宁,而是领悟、生命和狂喜中的和平。你恰恰被剥夺了那东西,因为你在寻找能够帮助你逃避的东西。

所以对我来说全部的意义——如果我可以用"意义"这个词而你们又不至于误解我的话——在于通过智慧的方式、通过真正的觉察来摧毁这部谬误的智力机器。你可以理解和摒弃已成为障碍的传统,你可以理解和摒弃大师、观念和信仰。但是不要仅仅为了采纳新的而摧毁它们;我指的不是这个意思。你必须不仅仅摧毁、不仅仅摒弃,你还必须有创造力;而只有当你开始领悟正确的价值观,你才能具有创造力。所以要质询传统和习惯、国家、训练以及古鲁和大师的意义。只有当你全然觉察,以你的整个存在来觉察时,你才能领悟。当你说"我在追求神",实际上你的意思是:"我想逃离、逃避。"当你说"我在追求真理,而某个组织可以帮我找到它",那么你只不过是在寻求庇护。我这么说不是刻薄,我只是想要强调和说明我想说的意思。这得由你来行动。

是我们制造了虚假的障碍。它们不是真实的根本的障碍,它们是虚假的。我们制造了它们,因为我们在追求某些东西——奖赏、安全、舒适与和平。为了获得安全,为了帮我们避开冲突,我们需要很多帮助和支持。而这些帮助和支持就是自我修炼、古鲁和信仰。我曾或深入或粗略地讲过这些内容。而当我谈到这些事情时,请不要以对立面的方式来思考,因为,如果那样的话,你们就无法理解。当我说自我修炼是障碍时,请不要认为你因此就不可以进行任何训练。我想将自我修炼的根源展示给你看。当你理解了这一点,无论是自己还是别人强加的训练都将不复存在,而只存在真正的智慧。为了实现我们想要的东西——而这种东西本质上是错误的,因为它基于对立面即替代品的想法——我们制造出人为的虚假手段,比如自我修炼、信仰和指导。如果没有这些实际上是障碍的信仰和权威,我们会感觉茫然若失,因此我们变成了奴隶并被剥削。

靠信仰活着的人并没有真正活着,他的行动是受限的。但是对于那些理解了因而真正摆脱了信仰和知识重负的人来说,存在着狂喜和真理。当心说"我知道"的人,因为他所能知道的只能是停滞的、有限的,而永不会是鲜活的、无限的。一个人只能说"存在着",而这与知识无关。真理是永恒的发生,它是不朽的,它是永恒的生命。

我们有这些障碍,这些虚假的障碍建立在模仿和导致民族主义的占有欲之上,建立在自我修炼、古鲁、大师、理想和信仰之上。我们大多数人都有意无意地被其中的某一个奴役着。请跟上这些,否则你会说:"你只不过是在破坏,而没有给我们任何建设性的意见。"

我们制造了这些障碍,而我们只有通过觉察它们才能从中摆脱;不是通过训练的过程,通过替代行为、通过控制、遗忘或追随别人,而只能通过觉察到它们是毒药。你知道,当你看到房间里有条毒蛇,你会以你的整个存在全神贯注于它。但是这些东西——训练、信仰和替代品,你不把它们当做毒药。它们只是变成了习惯,有时令人愉悦,有时令人痛苦,而只要快乐超过了痛苦,你就忍受着它们。你继续这种生活方式,直到痛苦淹没了你。当你身体上有剧烈的疼痛时,你唯一的想法就是消除那痛苦。你不会想到过去或者未来,不会想到以前的健康以及你再也没有任何疼痛的时候会怎样。你只关心消除疼痛。同样,你需要彻底而强烈地意识到所有这些障碍,而只有当你处于冲突中但不再逃避、不再选择替代品时,你才能做到这一点。所有的选择都只是替代品。如果你全然意识到某个障碍,无论是古鲁、记忆,还是阶级分别,那觉察会揭示所有障碍和幻象的根源,也就是自我意识、自我。当头脑智慧地、清醒地意识到那根源,即自我意识时,在那觉察中,幻象的根源自己就会消失。去试一试,你将看到会发生什么。

我这么说,不是要引诱你去试一试。不要带着变得更快乐的目的去试。只有当你处于冲突中时,你才会去尝试。但是你们大多数人都拥有太多的庇护所,可以从中寻求舒适,你们完全不再处于冲突之中。你为所有的冲突都准备了解释——那些都是尘土和灰烬——而这些解释缓解了你的冲突。也许你们之中有那么一两个人不满足于解释,不满足于灰烬,无论是昨天已熄灭的灰烬,还是未来的信仰和希望的灰烬。

如果你真的身陷冲突之中,你就会发现生命的狂喜,但是必须要有智慧的觉察。也就是说,如果我告诉你自我修炼是障碍,不要立即拒绝或者接受我的说法。去弄清楚你的头脑是否困在仿效中,你的自我修炼是否基于记忆,而记忆不过是对现在的逃避。你说"我不可以这么做",从那自己强加的约束中就产生了仿效,所以自我修炼是建立在仿效和恐惧之上的。哪里有仿效,哪里就不可能有智慧的结晶。弄清楚你是否在仿效,去试验。而你只能在行动中试验。这些不只是一大堆词语;如果你仔细想一想,你会明白的。你是无法在行动发生之后理解的,那是自我分析,你只能在行动发生的那一刻领悟。你只能在行动中全然觉察。不要说"我不可以有阶级意识",而是从觉察中发现你是否怀有阶级意识。这种行动中的发现将会制造冲突,而那冲突本身会将头脑从阶级意识中解放出来,而不需要你努力地去战胜它。

所以是行动本身,而不是自己强加的戒律摧毁了幻象。我希望你们能仔细想一想这一点并行动,这时你就会明白行动都意味着什么。它为头脑和心灵开启了一条宽阔的大道,人因此可以生活在完满之中,而不必追求某个目标或结果;他可以行动而没有任何动机。当你的头脑摆脱了宗教、古鲁和体系,摆脱了占有欲,此时才能有完满的行动,此时头脑和心灵才能跟上那迅捷流动的真理。

(在阿迪亚尔第六次演说,1934年1月3日)

克里希那穆提集（17册）
The collected works of Krishnamurti

第 1 册 倾听内心的声音（The art of listening）
　　译者　王晓霞（Sue）2013 年 10 月出版
第 2 册 什么是正确的行动（What is right action?）
　　译者　桑靖宇 程悦　2013 年 11 月出版

陆续推出中……

第 3 册 The mirror of relationship
第 4 册 The observer is the observed
第 5 册 Choiceless awareness
第 6 册 The origin of conflict
第 7 册 Tradition and creativity
第 8 册 What are you seeking?
第 9 册 The answer is in the problem
第 10 册 A light to yourself
第 11 册 Crisis in consciousness
第 12 册 There is no thinker, only thought
第 13 册 A psychological revolution
第 14 册 The new mind
第 15 册 The dignity of living
第 16 册 The beauty of death
第 17 册 Perennial questions

心灵自由之路
The flight of the eagle

生活的难题
The Krishnamurti reader

教育就是解放心灵
The whole movement of life is learning

关系的真谛：做人、交友、处世
Relationships: to oneself, to others, to the world

关系之镜：两性的真爱
The mirror of relationship: love, sex and chastity

爱与寂寞
On love and loneliness

谋生之道
On right livehood

静谧之心
The second Krishnamurti reader

唤醒能量
Tradition and revolution

生命的完整：人生的转化
The transformation of man

生而为人
To be human

生命的注释（上下册）
Commentaries on living